드론관제사를 위한

공역관리, 항공교통관제

권익현, 문동기, 김태복 공저

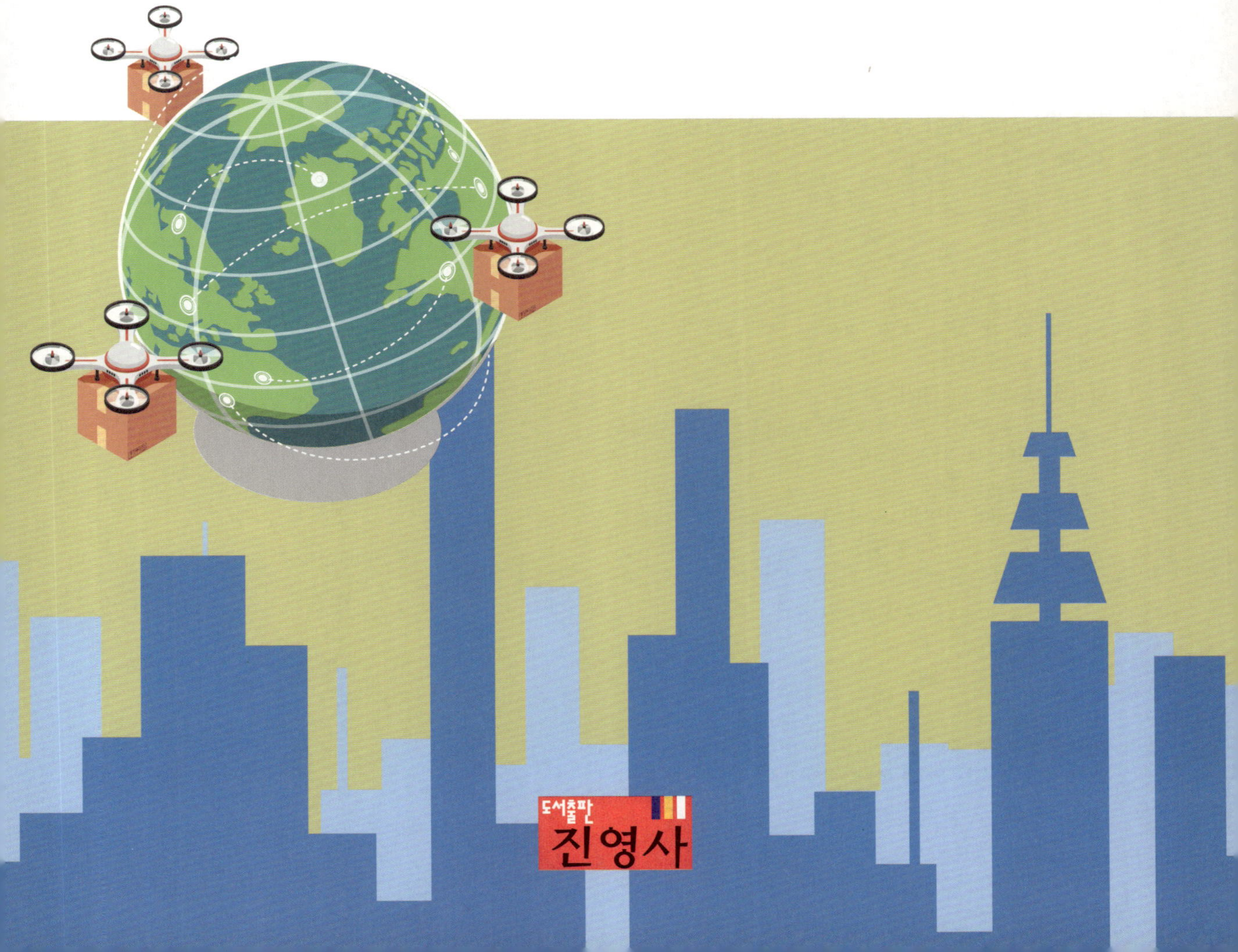

도서출판 진영사

드론관제사를 위한 공역관리, 항공교통관제
권익현, 문동기, 김태복 공저

2021년 11월 01일 초판 인쇄
2021년 11월 05일 초판 발행
발행인 박 진 영
발행처 도서출판 진영사
인천광역시 부평구 부평대로 230 풍진빌딩 303호
전화 : 032)505-4207
팩스 : 032)505-4206
E-mail : 0183734207@hanmail.net
등록 : 122-91-77317

ISBN 978-89-6541-551-0 93550
값 23,000원

머 리 말

드론산업은 빅데이터, 인공지능, ICT 등 4차 산업시대 다양한 기술을 합쳐 응용할 수 있는 대표적인 혁신산업으로 세계 상업용 드론 시장 규모는 매년 26% 증가할 것으로 예상되고 있으며, 2026년까지 국내 드론 시장 규모는 약 4조원 이상에 이를 것으로 내다보고 있다. 이에 따라 정부에서는 2017년 드론산업 발전 기본계획을 수립하고 드론산업을 육성하여 4차 산업혁명을 선도하는 신 성장동력으로 창출하기 위해 많은 노력을 기울이고 있다.

또한, 정부에서는 한국형 도심항공교통(K-UAM), K-Drone 시스템 등을 개발하여 드론산업의 세계 5위권 진입을 목표로 다양한 사업들을 추진하고 있으며, 이에 따라 드론택배, 에어택시, 플라잉카 등 드론을 활용한 물류와 교통분야에 새로운 패러다임이 형성될 것으로 예상된다. K-UAM이 성숙기에 이르는 2035년 이후에는 다양한 종류의 수많은 드론이 도심내 또는 도심간을 운항함에 따라 드론의 등록, 이력관리, 비행계획 승인, 기상 및 비행정보 제공 등이 가능한 K-Drone 시스템 운용이 필수적이며, 항공교통관제사가 항공교통관제 시스템에서 중요한 역할을 수행하듯이 K-Drone 시스템에서 중추적인 역할을 담당하는 드론관제사가 새로운 직업군으로 부상할 것으로 예상된다.

그러나, 드론관제사와 유사한 직업인 항공교통관제사를 위한 다양한 교재는 쉽게 접할 수 있는 반면에, 드론관제사를 양성하는 교육기관에서 사용할 수 있는 교재가 없는 현실을 아쉽게 생각하였을 뿐만 아니라, 공역관리와 항공교통관제 이론 및 실습을 모두 다루는 교재의 필요성을 절감하여 이 책을 집필하게 되었다. 늦은 감이 있지만 드론관제사를 위해 교재를 출판하게 된 것을 다행으로 생각하면서도 많은 고민 속에서 필요한 내용을 수록하였으나 부족한 부분이 있음은 아쉬움으로 남으며, 앞으로 필요한 내용을 보완하여 추가로 발간할 예정이다.

이 책은 드론관제사를 위해 국내에서 처음 발간되는 것으로 드론관제사를 희망하는 사람들이 반드시 알아야 할 공역관리와 기초적인 항공교통관제 이론 및 실습 내용을 포함하고 있으며, 처음 접하는 사람들도 체계적으로 이해할 수 있도록 공역관리와 항공교통관제 이론 및 실습 등 총 3부로 나누어 집필하였다.

먼저 제1부 공역관리에서는 드론관제사의 직무를 수행하는 데 필요한 공역관리의 일반적인 내용을 집중적으로 다루었다.

제2부 항공교통관제 이론에서는 항공교통관제의 기본 개념과 절차, 항공정보, 공항교통관제 및 레이다관제 절차를 수록하였다.

제3부 항공교통관제 실습에서는 실습에 필요한 기본 정보와 관제용어, 공항교통관제 및 레이다관제 절차를 실습하여 숙달할 수 있도록 구성하였다.

이 책이 항공교통관제사가 되기 위한 교재가 아니므로 항공교통관제 이론과 실습에서는 드론관제사에게 필요한 기초적인 내용만을 수록하였음을 밝힌다.

끝으로 본 책자를 발간하기까지 많은 도움을 주신 한국영상대학교 유세문 교수님을 비롯하여 공군의 운항관제 분야 실무자분들께 감사드리며, 편집과 교정 업무에 노고를 아끼지 않으신 도서출판 진영사의 박진영 대표님과 관계자 여러분께 감사의 인사를 전합니다.

2021년 10월

저자 권익현, 문동기, 김태복

목 차

PART I

공역관리

제1장 공역관리 일반
제2장 공역의 구분
제3장 특수사용공역
제4장 드론과 공역관리

제1장 공역관리 일반

제1절 공역의 개념

1. 공역의 설정

3차원 공간인 하늘에서 비행하는 항공기들은 다양한 목적을 가지고 일정한 범위가 주어진 공역을 비행하게 되는데, 항공기가 효율적이고 안전하게 공역을 비행하기 위하여 공역을 사용 목적 및 특성에 따라 구분하여 지정·운영하고 있다.

2. 공역의 정의

"공역(Airspace)"이란 항공기, 초경량비행장치 등의 안전한 활동을 보장하기 위하여 지표면 또는 해수면으로부터 일정 높이의 특정범위로 정해진 공간을 말하며, 다음 그림은 국내 공역도를 보여주고 있다.

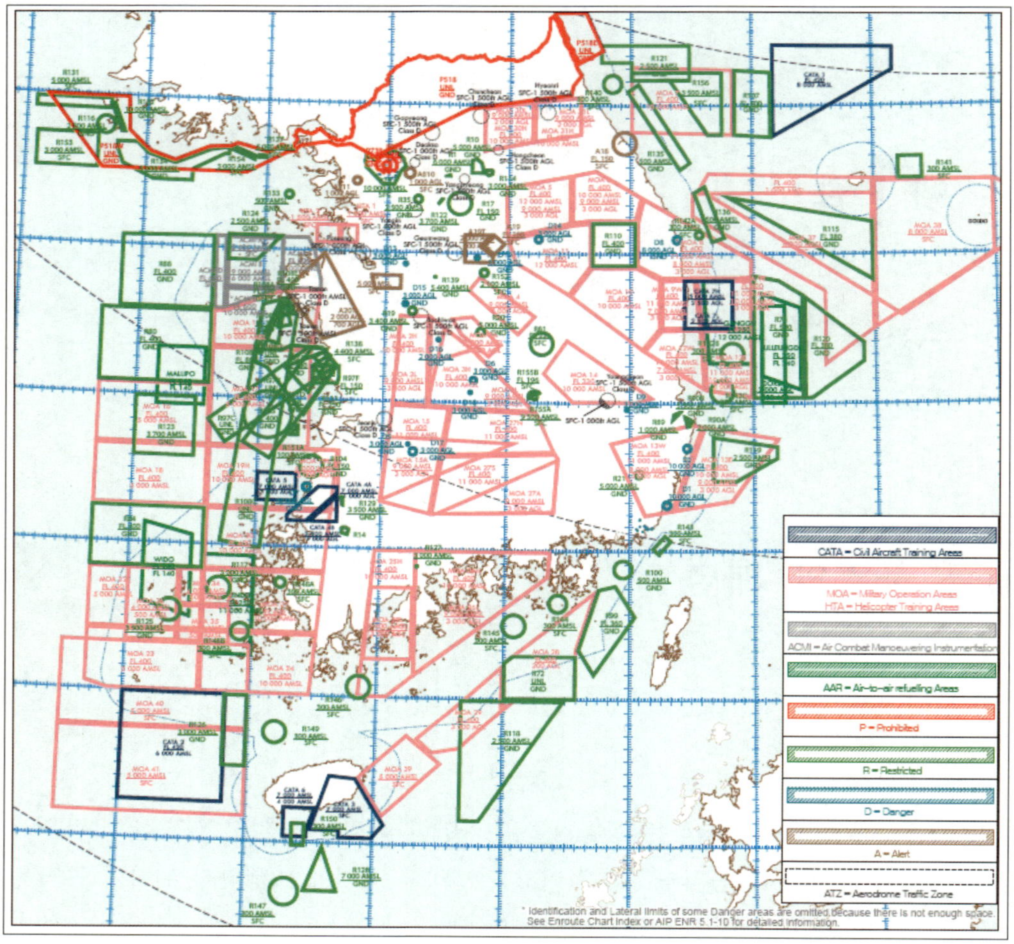

[그림 1-1] 국내 공역도

3. 공역관리

이러한 공역 내에서 항공기 등의 안전하고 신속한 항행과 국가안전보장을 위하여 국가공역을 체계적이고 효율적으로 관리 · 운영하는 제반업무를 가리켜 "공역관리"라고 한다.

제2절 국가공역체계

1. 영공(Airspace and the Territory)

가. "영공"이란 완전하고도 배타적인 주권을 행사할 수 있는 공역으로 영토 및 영해를 포함하며, 국가 단위로 설정된다.

> **참 고**
>
> 우리의 영토는 한반도와 그 부속도서이며, 영해는 기선으로부터 측정하여 그 바깥쪽 12해리의 선까지에 이르는 수역이다. 다만, 대한해협과 같은 특정한 수역의 경우에는 12해리 이내에서 영해의 범위를 따로 정할 수 있다.

나. 영공은 다음 그림과 같이 우리나라 영토 및 영해 상공의 무한대 공역이며, 영공 내에서는 완전하고도 배타적인 주권을 행사한다.

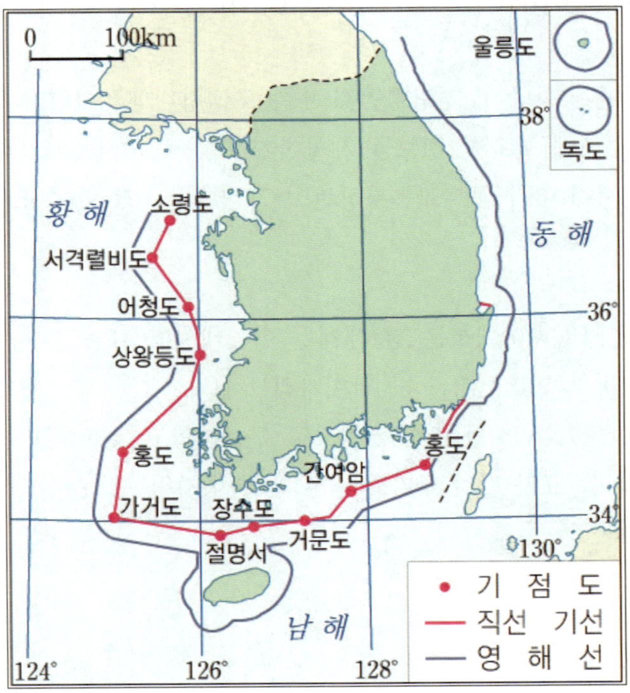

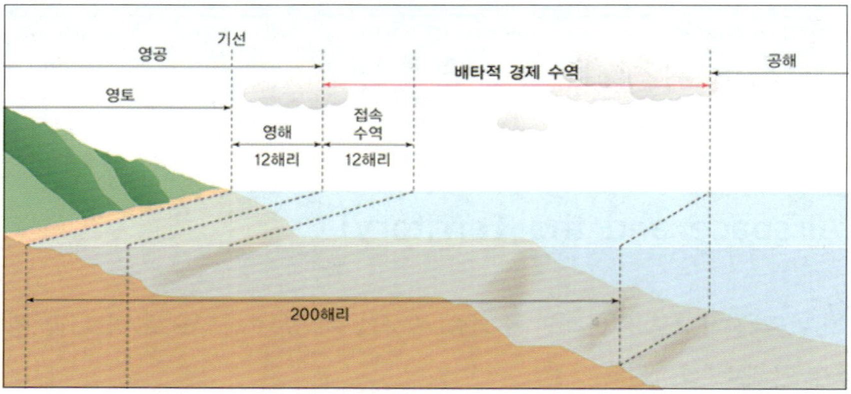

[그림 1-2] 영토, 영해 및 영공

다. 「군용항공기 운용 등에 관한 법률」에 따르면 대한민국의 영공을 침범하거나 침범하려는 항공기 또는 대한민국의 영공을 비행하는 항공기 중 비행목적이 의심스러운 항공기로서 국가안보에 위협이 된다고 인정되는 항공기에 대하여는 강제퇴거 · 강제착륙 또는 무력사용 등 필요한 조치를 취할 수 있다. 이 경우 군용 · 경찰용 · 세관용 항공기를 제외한 항공기에 대하여는 국제법규에서 정하는 바에 따라야 한다.

2. 비행정보구역(Flight Information Region, FIR)

가. "비행정보구역“이란 항공기, 경량항공기 또는 초경량비행장치의 안전하고 효율적인 비행과 수색 또는 구조에 필요한 정보를 제공하기 위한 공역으로서 「국제민간항공협약」 및 같은 협약 부속서에 따라 국토교통부장관이 그 명칭, 수직 및 수평 범위를 지정 · 공고한 공역을 말한다.

나. 국제민간항공기구(ICAO)에서는 전 세계를 아 · 태지역(APAC), 중동(MID), 중 · 서부아프리카(WACAF), 남미(SAM), 중 · 남미카리브해(NACC), 남 · 동부아프리카(ESAF), 유럽 · 북대서양(EUR/NAT) 등 7개 권역으로 구분하였고, 우리나라는 아 · 태지역에 속한다. 각 권역은 다음 표와 같이 국가별 영토 및 항행지원능력 등을 고려하여 비행정보구역을 세분화하였다.

[표 1-1] ICAO 각 권역별 지역사무소와 가입국, FIR 현황

권 역	지역사무소	가입국가
아 · 태지역(APAC)	방콕(타이)	38개국
중동(MID)	카이로(이집트)	15개국
중 · 서부아프리카(WACAF)	다카(세네갈)	24개국
남미(SAM)	리마(페루)	13개국
중 · 남미카리브해(NACC)	멕시코시티(멕시코)	30개국
남 · 동부아프리카(ESAF)	나이로비(케냐)	23개국
유럽 · 북대서양(EUR/NAT)	파리(프랑스)	56개국

우리나라는 이렇게 구분된 비행정보구역으로 인천 비행정보구역(이하 '인천 FIR')이 존재하며, 인접국 비행정보구역은 후쿠오카 FIR, 상하이 FIR, 평양 FIR이 있으며, 다음 그림과 같다.

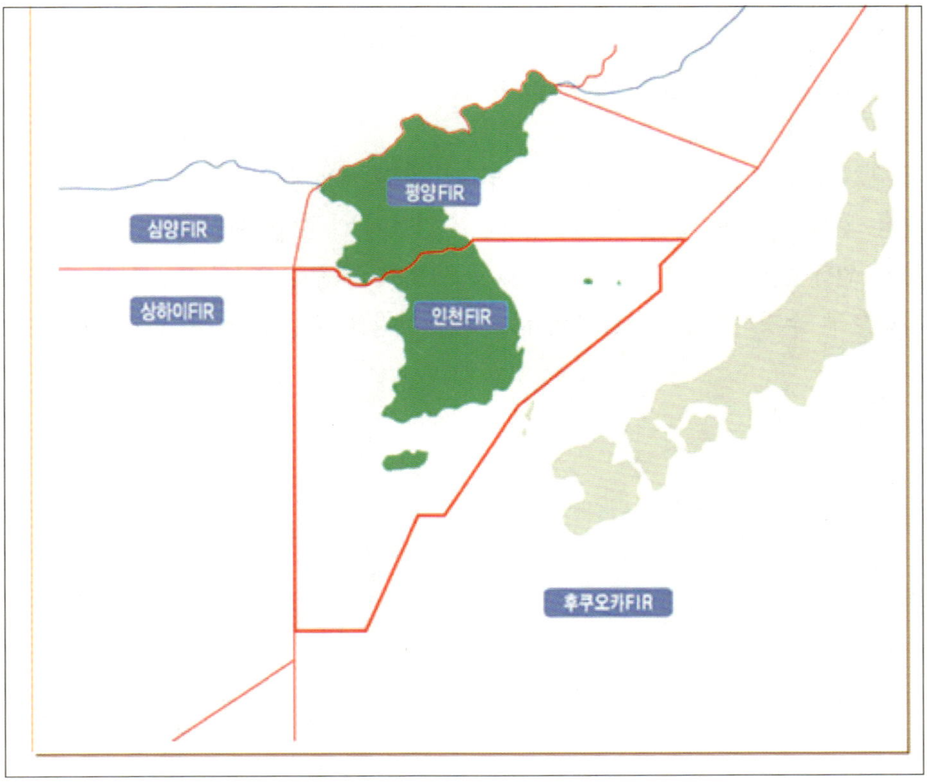

[그림 1-3] 인접국 FIR 현황

3. 방공식별구역(Air Defense Identification Zone, ADIZ)

가. "방공식별구역"이란 국가안보 목적상 항공기의 용이한 식별, 위치 확인 및 통제가 요구되는 지상 및 해상의 일정 공역을 말한다.

나. 우리나라는 국방부장관으로 하여금 방공식별구역을 설정하여 관리하도록 하고 있으며, 국방부장관은 관계 행정기관의 장과 협의하여 방공식별구역을 설정하거나 변경할 수 있으며, 이 경우 관련된 국제조역, 국제관습을 비롯한 국제법규, 군 항공작전 수행의 특수성 및 「항공안전법」에 따른 비행정보구역의 범위 등을 고려하여야 한다.

다. 한국방공식별구역(Korea Air Defense Identification Zone, KADIZ)은 2008년 7월 31일 북쪽으로는 휴전선을 포함하는 지역, 남쪽으로는 제주도를 포함하는 지역으로 설정되었으나, 2013년 11월 23일 중국이 일방적으로 동중국해에 중국방공식별구역(CADIZ)를 선포함에 따라 2013년 12월 10일 한국방공식별구역을 수정하여 2차 고시하였다.

라. 중국이 동중국해에 설정한 중국방공식별구역은 한국방공식별구역과 중복되며, 우리의 해양과학기지인 이어도 상공까지를 포함하고 있었기 때문에 우리 정부는 이러한 문제를 해결하기 위해 한국방공식별구역의 남단을 이어도 남쪽 지역을 포함하고 비행정보구역과 일치하도록 수정하여 2차 고시하였다. 다음 그림은 최종 고시된 한국방공식별구역이다.

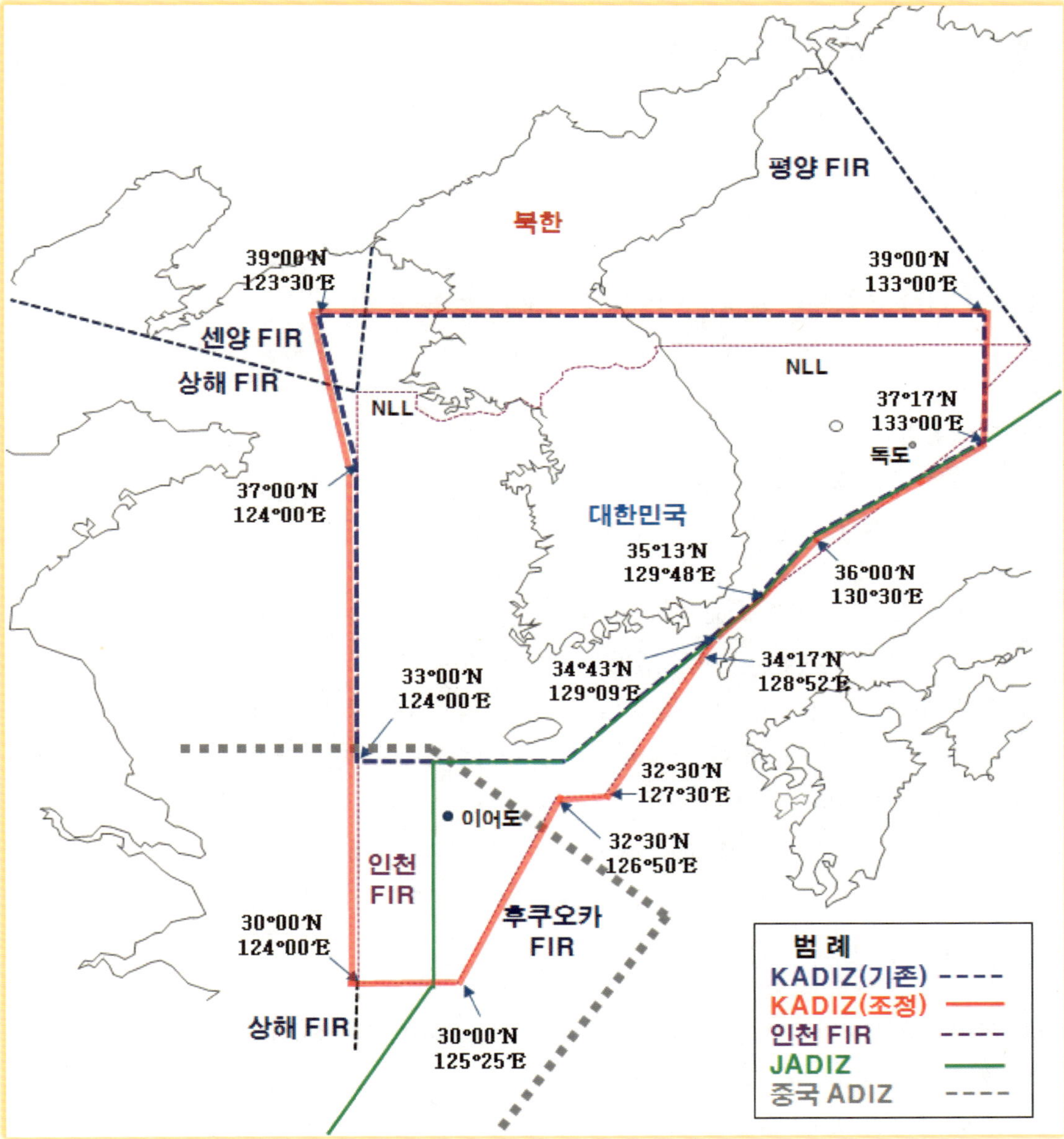

[그림 1-4] 한국방공식별구역 2차 고시

제3절 공역(실무)위원회

1. 공역위원회

가. 우리나라 공역의 설정 및 관리에 필요한 사항을 심의하기 위한 국가차원의 심의위원회의로 국토교통부장관 소속으로 "공역위원회"를 설치하여 운영하고 있다.

나. 공역위원회의 위원장은 국토교통부의 항공업무를 담당하는 고위공무원단에 속하는 일반직공무원 중 국토교통부장관이 지명하는 사람이 되고, 부위원장은 위원 중에서 위원장이 지명하는 사람이 된다.

다. 공역위원회의 위원은 외교부 · 국방부 · 산업통상자원부 및 국토교통부의 3급 국가공무원 또는 고위공무원단에 속하는 일반직공무원(외교부의 경우에는 「외무공무원임용령」 제3조제2항제2호 및 제3호에 따른 직위에 재직 중인 외무공무원)이나 이에 상응하는 계급의 장교 중 해당 기관의 장이 지명하는 사람 각 1명과 「대한민국과 아메리카합중국 간의 상호방위조약」 제4조에 따라 대한민국에 주둔하고 있는 미합중국 군대의 장교 중 제1호에 따른 장교에 상응하는 계급의 장교로서 주한미군사령관이 지명하는 사람 1명, 그리고 항공에 관한 학식과 경험이 풍부한 사람 중에서 국토교통부장관이 위촉하는 사람으로 구성된다.

라. 공역위원회는 다음과 같은 사항 등을 심의 의결하며, 위원회 회의는 재적위원 과반수의 출석으로 개의하고, 출석위원 과반수의 찬성으로 의결한다.

1) 관제공역, 비관제공역, 통제공역 및 주의공역의 설정 · 조정 및 관리에 관한 사항
2) 항공기의 비행 및 항공교통관제에 관한 중요한 절차와 규정의 제정 및 개정에 관한 사항
3) 공역의 구조 및 관리에 중대한 영향을 미칠 수 있는 공항시설, 항공교통관제시설 및 항행안전시설의 신설 · 변경 및 폐쇄에 관한 사항
4) 그 밖에 항공기가 공역과 공항시설, 항공교통관제시설 및 항행안전시설을 안전하고 효율적으로 이용하는 방안에 관한 사항 등

2. 공역실무위원회

가. 공역실무위원회는 공역위원회에 상정하기 이전에 세부적인 검토가 필요한 사항이나 경미한 공역의 조정에 관한 사항을 다루기 위해 운영하고 있다.

나. 공역실무위원회는 공역위원회에 상정할 안건을 사전에 심의 · 조정하고, 공역위원회로부터 위임받은 다음과 같은 사항을 처리하며, 위원회의 회의는 공역위원회와 동일하게 재적위원 과반수의 출석으로 개의하고, 출석위원 과반수의 찬성으로 의결한다.

1) 관제공역, 비관제공역 및 특수사용공역(통제공역 · 주의공역)의 신설 · 변경 · 폐지에 관한 사항 중 해당 공역이 다른 공역활동에 미치는 영향이 경미한 경우. 단, 특수사용공역 중 비행금지구역은 제외
2) 전반적인 국가공역구조와 비행안전에 영향을 미치지 아니하는 국지적인 공항시설, 항공교통관제시설 및 항행안전시설의 신설 · 변경 · 폐지에 관한 사항
3) 공역위원회가 지시한 사항과 1년 미만의 기간에 한시적으로 적용되는 공역의 설정과 운용에 관한 사항
4) 항공교통관제절차 개정에 관한 사항
5) 비행안전 목적상 신속한 조치가 필요하나 위원회 소집이 곤란한 경우 이의 처리에 관한 사항 등

다. 공역실무위원회는 공역위원회와 마찬가지로 위원장과 부위원장 1인을 비롯하여 19인 이내의 위원으로 구성되어 있다.

3. 공역 신설 · 변경 · 폐지 절차

가. 공역을 신설 · 변경 · 폐지하고자 하는 자는 관련 서식에 따라 항공교통본부 공역정보과에 의안을 제출한다.

나. 의안을 접수한 항공교통본부 공역정보과는 관련 법령 적합성, 공역별 설정 요건, 관련 기관 협의 등을 거친 후에 공역실무위원회에 의안을 상정한다.

다. 공역실무위원회에서 논의된 의안은 의결, 부결 또는 일부 조정 의결 등 3가지 경우로 의안을 심의하여 이를 공역위원회에 보고한다.

라. 공역위원회에서는 공역실무위원회와 마찬가지로 최종 심의하여 의결, 부결 또는 일부 조정 의결 등으로 결정한다.

마. 최종 심의된 의안은 항공고시보 발송, 항공정보간행물 등록, 공역지정 의뢰 등 후속조치를 통해 최종적으로 공역으로 지정되며, 이 과정을 그림으로 설명하면 다음과 같다.

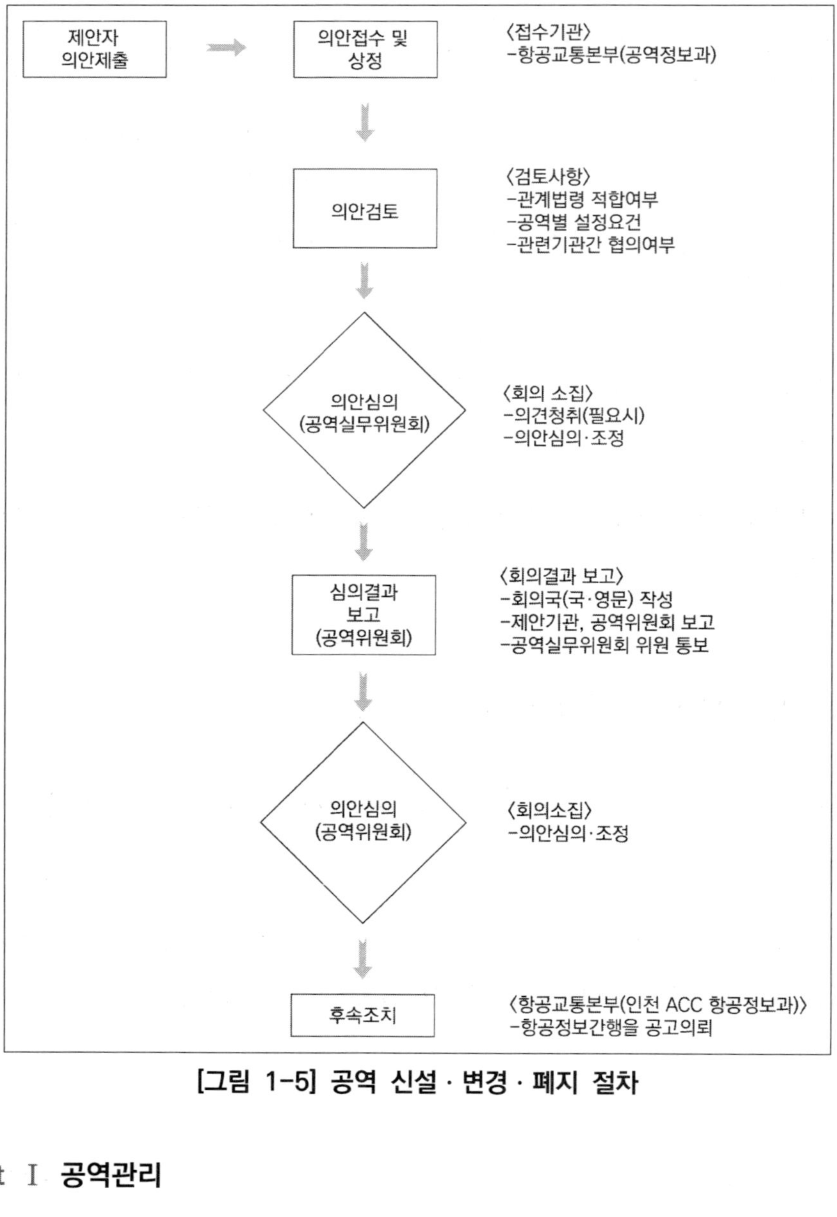

[그림 1-5] 공역 신설 · 변경 · 폐지 절차

제2장 공역의 구분

제1절 공역의 설정 기준

1. 공역의 설정 기준

공역은 체계적이고 효율적으로 관리되어야 하며, 공역을 설정하고자 할 때는 다음과 같은 기준을 적용하여야 한다.

가. 국가안전보장과 항공안전을 고려한다.

나. 항공교통에 관한 서비스의 제공 여부를 고려한다.

다. 이용자의 편의에 적합하게 공역을 구분한다.

라. 공역이 효율적이고 경제적으로 활용될 수 있어야 한다.

2. 공역의 구분

일반적으로 우리나라의 비행정보구역은 다음 그림과 같이 관제공역, 비관제공역, 통제공역 및 주의공역으로 구분되어 있다.

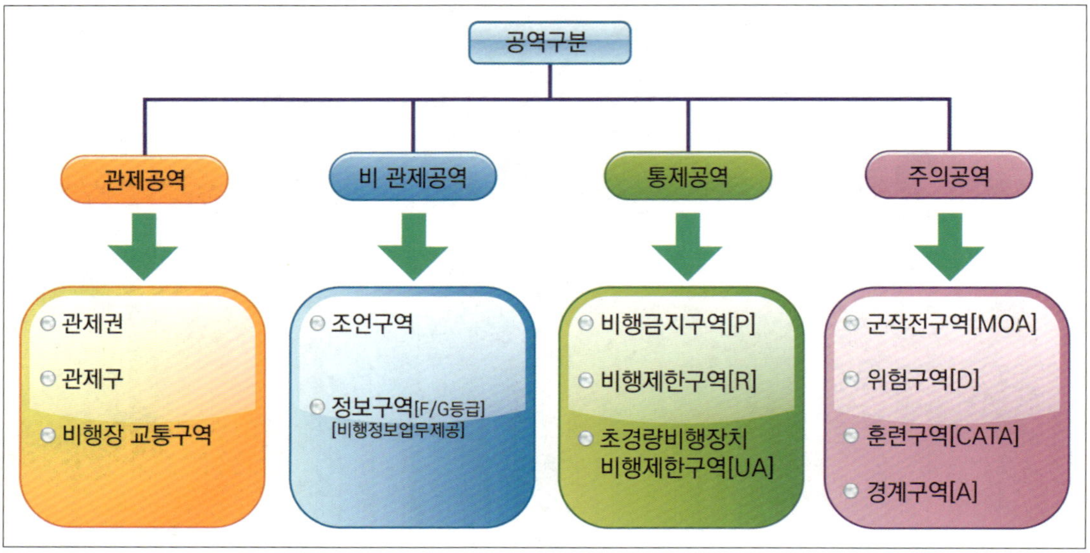

[그림 2-1] 공역의 구분

참 고

P: Prohibited Area
R: Restricted Area
D: Danger Area
A: Alert Area

가. 관제공역

항공교통의 안전을 위하여 항공기의 비행 순서·시기 및 방법 등에 관하여 국토교통부장관의 지시를 받아야 할 필요가 있는 공역으로 관제권 및 관제구를 포함하는 공역이다.

나. 비관제공역

관제공역 외의 공역으로 항공기에 탑승하고 있는 조종사에게 비행에 필요한 조언·비행정보 등을 제공하는 공역이다.

다. 통제공역

항공교통의 안전을 위하여 항공기의 비행을 금지하거나 제한할 필요가 있는 공역이다.

라. 주의공역

항공기의 비행 시 조종사의 특별한 주의·경계·식별 등이 필요한 공역이다.

3. 공역의 세부적인 구분

위의 4개 공역을 '제공하는 항공교통업무에 따른 구분'과 '공역의 사용목적에 따른 구분'으로 다시 세분화 할 수 있다.

가. 제공하는 항공교통업무에 따른 구분
  1) 관제공역 : A등급, B등급, C등급, D등급, E등급 공역
  2) 비관제공역 : F등급, G등급 공역

나. 공역의 사용목적에 따른 구분
  1) 관제공역 : 관제권, 관제구, 비행장교통구역
  2) 비관제공역 : 조언구역, 정보구역
  3) 통제공역 : 비행금지구역, 비행제한구역, 초경량비행장치 비행제한구역
  4) 주의공역 : 훈련구역, 군작전구역, 위험구역, 경계구역

제2절 제공하는 항공교통업무에 따른 구분

1. 관제공역

가. 관제공역은 항공교통의 안전을 위하여 항공기 비행 순서 · 시기 및 방법 등에 관하여 항공교통관제기관(ACC · RAPCON · TOWER 등)의 지시를 받아야 할 필요가 있는 공역으로 관제권 및 관제구를 포함하는 공역이다.

나. IFR 항공기에게 항공교통관제업무가 제공되는 공역이며, 공역등급에 따라서 VFR 항공기에게도 관제업무를 제공한다.

다. 레이다 식별범위를 넘어서는 지역도 관제공역인 경우가 있다. 태평양 상공처럼 레이다 범위를 넘어서는 지역이라도 위치보고(Position Report)를 통하여 관제업무를 제공하는

공역은 관제공역이다.

라. 관제공역은 다음과 같이 구분한다.

1) A등급 공역

모든 항공기가 계기비행을 해야 하는 공역이다.

2) B등급 공역

계기비행 및 시계비행을 하는 항공기가 비행 가능하고, 모든 항공기에게 분리를 포함한 항공교통관제업무가 제공되는 공역이다.

3) C등급 공역

모든 항공기에게 항공교통관제업무가 제공되나, 시계비행을 하는 항공기 간에는 교통정보만 제공되는 공역이다.

4) D등급 공역

모든 항공기에게 항공교통관제업무가 제공되나, 계기비행을 하는 항공기와 시계비행을 하는 항공기 및 시계비행을 하는 항공기 간에는 교통정보만 제공되는 공역이다.

5) E등급 공역

계기비행을 하는 항공기에게는 항공교통관제업무가 제공되고, 시계비행을 하는 항공기에게는 교통정보가 제공되는 공역이다.

2. 비관제공역

관제공역 외의 공역으로 항공기에 탑승하고 있는 조종사에게 비행에 필요한 조언이나 비행정보 등을 제공하는 공역이다.

가. 비관제공역은 다음과 같이 구분한다.

1) F등급 공역

계기비행을 하는 항공기에게는 비행정보업무와 항공교통조언업무가 제공되고, 시계비행 항공기에게는 비행정보업무가 제공되는 공역으로 현재 우리나라에 F등급 공역은 지정되어 있지 않다.

2) G등급 공역

모든 항공기에게 비행정보업무만 제공되는 공역이다.

제3절 공역의 사용목적에 따른 구분

1. 관제공역

가. 관제권(Control Zone, CZ)

1) 관제권이란 항공교통의 안전을 위하여 국토교통부장관이 지정 · 공고한 비행장과 그 주변의 공역으로 비행정보구역 내의 B, C 또는 D등급 공역 중에서 시계비행 및 계기비행을 하는 항공기에 대하여 항공교통관제업무를 제공하는 공역이다.

2) 관제권은 공역등급화가 시행되기 이전부터 사용해 왔던 개념이다. 공역등급화 이후에는 통상적으로 수평범위는 D등급 공역과 동일하며, 수직범위는 각 비행장의 교통량을 고려하여 설정하고 있다.

[표 2-1] 관제권 현황

명칭	범위(수평/수직)	운영기관	명칭	범위(수평/수직)	운영기관
인천	5NM/3,000ft	국토교통부	광주	5NM/4,000ft	공군
김포	〃	〃	사천	〃	〃
울산	〃	〃	대구	〃	〃
제주	〃	〃	강릉	〃	〃
여수	〃	〃	해미	〃	〃
오산	5NM/2,300ft	미 공군	중원	〃	〃
군산	5NM/3,000ft	〃	성무	〃	〃
목포	〃	해군	청주	5NM/5,000ft	〃
포항	〃	〃	예천	〃	〃
진해	〃	〃	원주	〃	〃
평택	〃	미 육군	정석	5NM/3,000ft	대한항공
논산	5NM/2,000ft	육군	양양	〃	국토교통부
이천	5NM/3,000ft	〃	무안	〃	〃
김해	〃	공군	서울	5NM/4,000ft	공군
수원	5NM/4,000ft	〃	울진	5NM/2,500ft	국토교통부

※ 국토교통부(8), 공군(13), 해군(3), 육군(2), 미군(3), 대한항공(1)

참 고

수평범위는 반경을 의미하며, 수직범위는 지표면으로부터 상한고도를 의미한다.

나. 관제구

1) 관제구란 항공교통의 안전을 위하여 국토교통부장관이 지정 · 공고한 지표면 또는 수면으로부터 200미터 이상 높이의 공역으로 비행정보구역 내의 A, B, C, D 및 E등급 공역에서 시계비행 및 계기비행을 하는 항공기에 대하여 항공교통관제업무를 제공하는 공역이다.

2) 관제구는 일반적인 관점에서 보면 비행정보구역을 의미하며, 세부적으로는 접근관제구역(Approach Control Area)으로 알려진 저고도 관제구(Lower Control Area)와 국토교통부 항공교통본부 산하의 인천 항공교통관제소와 대구 지역관제센터가 관제하는 인천 비행정보구역으로 알려진 고고도 관제구(Upper Control Area)로 구분된다.

3) 저고도 관제구는 접근관제구역에 해당하며, 지표면 1,000ft에서 18,000~22,500ft까지의 수직범위를 가지며, 수평범위는 다음 그림에서 보는 바와 같다.

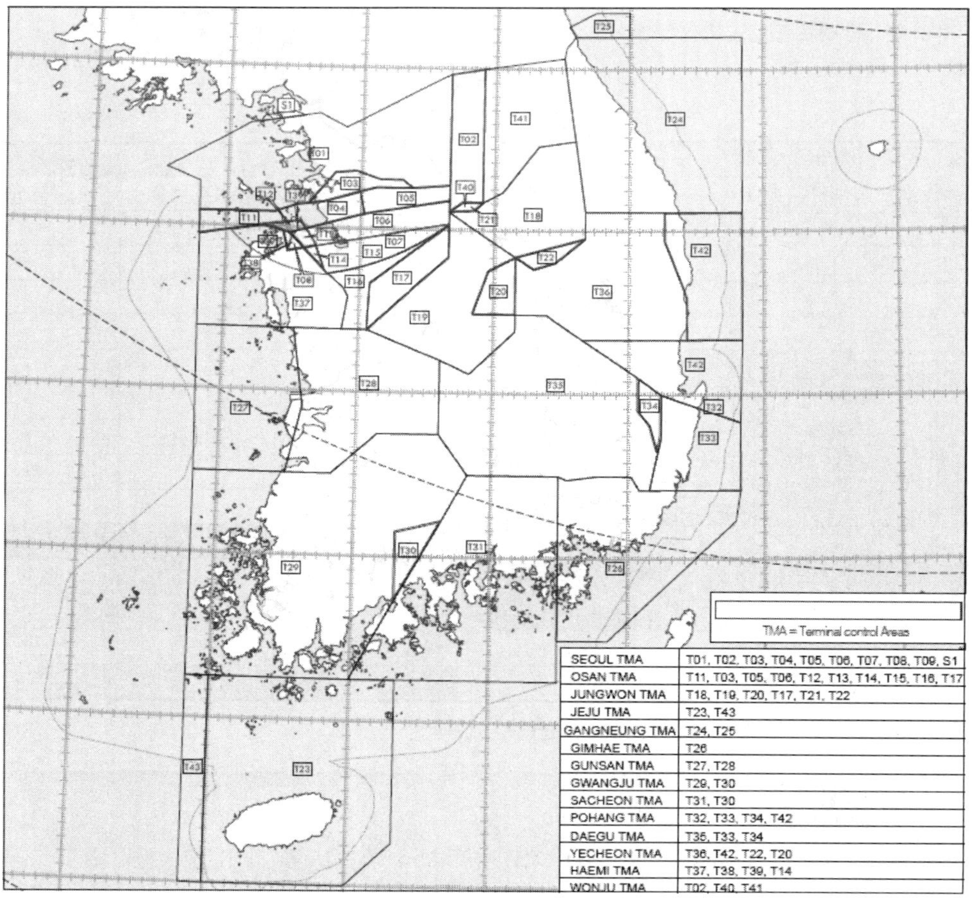

SEOUL TMA	T01, T02, T03, T04, T05, T06, T07, T08, T09, S1
OSAN TMA	T11, T03, T05, T06, T12, T13, T14, T15, T16, T17
JUNGWON TMA	T18, T19, T20, T17, T21, T22
JEJU TMA	T23, T43
GANGNEUNG TMA	T24, T25
GIMHAE TMA	T26
GUNSAN TMA	T27, T28
GWANGJU TMA	T29, T30
SACHEON TMA	T31, T30
POHANG TMA	T32, T33, T34, T42
DAEGU TMA	T35, T33, T34
YECHEON TMA	T36, T42, T22, T20
HAEMI TMA	T37, T38, T39, T14
WONJU TMA	T02, T40, T41

[그림 2-2] 접근관제구역 도면

4) 우리나라의 접근관제구역은 현재 14개 구역을 국토교통부, 공군, 해군 및 미 공군이 각각 운영하고 있으며, 세부적인 내용은 다음 표와 같다.

[표 2-3] 접근관제구역 현황

명 칭	수직범위(AGL)	운영기관
서울 접근관제구역	1,000~18,500ft	국토교통부
제주 접근관제구역	1,000~16,500ft	
김해 접근관제구역	1,000~22,500ft	공군/국토교통부
광주 접근관제구역	1,000~22,500ft	공군
강릉 접근관제구역	1,000~22,500ft	
예천 접근관제구역	1,000~22,500ft	
대구 접근관제구역	1,000~22,500ft	
사천 접근관제구역	1,000~19,500ft	
원주 접근관제구역	1,000~17,500ft	
해미 접근관제구역	1,000~14,500ft	
중원 접근관제구역	1,000~17,500ft	
포항 접근관제구역	1,000~10,500ft	해군
오산 접근관제구역	1,000~14,500ft	미 공군
군산 접근관제구역	1,000~22,500ft	

5) 고고도 관제구는 인천 비행정보구역을 의미하며, 항공교통본부 산하의 인천 항공교통센터(제1ATC)가 인천 비행정보구역의 서남부 지역 고고도 관제구를 담당하고 있으며, 대구에 위치한 대구 지역관제센터(제2ATC)가 동북부 지역 고고도 관제구를 담당하고 있다.

6) 인천 항공교통센터에서는 군산서부(Gunsan West) · 군산동부(Gunsan East) · 광주서부(Gwangju West) · 광주동부(Gwangju East) · 제주서부(Jeju West) · 제주중부(Jeju Central) · 제주동부(Jeju East) · 남해(Namhae Area) 섹터 등 총 8개 섹터를 운영하고 있으며, 대구 지역관제센터는 서해북부(West-sea North) · 서해남부(West-sea South) · 강릉(Gangneung Area) · 동해(East-sea Area) · 대구(Daegu Area) · 포항(Pohang Area) 등 총 6개의 섹터를 운영하고 있다.

참 고

인천 항공교통센터와 대구 지역관제센터간의 고고도 관제구 조정은 2021년 3월 25일자로 시행되었으며, 제주 남쪽의 항공로(A593) 관제권 환수 및 중국↔일본 간 항공기의 원활한 운항을 목적으로 조정되었다.

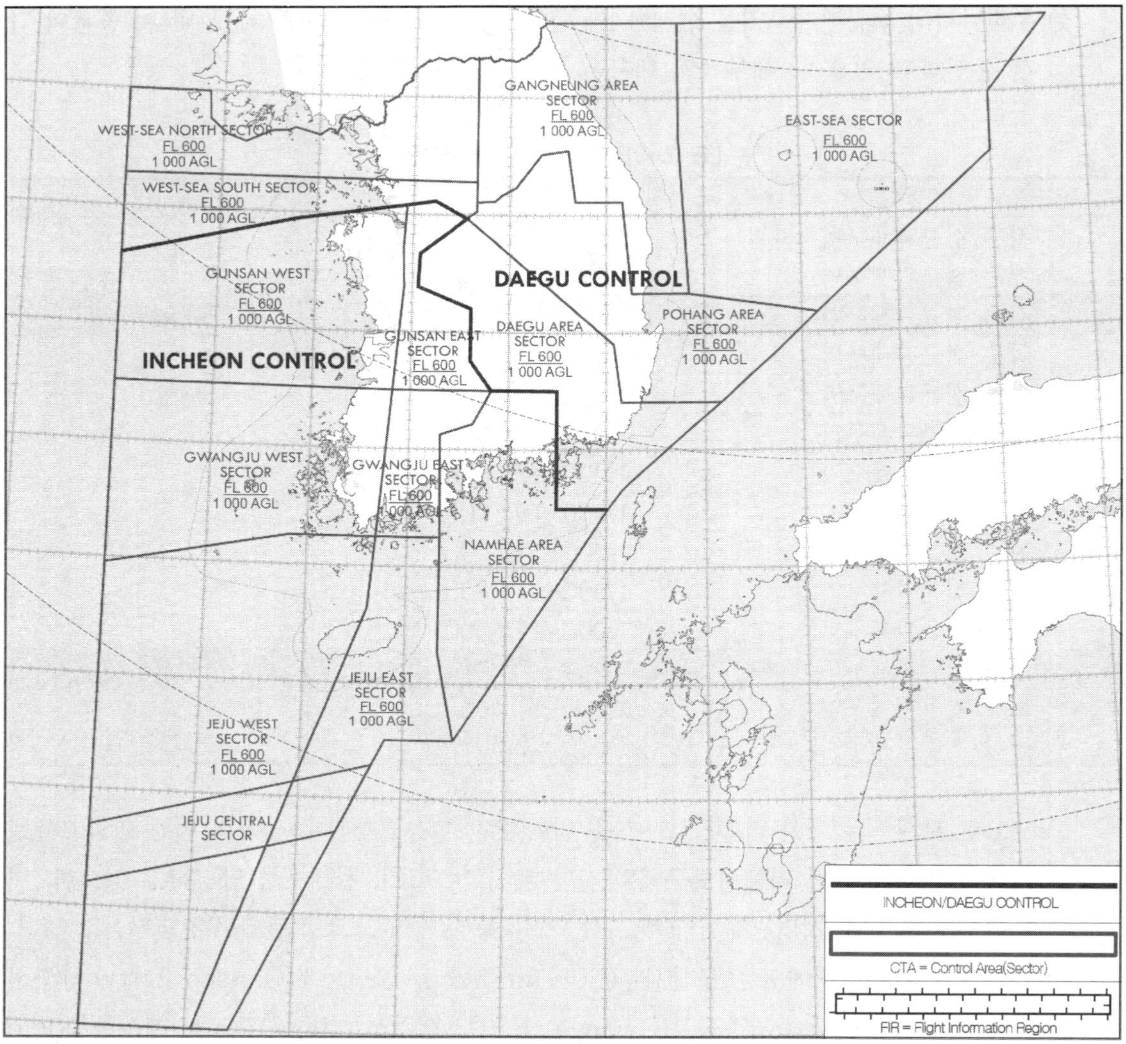

[그림 2-3] 인천/대구 항공교통관제센터 관할 구역도

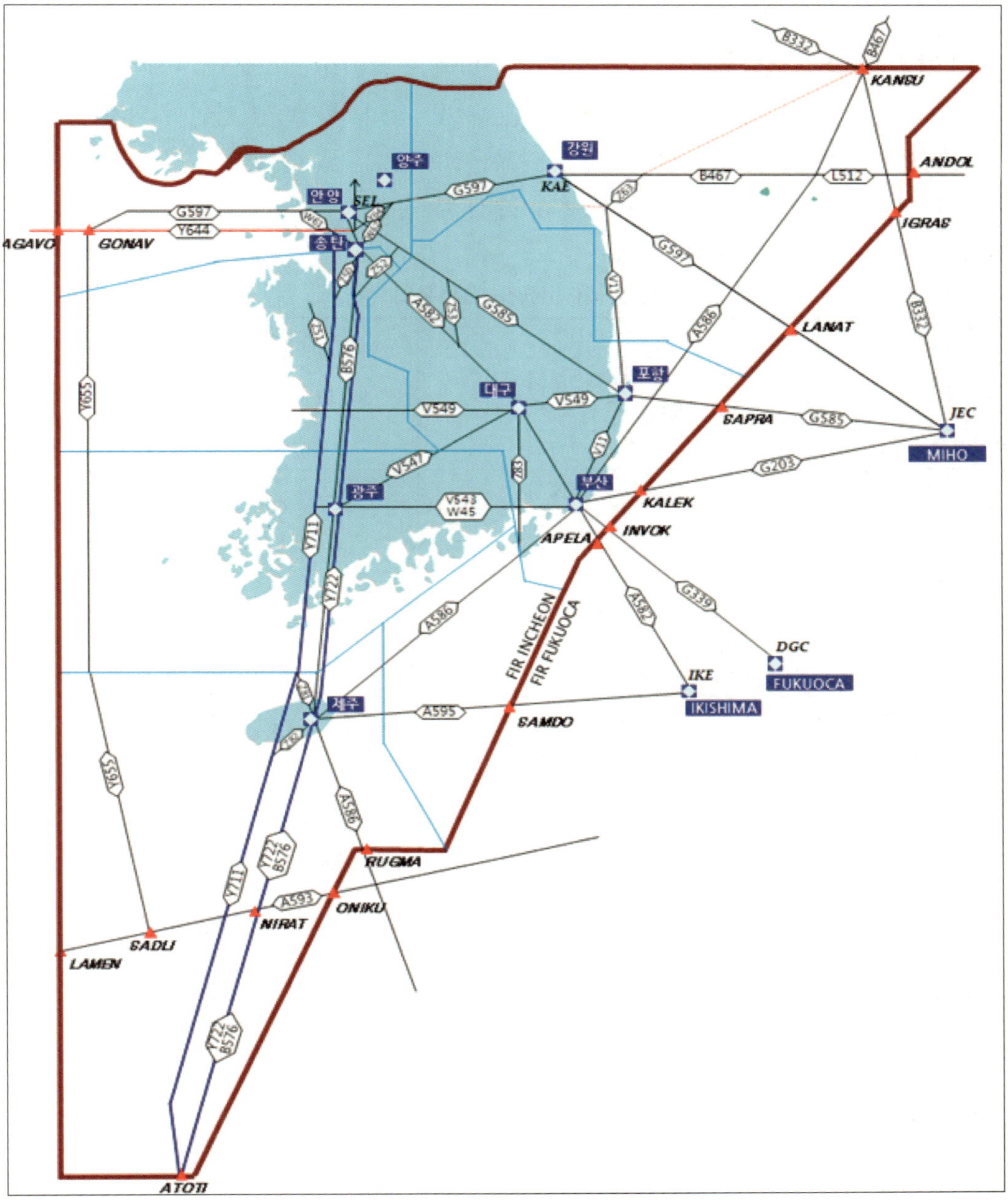

[그림 2-4] 국내 항공로 현황

다. 비행장 교통구역(Air Traffic Zone, ATZ)

1) 비행장 교통구역이란 비행정보구역 내의 D등급 공역 내에서 시계비행을 하는 항공기 간에 교통정보를 제공하는 공역으로 현재 총 13개의 비행장 교통구역이 설정되어 있다.

2) 주로 육군의 전주, 조치원 비행장이나 해군의 포승 비행장과 같은 관제탑, 활주로, 비행

장 조명시설 등을 갖춘 규모가 큰 회전익 군용항공기지에 설치되어 있다.

3) D등급 공역을 운영하는 관제권 비행장에 비해 수평범위는 약 2NM이 작고, 수직범위도 약 1,000~2,000ft 정도 낮으며, 대부분의 비행장이 계기비행 지원이 되지 않는다. 단, 해군 포승비행장의 경우에는 TACAN 접근절차가 수립되어 있으나, 대부분은 시계비행을 하는 회전익 항공기에 대한 업무지원이 목적이다.

[표 2-4] 비행장 교통구역 현황

명 칭	수평범위	수직범위(AGL)	운영기관
가평(Gapyeong)	반경 3NM (P518 중첩지역 제외)	지표면~2,000ft	육군
양평(YangPyeong)	반경 2NM	"	"
홍천(Hongcheon)	반경 2NM	"	"
현리(Hyeonri)	반경 3NM	"	"
용인(Youngin)	반경 3NM (R35 중첩지역 제외)	"	"
전주(Jeonju)	반경 2NM	"	"
영천(Youngcheon)	반경 3NM	"	"
금왕(Geumwang)	반경 3NM	"	"
창원(Changwon)	반경 2NM	"	"
춘천(Chuncheon)	반경 3NM (P518 중첩지역 제외)	"	"
덕소(Deokso)	반경 2NM	지표면~1,000ft	"
조치원(Jochiwon)	반경 3NM (R19 중첩지역 제외)	지표면~2,000ft	"
포승(Poseung)	반경 3NM	지표면~1,000ft	해군

2. 비관제공역

가. 비관제공역은 관제공역 이외의 공역으로 항공기에 탑승하고 있는 조종사에게 비행에 필요한 조언·비행정보 등을 제공하는 공역이다.

나. 비관제공역은 항공교통관제기관의 관제업무를 제공받지 않고 비행하는 공역으로 관제업무를 제공할 수 없는 공해 상공, 항공교통량이 아주 적어 공중충돌의 위험이 없으며 관제업무를 제공하는 것이 비경제적이라고 판단되는 공역이다.

다. 비관제공역 내에서 비행할 때는 관제기관으로부터 항공기 간 충돌방지를 위한 항공기 분리업무, 감시업무 등을 제공받지 못하므로 항공기 충돌방지에 대한 책임은 조종사에게 있다.

라. 조언구역
항공교통조언업무가 제공되도록 지정된 비관제공역으로 우리나라는 지정하지 않고 있다.

마. 정보구역
비행정보업무를 제공하도록 지정한 비관제공역이다. 우리나라는 영토 및 영해 상공은 300m(1,000ft) 미만, 공해상은 1,650m(5,500ft) 미만 공역에서 비행정보업무(악기상, 공역통제 정보 등)를 제공하고 있다.

3. 통제공역

통제공역이란 관제공역 외의 공역으로 항공교통의 안전을 위하여 항공기의 비행을 금지하거나 제한할 필요가 있는 공역을 말하는데, 통제공역의 세부적인 내용은 제3장 특수사용공역에서 자세하게 다루기로 한다.

가. 비행금지구역(Prohibited Area)
안전, 국방상, 그 밖의 이유로 항공기의 비행을 금지하는 공역으로 비행을 전면적으로 금지한다는 점에서 가장 제한이 많은 공역이다.

나. 비행제한구역(Restricted Area)
항공사격 · 대공사격 등으로 인한 위험으로부터 항공기의 안전을 보호하거나 그 밖의 이유로 비행허가를 받지 않은 항공기의 비행을 제한하는 공역이다.

다. 초경량비행장치 비행제한구역
초경량비행장치의 비행안전을 확보하기 위하여 초경량비행장치의 비행활동을 제한된 공역에서만 이루어지도록 설정한 공역이다.

4. 주의공역

항공기의 비행 시 조종사의 특별한 주의 · 경계 · 식별 등이 필요한 공역으로, 주의공역의 세부적인 내용은 제3장 특수사용공역에서 자세하게 다루기로 한다.

가. 훈련구역(Civil Aircraft Training Area, CATA)
민간항공기의 훈련공역으로 계기비행 항공기로부터 분리를 유지할 필요가 있는 공역이다.

나. 군작전구역(Military Operation Area, MOA)
군사작전을 위하여 설정된 공역으로 계기비행 항공기로부터 분리를 유지할 필요가 있는 공역이다. 항공법규 상의 개념으로 군작전구역은 비행을 전면적으로 금지하는 구역이 아닌 주의공역 중의 하나이다.

다. 위험구역(Danger Area)
항공기의 비행 시 항공기 또는 지상 시설물에 위험이 예상되는 구역으로 관련 시설물로는 폭발물처리장, 원자력 발전소 · 연구소 등이 있다.

라. 경계구역(Alert Area)
대규모 조종사의 훈련이나 비정상 형태의 항공활동이 수행되는 구역으로 매우 높은 수준의 훈련비행이 이루어지거나 비정상적인 비행활동이 이루어지고 있음을 조종사에게 알려주기 위하여 지정된 공역이다. 주로 육군 회전익 항공기 대규모 훈련비행공역에 설정되어 있다.

제4절 공역등급화

1. 공역등급화(Airspace Classification) 개념

가. 항공기가 관제공역을 비행한다고 해서 모든 항공기가 동일한 항공교통관제업무를 제공받지는 않는다. 가장 중요한 요소는 교통량과 관제 능력이라고 할 수 있다.

나. 따라서 항공교통량의 복잡도 또는 밀도, 요구되는 안전도, 관제 업무 제공 능력 등을 고려하여 보다 효율적이고 안전한 항공기 운항을 위해 공역을 등급화한 공역등급화를 운영하고 있으며, 우리나라는 2001년부터 지정하여 시행 중에 있다.

다. 공역등급화는 공역을 7개 등급(CLASS A, B, C, D, E, F, G)으로 분류하여 각 등급별로 준수해야 할 비행요건, 제공업무 및 비행절차 등에 관하여 기준을 정함으로써 항공기의 안전운항 확보를 목적으로 한다. 단, F등급 공역은 우리나라에서는 지정되어 있지 않다.

2. 공역등급화 지정 현황

가. A등급(CLASS A)

1) 정의 : 인천 비행정보구역 내의 평균 해면 20,000ft(FL200) 초과, 평균 해면 60,000ft(FL600) 이하의 항공로로 국토교통부장관이 공고한 공역이다.

2) 비행요건 : 국토교통부장관의 허가가 없는 한 계기비행규칙(IFR)에 의하여 비행하여야 하며, 조종사는 계기비행면허/자격을 소지하여야 한다.

나. B등급(CLASS B)

1) 정의 : 인천 비행정보구역 중 계기비행 항공기의 운항이나 승객 수송이 특별히 많은 공항 또는 비행장으로 관제탑이 운용되고 레이다 접근관제업무가 제공되는 공항 주변의 공역으로 국토교통부장관이 공고한 공역이다. 공역의 크기는 공항 반경 5NM(9.3km) 이내 공역은 지표면으로부터 평균 해면 10,000ft 이하, 공항 반경 5NM(9.3km)에서

10NM(18.5km) 이내 공역은 공항 표고 1,000ft에서부터 평균 해면 10,000ft 이하, 공항 반경 10NM(18.5km)에서 20NM(27km) 이내 공역은 공항 표고 5,000ft에서부터 평균 해면 10,000ft까지의 공역이다. 국내에서는 인천, 김포, 제주의 세 곳 공항이 해당된다.

2) 비행요건 : 계기비행(IFR)과 시계비행(VFR) 운항이 모두 가능하며, 조종사에게 특별한 자격이 요구되지는 않는다.

다. C등급(CLASS C)

1) 정의 : 인천 비행정보구역 중 계기비행 운항이나 승객 수송이 많은 공항으로 관제탑이 운용되고 레이다 접근관제업무가 제공되는 공항주변의 공역으로 국토교통부장관이 공고한 공역이다. 공역의 크기는 공항 반경 5NM(9.3km) 이내 공역은 지표면으로부터 공항 표고 5,000ft 이하, 5NM(9.3km)에서 10NM(18.5km) 이내 공역은 공항 표고 1,000ft에서부터 평균 해면 5,000ft 이하의 공역이다. 광주, 사천, 원주, 강릉, 중원, 서산, 포항, 군산, 김해, 대구, 예천, 중원 공항 등 12곳이 해당된다.

2) 비행요건 : 계기비행(IFR)과 시계비행(VFR) 운항이 모두 가능하며, 조종사에게 특별한 자격이 요구되지는 않는다.

라. D등급(CLASS D)

1) 정의 : 인천 비행정보구역 중 다음과 같이 국토교통부장관이 공고한 공역이다.
   - 최저 항공로고도(Minimum Enroute Altitude, MEA) 이상 평균 해면 20,000ft 이하의 모든 항공로
   - 서울 접근관제구역 중 B등급 이외의 관제공역으로서 평균 해면 10,000ft 초과, 평균 해면 18,500ft 이하의 공역
   - 접근관제소를 운영하지 않는 공항 중심 반경 5NM 이내 공역이며, 수직적으로는 지표면으로부터 관제권 상한고도까지의 공역
   - 청주, 서울, 수원, 성무, 양양, 평택, 울산, 여수, 무안, 목포, 정석, 진해, 이천, 울진, 속초, 오산, 논산 등 17곳이 해당된다.

2) 비행요건 : IFR 및 VFR 운항이 모두 가능하며, 조종사에게 특별한 자격이 요구되지는 않는다.

마. E등급(CLASS E)

1) 정의 : 인천 비행정보구역 중 A, B, C 및 D등급 공역 이외의 관제공역으로, 영공(영토 및 영해 상공)에서는 해면 또는 지표면으로부터 1,000ft 이상 평균 해면 60,000ft 이하, 공해상에서는 해면에서 5,500ft 이상 평균 해면 60,000ft 이하의 국토교통부장관이 공고한 공역이다.
2) 비행요건 : IFR 및 VFR 운항이 모두 가능하며, 조종사에게 특별한 자격이 요구되지는 않는다.

바. F등급(CLASS F)

1) 정의 : 우리나라에서는 지정되어 있지 않다.

사. G등급(CLASS G)

1) 정의 : 인천 비행정보구역 중 A, B, C, D, E 등급 이외의 비관제공역으로, 영공(영토 및 영해 상공)에서는 해면 또는 지표면으로부터 1,000ft 미만, 공해상에서는 해면에서 5,500ft 미만과 평균 해면 60,000ft 초과의 국토교통부장관이 공고한 공역이다.
2) 비행요건 : IFR 및 VFR 운항이 모두 가능하며, 조종사에게 특별한 자격이 요구되지 않는다.

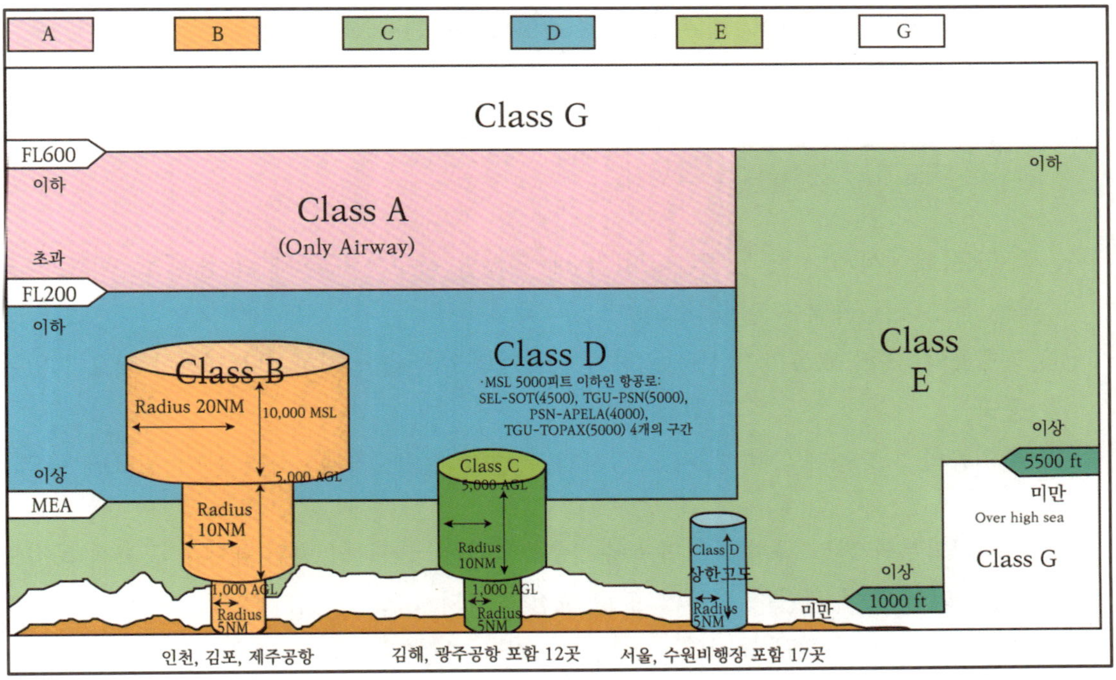

[그림 2-5] 공역등급화 지정 도면

제3장 특수사용공역

제1절 특수사용공역 개념

1. 특수사용공역 정의

가. "특수사용공역(Special Usage Airspace, SUA)"은 관제공역, 비관제공역과는 달리 특수한 목적을 위해 운용되는 공역으로, 특별히 국가방위, 안전보장, 인명 및 재산 등의 보호를 목적으로 설정된 공역과 항공기의 비행 시 조종사의 특별한 주의 · 경계 · 식별 등을 요구할 필요가 있는 공역을 말한다.

나. 국토교통부에서 고시한 「공역관리규정」에 의하면 특수사용공역이란 통제공역과 주의공역을 통칭하는 공역을 말한다.

1) 통제공역 : 항공교통의 안전을 위하여 항공기의 비행을 금지하거나 제한할 필요가 있는 공역

2) 주의공역 : 항공기의 비행 시 조종사의 특별한 주의 · 경계 · 식별 등이 필요한 공역

다. 한편, 국방부의 관련 규정을 보면 특수사용공역이란 국가공역 범위 내에서 군사적 목적으로 설정되어 군이 관할하는 공역 또는 사전 허가되지 않는 항공기가 동 지역 상공 진입 및 통과 비행 시 위험을 초래할 가능성이 있거나 특정 지역을 보호하는 등 특수한 관리가 필요하여 설정한 공역을 말한다.

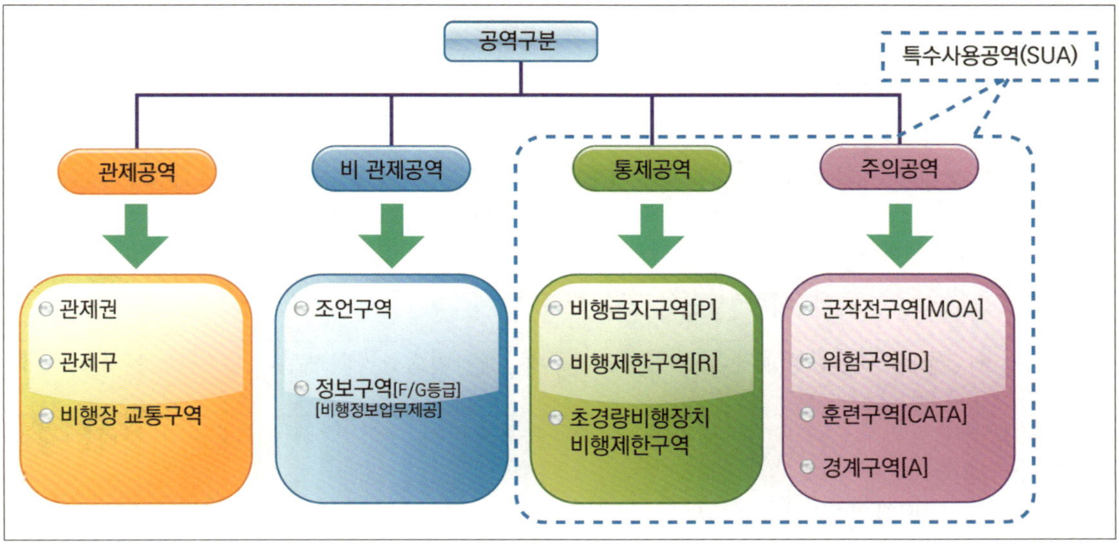

[그림 3-1] 특수사용공역

2. 특수사용공역의 분류

가. 국토교통부는 특수사용공역을 통제공역과 주의공역의 범주로 구분하고 있으며, 통제공역에는 비행금지구역, 비행제한구역, 초경량비행장치 비행제한구역이 있으며, 주의공역에는 군작전구역, 위험구역, 훈련구역, 경계구역이 포함된다.

나. 반면에, 합참, 공군 등 국방부에서는 특수사용공역의 범주에 비행금지구역, 비행제한구역, 위험구역, 경계구역 및 군작전구역만을 포함시키고 있어 민간부분에서의 분류와는 다소 상이한 측면이 있지만, 본 교재에서는 국토교통부의 분류기준에 따라 특수사용공역을 설명하기로 한다.

다. 이상의 내용을 표로 정리하면 다음과 같다.

[표 3-1] 특수사용공역의 분류

구 분		내 용
통제공역	비행금지구역(P)	안전, 국방상, 그 밖의 이유로 항공기의 비행을 금지하는 공역
	비행제한구역(R)	항공사격 · 대공사격 등으로 인한 위험으로부터 항공기의 안전을 보호하거나 그 밖의 이유로 비행허가를 받지 않은 항공기의 비행을 제한하는 공역
	초경량비행장치 비행제한구역	초경량비행장치의 비행안전을 확보하기 위하여 초경량비행장치의 비행활동에 대한 제한이 필요한 공역
주의공역	훈련구역(CATA)	민간항공기의 훈련공역으로서 계기비행항공기로부터 분리를 유지할 필요가 있는 공역
	군작전구역(MOA)	군사작전을 위하여 설정된 공역으로서 계기비행항공기로부터 분리를 유지할 필요가 있는 공역
	위험구역(D)	항공기의 비행 시 항공기 또는 지상시설물에 대한 위험이 예상되는 공역
	경계구역(A)	대규모 조종사의 훈련이나 비정상 형태의 항공활동이 수행되는 공역

제2절 통제공역

통제공역이란 관제공역 외의 공역으로 항공교통의 안전을 위하여 항공기의 비행을 금지하거나 제한할 필요가 있는 공역을 말하며, 비행금지구역, 비행제한구역, 초경량비행장치 비행제한구역 등이 있다.

1. 비행금지구역(Prohibited Area)

안전, 국방상 또는 그 밖의 이유로 항공기의 비행을 금지하는 공역으로 비행을 전면적으로 금지한다는 점에서 가장 제한도가 높은 공역을 말하며, 휴전선 비행금지구역(P-518), 수도권 일대 비행금지구역(P-73A/B) 등이 있다. 한편 수도권 일대 비행금지구역(P-73A/B) 외곽을 둘러싸고 있는 수도권 비행제한구역(R-75)은 비행제한구역임에도 불구하고 비행금지구역과 동일하게 운용되기 때문에 주변 비행 시 많은 주의가 필요한 구역이다.

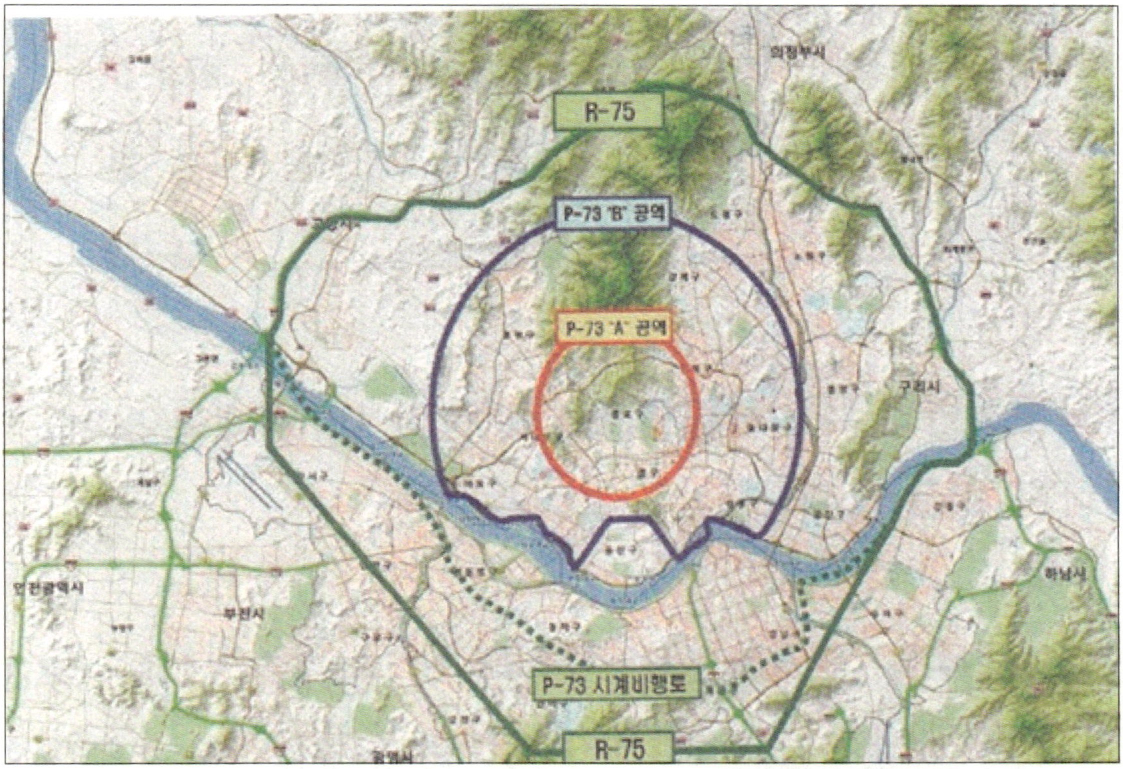

[그림 3-2] 수도권 일대 비행금지구역(P-73A/B)과 비행제한구역(R-75)

2. 비행제한구역(Restricted Area)

항공사격 또는 대공사격 등으로 인한 위험으로부터 항공기의 안전을 보호 하거나 그 밖의 이유로 비행허가를 받지 아니한 항공기의 비행을 제한하는 공역으로 조종사가 해당 공역 내에서 발생하는 위험을 감수할 것인지의 여부를 스스로 결정할 수 없을 정도의 위험도인 경우에 비행제한구역으로 설정하며, 해당 공역이 특정 목적으로 사용되는 시간 동안에는 타 항공기의 비행을 금지한다. 비행제한구역의 일반적인 형태는 육군 포 및 미사일 사격, 공군 항공기의 공대지 및 공대공 사격, 함정에서의 함대공 및 함대함 사격 행위 등이다.

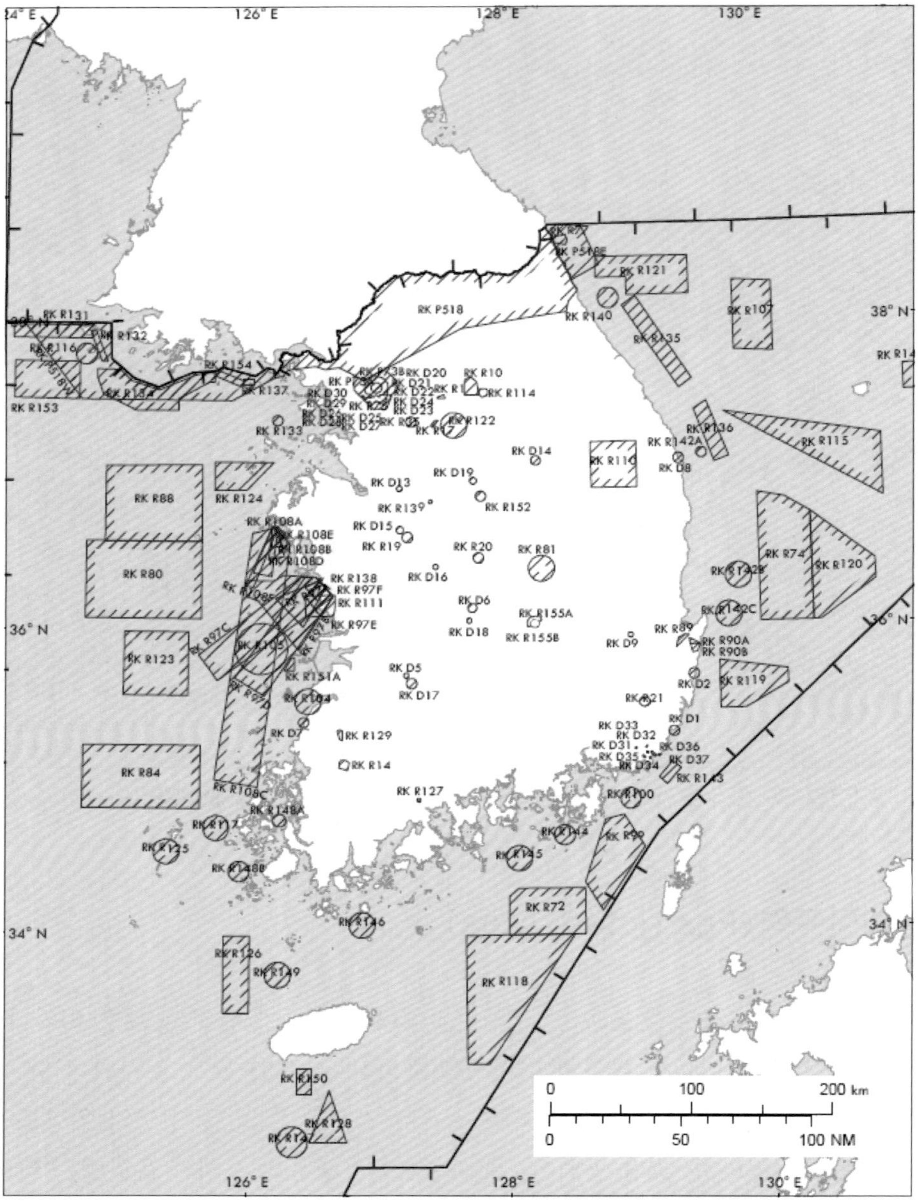

[그림 3-3] 비행금지구역, 비행제한구역, 위험구역

3. 초경량비행장치 비행제한구역

초경량비행장치의 비행안전을 확보하기 위하여 초경량비행장치의 비행활동을 제한된 공역에서만 이루어지도록 설정한 공역으로 다음 그림에 표시된 장소에서는 일출부터 일몰 시까지 초경량비행장치의 자유로운 비행이 가능하지만 이외의 장소에는 초경량비행장치의 비행을 제한하고 있으며, 초경량비행장치의 비행이 필요한 경우에는 관련 기관의 승인을 필요로 한다.

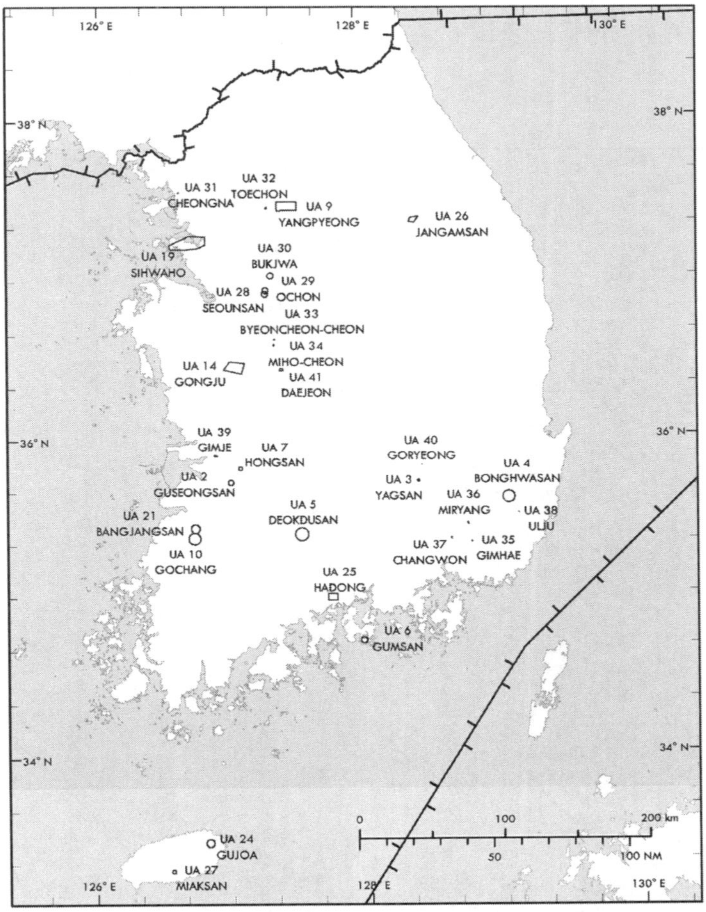

[그림 3-4] 초경량비행장치 비행제한구역

제3절 주의공역

주의공역이란 항공기의 비행 시 조종사의 특별한 주의 · 경계 · 식별 등이 필요한 공역으로 훈련구역, 군작전구역, 위험구역, 경계구역이 포함된다.

1. 훈련구역(Civil Aircraft Training Area, CATA)

민간항공기의 훈련공역으로 계기비행으로부터 분리를 유지할 필요가 있는 공역으로, 군에서 사용하는 군작전구역과 유사한 성격의 공역이며, 주로 해변이나 해양 지역 등 총 7개 지역에 설정되어 있다.

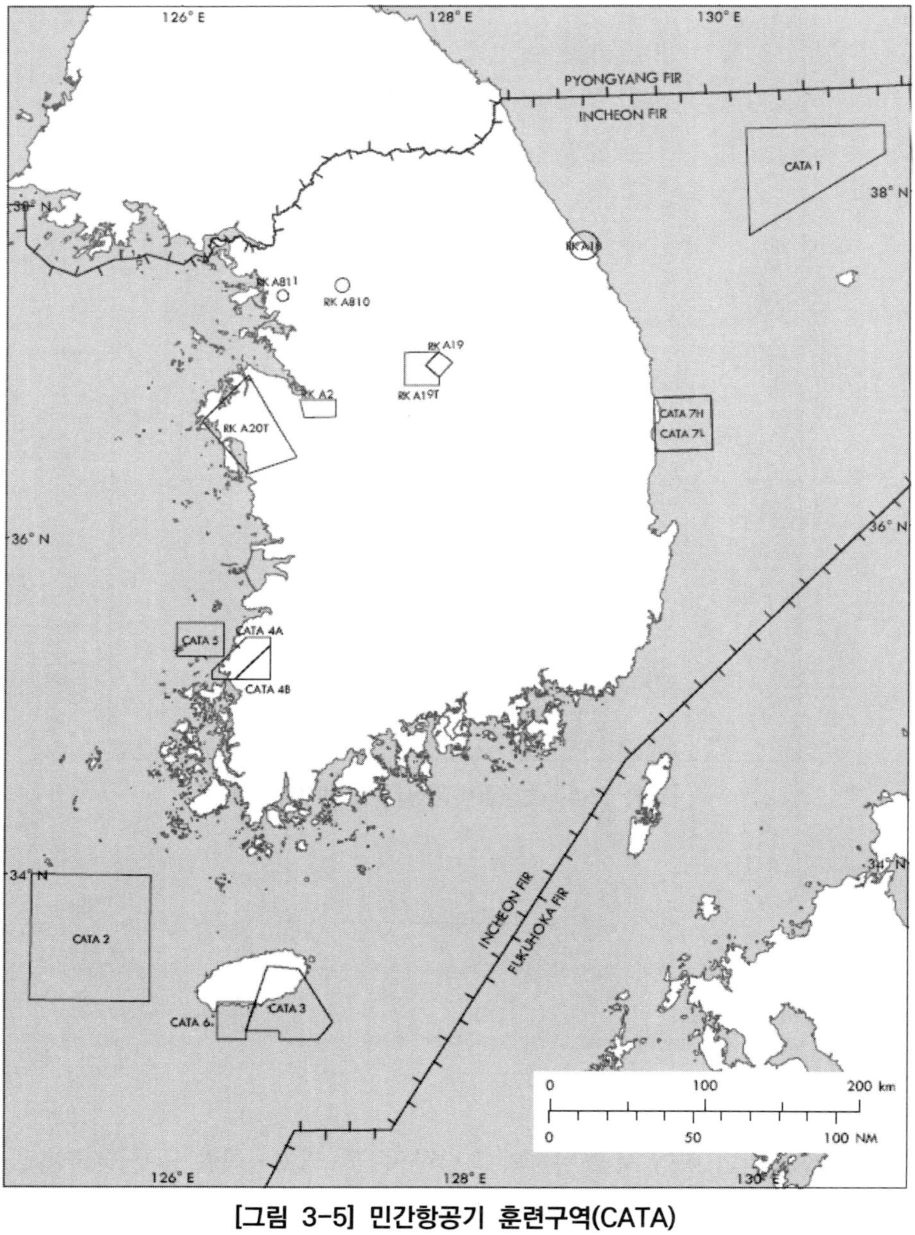

[그림 3-5] 민간항공기 훈련구역(CATA)

2. 군작전구역(Military Operation Area, MOA)

가. 군사작전을 위하여 설정된 공역으로 계기비행 항공기로부터 분리를 유지할 필요가 있는 공역이다. 항공법규 상의 개념으로 군작전구역은 비행을 전면적으로 금지하는 구역이 아닌 주의공역 중의 일부분이다.

나. 따라서 군사 작전에 참여하지 않는 기타 시계비행 항공기는 조종사의 특별한 주의 · 경계 · 식별 등에 따라서 군작전구역을 통과할 수 있다. 그러나 우리나라의 현실은 군사 작전에 관계없는 기타 민 · 군 항공기의 군작전구역 접근을 중앙방공통제소(MCRC)에서 엄격하게 통제하고 있다. 왜냐하면 군작전구역 내에서는 군용기의 급격한 기동으로 인해 시계비행 항공기의 조종사가 주의 · 경계를 하더라도 사고의 위험성이 내재되어 있기 때문에 비행안전을 확보하는 차원에서 통제하고 있기 때문이다.

참 고

MCRC : Master Control Reporting Center, 공군 중앙방공통제소의 약자로 한반도 상공의 모든 비행물체를 식별하고 추적하며, 군용 항공기를 통제하는 역할을 하고 있다.

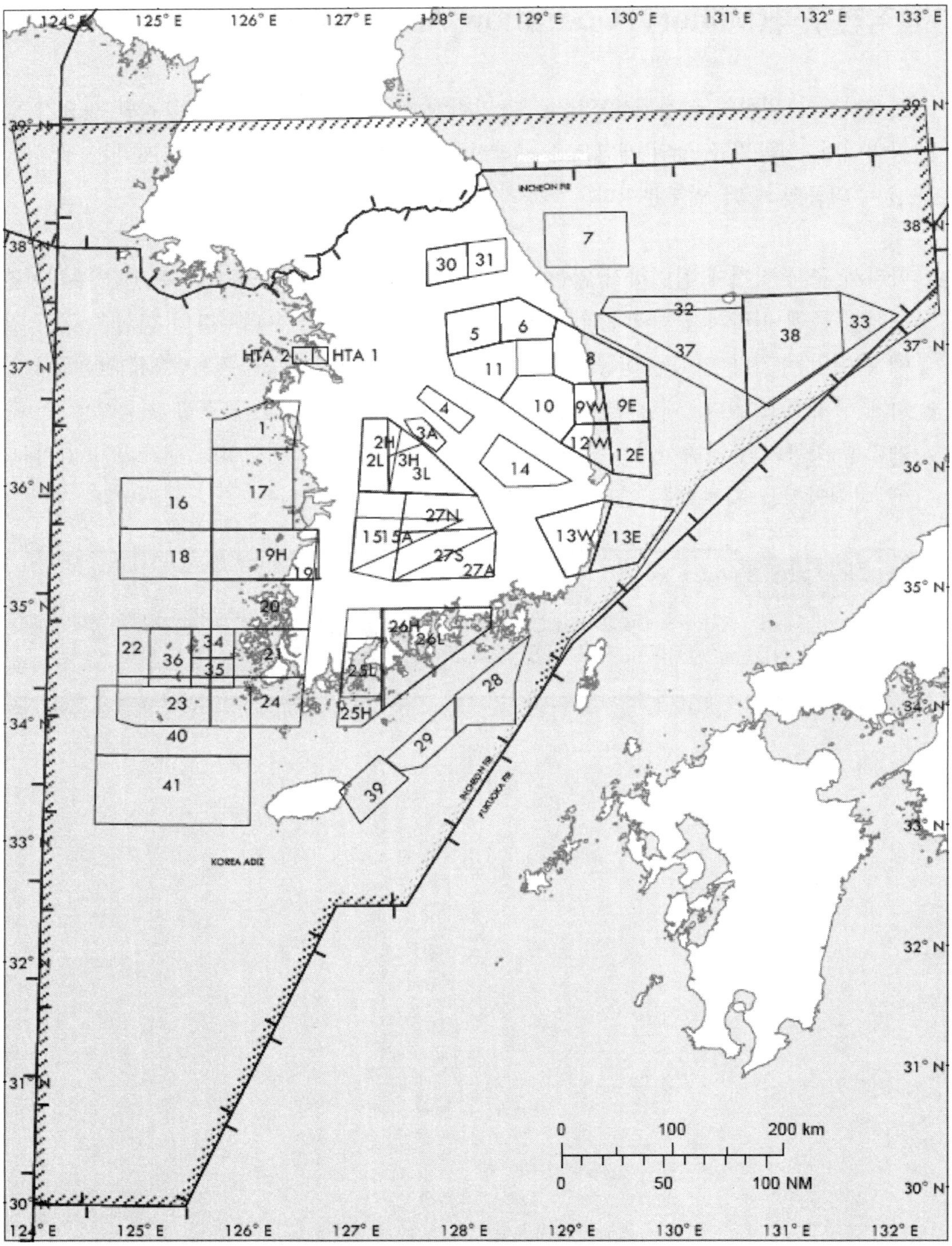

[그림 3-6] 군 작전구역(MOA)

3. 위험구역(Danger Area)

가. 항공기의 비행 시 항공기 또는 지상 시설물에 위험이 예상되는 구역이다.

나. 위험구역 내의 활동에 참여하지 않는 항공기가 해당 위험을 알고 그 구역 내에서 발생할 수 있는 위험을 감수할 것인가 말 것인가를 결정하여 위험하지 않다고 판단하였다면 비행할 수 있는 구역이다. 이러한 판단이 가능하도록 위험구역 설정 시에는 사유를 함께 고시한다.

다. 관련 지상 시설로는 폭발물처리장, 원자력 발전소·연구소 등이 있다. 원자력 발전소·연구소는 위험구역으로 분류하여 왔으나, 항공테러 방지를 위해 최근에 임시 비행금지구역으로 변경하였다.

[표 3-3] 임시 비행금지구역으로 설정된 위험구역

명 칭	구 역	통제기관
고리(P-61) 월성(P-62) 한빛(P-63) 한울(P-64) 대전(P-65)	A구역 : 반경 2NM, 고도 10,000ft * P-64 : 반경 2NM, 고도 8,000ft * P-65 : 반경 1NM, 고도 8,000ft B구역 : 반경 10NM, 고도 18,000ft	A구역 : 공군작전사령부 B구역 : 공군작전사령부(군용기) 국토교통부(비 군용기)

4. 경계구역(Alert Area)

가. 대규모 조종사의 훈련이나 비정상 형태의 항공활동이 수행되는 구역이다.

나. 매우 높은 수준의 훈련비행이 이루어지거나 비정상적인 비행활동이 이루어지고 있음을 조종사에게 알려 주기 위하여 지정한 공역이다.

다. 육군이 관리하는 경계구역은 회전익 항공기가 주로 사용하는 군용 항공기지, 회전익 항공기의 대규모 훈련비행공역에 설정되어 있다.

라. 공군이 관리하는 경계구역은 과거 신설 비행장을 보호를 위하여 강릉·중원·서산 기지

주변에 설정하였으나, 비행장 운영의 안전화로 인하여 설정 당시의 의미가 퇴색해지고 있는 구역이다.

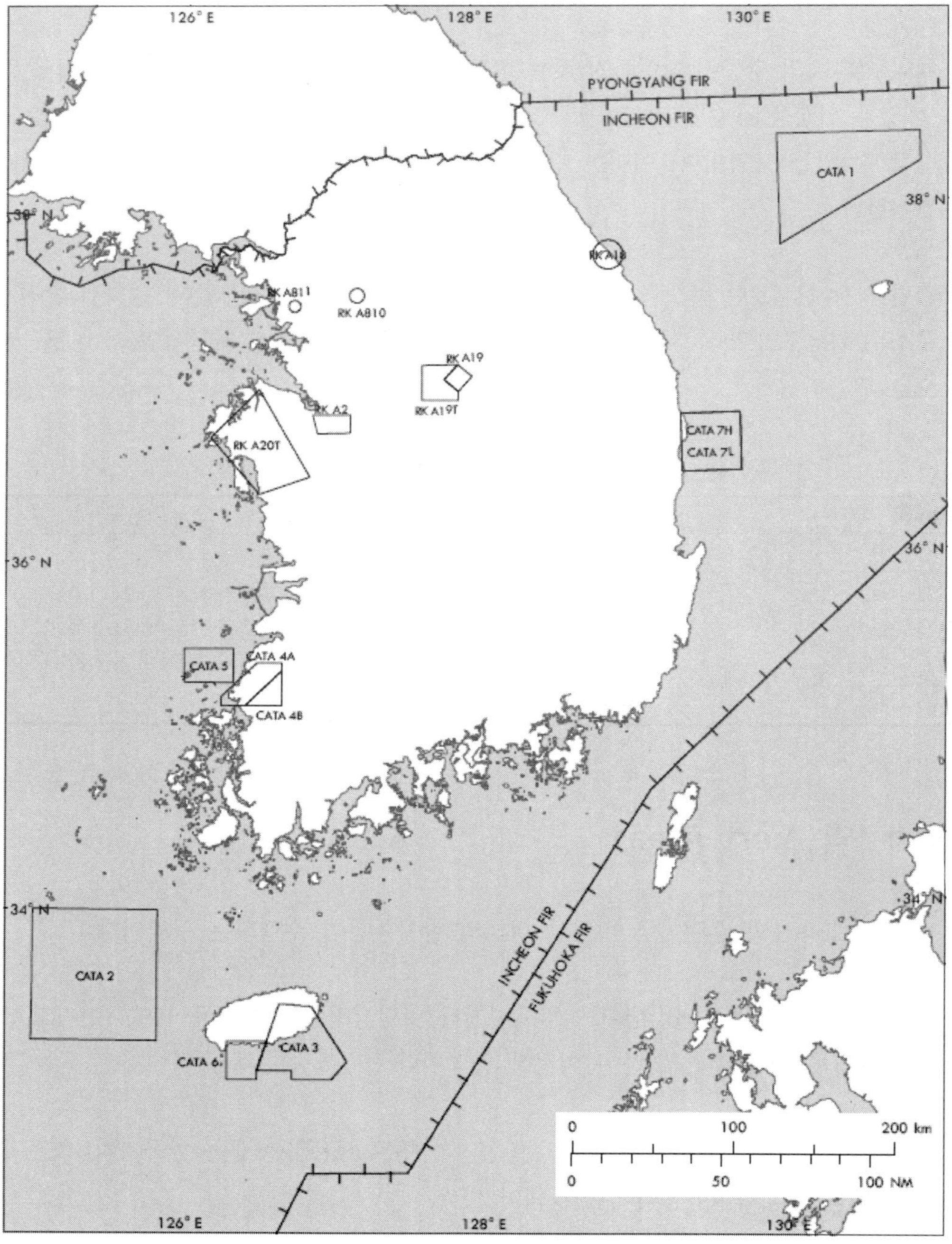

[그림 3-7] 경계구역(Alert Area)

제4장 드론과 공역관리

제1절 초경량비행장치 비행운영

1. 드론 비행공역

가. 드론을 포함한 초경량비행장치는 제3장에서 살펴본 바와 같이 통제공역으로 지정되어 있는 초경량비행장치 비행제한구역 내에서는 국토교통부장관으로부터 사전 승인을 받은 경우에 한해서 비행할 수 있다.

나. 그러나 관련 법률에 따라 최대이륙중량이 25kg 이하인 무인동력비행장치의 경우에는 [그림 3-4]에 표시된 초경량비행장치 비행제한구역에서도 국토교통부장관의 사전 승인을 받지 않은 경우에도 비행이 가능하다. 단, 이 경우에도 사람 또는 건축물이 밀집된 지역에서는 해당 초경량비행장치를 중심으로 수평거리 150m(500ft) 범위 안에 있는 가장 높은 장애물의 상단에서 150m 이상, 기타 지역에서는 지표면 · 수면 또는 물건의 상단에서 150m 이상의 고도로 비행할 수 없으며, 관제권과 비행금지구역 내에서는 사전 승인없이 비행할 수 없도록 규정하고 있다.

다. 한편, 정부에서는 초경량비행장치 동호회와 조종자들을 위해 구성산 등 전국에 걸쳐 32개의 초경량비행장치 비행구역(UA)를 설정하여 운영 중에 있으며, 이 구역의 수직 및 수평범위 내에서는 일출부터 일몰시까지 자유롭게 비행할 수 있도록 하고 있으며, 32개 구역 중 청라 등 11개 구역은 무인비행장치(드론 등)만을 운용할 수 있도록 전용구역으로 지정하였다.

2. 공공목적의 드론 비행

가. 국토교통부장관의 비행승인이 필요한 경우라고 하더라도 국가, 지방자치단체, 「공공기관의 운영에 관한 법률」에 따른 공공기관으로서 대통령령으로 정하는 공공기관이 소유하거나 임차한 무인비행장치를 재해 · 재난 등으로 인한 수색 · 구조, 화재의 진화, 응급환자 후송, 그 밖에 국토교통부령으로 정하는 공공목적으로 긴급히 비행(훈련을 포함한다)하는 경우(국토교통부령으로 정하는 바에 따라 안전관리 방안을 마련한 경우에 한정한다)에는 다음 사항을 적용하지 아니하며, 해당 국가기관 등의 장이 유 · 무선 방법으로 지방항공청장에게 통보한 경우에는 국토교통부장관의 비행승인을 받은 것으로 본다.

1) 초경량비행장치의 조종자는 초경량비행장치로 인하여 인명이나 재산에 피해가 발생하지 아니하도록 국토교통부령으로 정하는 준수사항을 지켜야 한다.
2) 초경량비행장치 조종자는 무인자유기구를 비행시켜서는 아니 된다. 다만, 국토교통부령으로 정하는 바에 따라 국토교통부장관의 허가를 받은 경우에는 그러하지 아니하다.
3) 무인비행장치 조종자는 무인비행장치를 사용하여 「개인정보 보호법」 제2조제1호에 따른 개인정보(이하 “개인정보”라 한다) 또는 「위치정보의 보호 및 이용 등에 관한 법률」 제2조제2호에 따른 개인위치정보(이하 “개인위치정보”라 한다) 등 개인의 공적 · 사적 생활과 관련된 정보를 수집하거나 이를 전송하는 경우 타인의 자유와 권리를 침해하지 아니하도록 하여야 하며 형식, 절차 등 세부적인 사항에 관하여는 각각 해당 법률에서 정하는 바에 따른다.

3. 드론 특별 비행

가. 초경량비행장치의 조종자는 초경량비행장치로 인하여 인명이나 재산에 피해가 발생하지 아니하도록 국토교토부령으로 정하는 준수사항을 지켜야 한다.

나. 그럼에도 불구하고 초경량비행장치 중 무인비행장치 조종자로서 야간에 비행 등을 위하

여 국토교통부령으로 정하는 바에 따라 국토교통부장관의 승인을 받은 자는 그 승인 범위 내에서 비행할 수 있다. 이 경우 국토교통부장관은 국토교통부장관이 고시하는 무인비행장치 특별비행을 위한 안전기준에 적합한지 여부를 검사하여야 한다.

다. 정부에서는 드론 등 무인비행장치 산업의 활성화를 위해 야간 비행과 가시권 밖 비행 등 무인비행장치의 특별비행을 위해 안전기준과 승인절차에 관한 기준을 정하여 고시하였다.

1) "야간 비행"이란 일몰 후부터 일출 전까지의 야간에 비행하는 행위를 말하며, "가시권 밖 비행"이란 무인비행장치 조종자가 해당 무인비행장치를 육안으로 확인할 수 있는 범위의 밖에서 조종하는 행위를 말한다.

2) 무인비행장치의 야간 비행과 가시권 밖 비행 등 특별 비행승인을 받으려는 사람은 비행승인 신청서와 함께 해당 무인비행장치의 종류, 형식, 무게, 크기 등 제원에 관한 서류와 기능 및 운용한계에 관한 서류, 안전성 인증서 등 관련 서류를 제출하여 안전기준에 적합한지 여부에 대한 검사를 받아야 한다.

3) 국토교통부장관은 안전기준 검사가 적합한 경우 특별 비행승인서를 발급하되, 필요한 경우 비행일시, 방법, 경로 등에 대한 사항을 제한할 수 있으며, 특별 비행승인의 유효기간은 최대 6개월의 범위로 한정한다.

4. 사진 촬영

가. 드론 등 무인비행장치를 활용한 사진 촬영은 엄격히 제한되어 있으며, 비행승인과는 별개로 진행되어야 한다. 카메라를 장착한 무인비행장치를 운용하는 조종자는 본인도 모르는 사이에 사진 촬영이 금지된 지역을 촬영하는 경우가 있기 때문에 상당한 주의를 기울여야 한다.

나. 드론을 활용한 사진 촬영 시에는 국가공간정보 기본법 제35조, 국가공간정보 보안 관리 지침(비공개 공간정보), 보안업무규정 제32조, 국가보안시설 및 보호장비 관리지침 제29조 · 제30조, 국방부 항공사진촬영 지침서에 의한 드론촬영 허가업무 수행 절차에 관하여 필요한 사항을 규정한 항공사진 촬영 지침서에 명시된 내용을 준수하여야 한다.

다. 항공사진 촬영신청자는 촬영 4일전까지 드론 원스탑 민원서비스 포털사이트의 항공사진 촬영허가 신청(촬영대상 · 일시 · 목적 · 촬영자 인적사항 등)를 이용하여 신청하면, 지역별 항공촬영 승인업무 책임부대 부대장은 촬영목적 · 용도 및 대상시설 · 지역의 보안상 중요도 등을 검토하여 항공촬영 허가여부를 결정한다. 항공사진 촬영 허가 관련 문의는 국방부 정보본부 보안정책과로, 승인 및 촬영 관련 문의는 지역별 승인업무 책임부대에 하여야 한다.

참 고

드론 원스탑 민원서비스(https://drone.onestop.go.kr)를 이용하면 각종 민원 시스템 안내를 포함하여 비행장치 신고, 사업등록 신고, 비행승인 신청, 특별비행승인 신청과 항공사진 촬영허가 신청을 동시에 진행할 수 있으며, 공지사항과 자주 하는 질문 등을 통해 드론에 대한 궁금증을 해결할 수 있다.

라. 국방부장관은 항공촬영 허가 시 관련 기관 및 업체의 업무를 고려하여 촬영허가 기간을 관공서는 최장 3개월, 촬영업체와 개인은 최장 1개월 범위 내에서 허가할 수 있다.

마. 드론을 이용한 항공사진 촬영 신청자는 조종사의 신원과 촬영 분량 확인, 촬영금지지역 고지 및 촬영물에 대하여 촬영금지시설과 지형정보 삭제와 적정등급의 비밀 분류 · 관리 준수 등 지역별 항공촬영 승인업무 책임부대 부대장의 보안조치에 협조해야 한다.

제2절 초경량비행장치 비행구역

1. 초경량비행장치 비행구역(UA) 현황

사전 승인 없이 비행이 가능한 초경량비행장치 비행구역(UA)은 다음 그림과 표에서 보는 바와 같이 구성산 등 전국 32개 지역에 위치하고 있다.

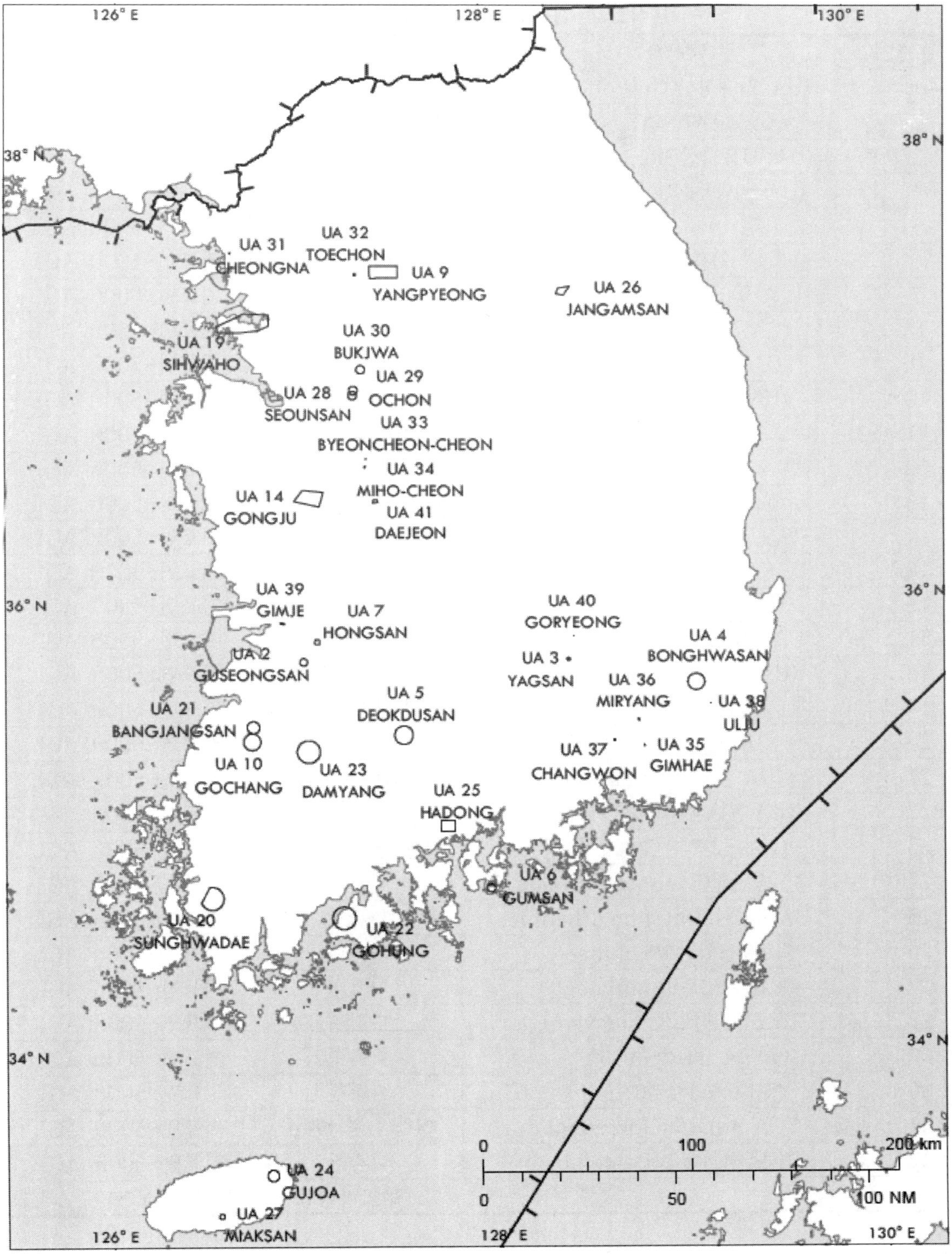

[그림 4-1] 초경량비행장치 비행구역(UA)

[표 4-1] 초경량비행장치 비행구역

순번	명 칭	모 양	고 도
1	(UA 2)구성산(Guseongsan)	원형(반경 1.8km)	지표면~500ft AGL
2	(UA 3)약산(Yagsan)	원형(반경 0.7km)	지표면~500ft AGL
3	(UA 4)봉화산(Bonghwasan)	원형(반경 4.0km)	지표면~500ft AGL
4	(UA 5)덕두산(Deokdusan)	원형(반경 4.5km)	지표면~500ft AGL
5	(UA 6)금산(Gumsan)	원형(반경 2.1km)	지표면~500ft AGL
6	(UA 7)홍산(Hongsan)	원형(반경 1.2km)	지표면~500ft AGL
7	(UA 9)양평(Yangpyeong)	다각형	지표면~500ft AGL
8	(UA 10)고창(Gochang)	원형(반경 4.0km)	지표면~500ft AGL
9	(UA 14)공주(Gongju)	다각형	지표면~500ft AGL
10	(UA 19)시화(Shiwaho)	다각형	지표면~500ft AGL
11	(UA 20)성화대(Sunghwadae)	원형(반경 5.4km)	지표면~500ft AGL
12	(UA 21)방장산(Bangjangsan)	원형(반경 3.0km)	지표면~500ft AGL
13	(UA 22)고흥(Gohung)	원형(반경 5.6km)	지표면~500ft AGL
14	(UA 23)담양(Damyang)	원형(반경 5.6km)	지표면~500ft AGL
15	(UA 24)구좌(Gujoa)	원형(반경 2.8km)	지표면~500ft AGL
16	(UA 25)하동(Hadong)	다각형	지표면~500ft AGL
17	(UA 26)장암산(Jangamsan)	다각형	지표면~500ft AGL
18	(UA 27)미악산(Miaksan)	원형(반경 1.2km)	지표면~500ft AGL
19	(UA 28)서운산(Seounsan)	원형(반경 2.0km)	지표면~500ft AGL
20	(UA 29)오촌(Ochon)	원형(반경 2.0km)	지표면~500ft AGL
21	(UA 30)북좌(Bukjwa)	원형(반경 2.0km)	지표면~500ft AGL
22	*(UA 31)청라(Cheongna)	다각형	지표면~500ft AGL
23	*(UA 32)퇴촌(Toechon)	원형(반경 0.3km)	지표면~500ft AGL
24	*(UA 33)병천천(Byeoncheon-Cheon)	다각형	지표면~500ft AGL
25	*(UA 34)미호천(Miho-Cheon)	다각형	지표면~500ft AGL
26	*(UA 35)김해(Gimhae)	다각형	지표면~500ft AGL
27	*(UA 36)밀양(Miryang)	다각형	지표면~500ft AGL
28	*(UA 37)창원(Changwon)	다각형	지표면~500ft AGL
29	*(UA 38)울주(Ulju)	다각형	지표면~500ft AGL
30	*(UA 39)김제(Gimje)	다각형	지표면~500ft AGL
31	*(UA 40)고령(Goryeong)	원형(반경 80m)	지표면~500ft AGL
32	*(UA 41)대전(Daejeon)	다각형	지표면~500ft AGL

* : 무인비행장치 전용구역(UA 31~UA 41)

2. 무인비행장치 전용구역

가. 전국에 위치한 32개 초경량비행장치 비행구역 중 드론 등 무인비행장치만 운용할 수 있는 전용구역은 (UA 31)청라, (UA 32)퇴촌, (UA 33)병천천, (UA 34)미호천, (UA 35)김해, (UA 36)밀양, (UA 37)창원, (UA 38)울주, (UA 39)김제, (UA 40)고령, (UA 41)대전 등 11개 지역이다.

나. 한편, 수도권 비행제한구역(R-75) 내에서의 드론 비행을 위해 사전 승인을 받는 등의 절차가 너무 복잡하고 까다로운 불편함을 해소하고자 수도권 일대의 4곳에 드론 비행 장소를 운영하고 있다. 이곳에서는 안전 규칙만 준수한다면 비행제한구역(R-75)임에도 불구하고 특별한 허가 없이 자유롭게 드론을 비행할 수 있다. 이 곳은 무인비행장치 전용구역과 성격은 다르지만 같은 개념으로 운영되고 있는 드론 전용비행장이다.

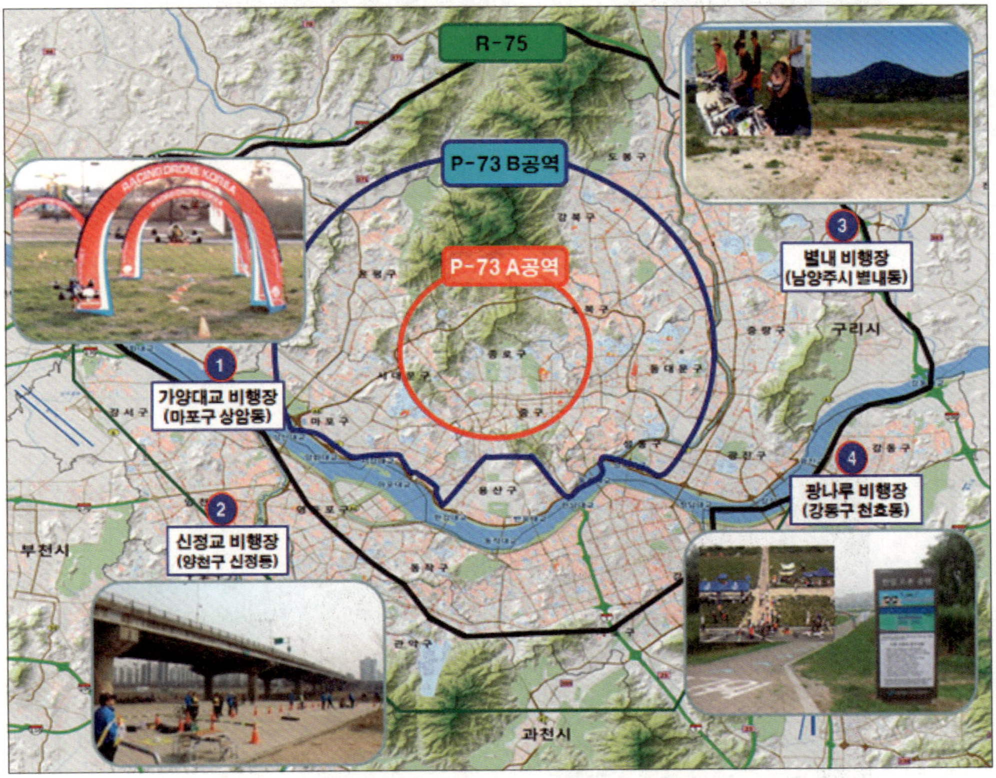

[그림 4-2] 수도권 비행제한구역 인근 드론 전용 비행장

1) 서울 광나루비행장(한강드론공원) : 서울특별시 강동구 천호동 광나루 한강공원(암사역 3번 출구, 천호역 1번 출구)

[그림 4-3] 서울 광나루비행장

2) 서울 신정비행장 서울특별시 양천구 신정동(신정교 아래)

[그림 4-4] 서울 신정비행장

3) 서울 가양비행장 : 경기도 고양시 덕양구 덕은동(가양대교 북단)

[그림 4-5] 서울 가양비행장

4) 경기도 별내비행장 : 경기도 남양주시 금강로 380번길(왕숙천 하천부지)

[그림 4-6] 경기도 별내비행장

※ 지역은 다르지만 대전에도 동일한 목적의 드론 비행장이 있는데, 명칭은 대전 드론공원이며, 위치는 대전광역시 대덕구 문평동 17이다.

[그림 4-7] 대전 드론공원

3. 드론 시범사업구역

가. 드론 시범사업은 항공안전기술원 주관으로 드론의 체계적인 기획 · 운영, 안전성 검증 및 시범사업 성과 확산에 필요한 홍보 활동 추진을 통하여 드론 산업 활성화 및 안전 향상을 도모하고자 추진하는 사업이다.

나. 드론 시범사업의 사업 목표는 신 산업 분야 및 비즈니스 모델 발굴 지원과 법 · 제도 등 안전기준의 적정 수위 등 안전성을 검토하는 것이다. 시범사업의 시험 항목은 야간비행, 고고도비행, 인구밀집지역 비행, 비가시권 비행, 자동비행시스템 신뢰성, 시각보조장치 검증, 충격량, 기상영향, 지형 · 지리적 영향, Geo-fencing, C2, Sense & Avoid, 주파수 간섭 등 13개 항목이다.

다. 드론 시범사업의 사업 분야는 물품수송, 산림보호 및 재해감시, 시설물 안전 진단, 국토조사 및 순찰, 해안 및 접경 지역 관리, 통신망 활용 무인기 제어, 촬영 · 레저, 농업지원 등 총 8개 분야이며, 사업기간은 2015년 12월부터 현재까지 지속 추진 중이다.

라. 드론 시범사업에 사용되는 공역은 3차에 걸쳐 고흥 등 총 10개 구역으로, 각 구역에는 드론 성능을 테스트 할 수 있도록 격납고, 정비고, 지상 장비, 활주로 등 지상인프라가 구축되어 있으며, 세부적인 내용은 다음 그림 및 표와 같다.

[그림 4-8] 드론 시범사업 공역

[표 4-2] 드론 시범사업 공역 세부내용

순번	위치	직경	고도	크기	모양
1	영월	11km	450m	$95km^2$	원형
2	대구	7.4km	450m	$43km^2$	원형
3	고흥	22km	450m	$380km^2$	원형
4	전주	3.6km	300m	$10km^2$	원형
5	고성	3km	450m	$7.1km^2$	원형
6	부산	5.5km	450m	$23.7km^2$	부채꼴형
7	보은	6km	300m	$28.3km^2$	원형
8	화성	-	300m	$11km^2$	다각형
9	광양	8km	450m	$50km^2$	원형
10	제주	3km	300m	$7.1km^2$	원형

4. Ready to fly

가. Ready to fly는 사단법인 한국드론협회가 제작한 휴대폰 어플리케이션으로 드론 사용자들이 꼭 알아야 할 공역에 대한 정보를 제공하고 있으며, 공역뿐 만 아니라 드론의 기본수칙 등을 볼 수 있도록 구성되어 있다.

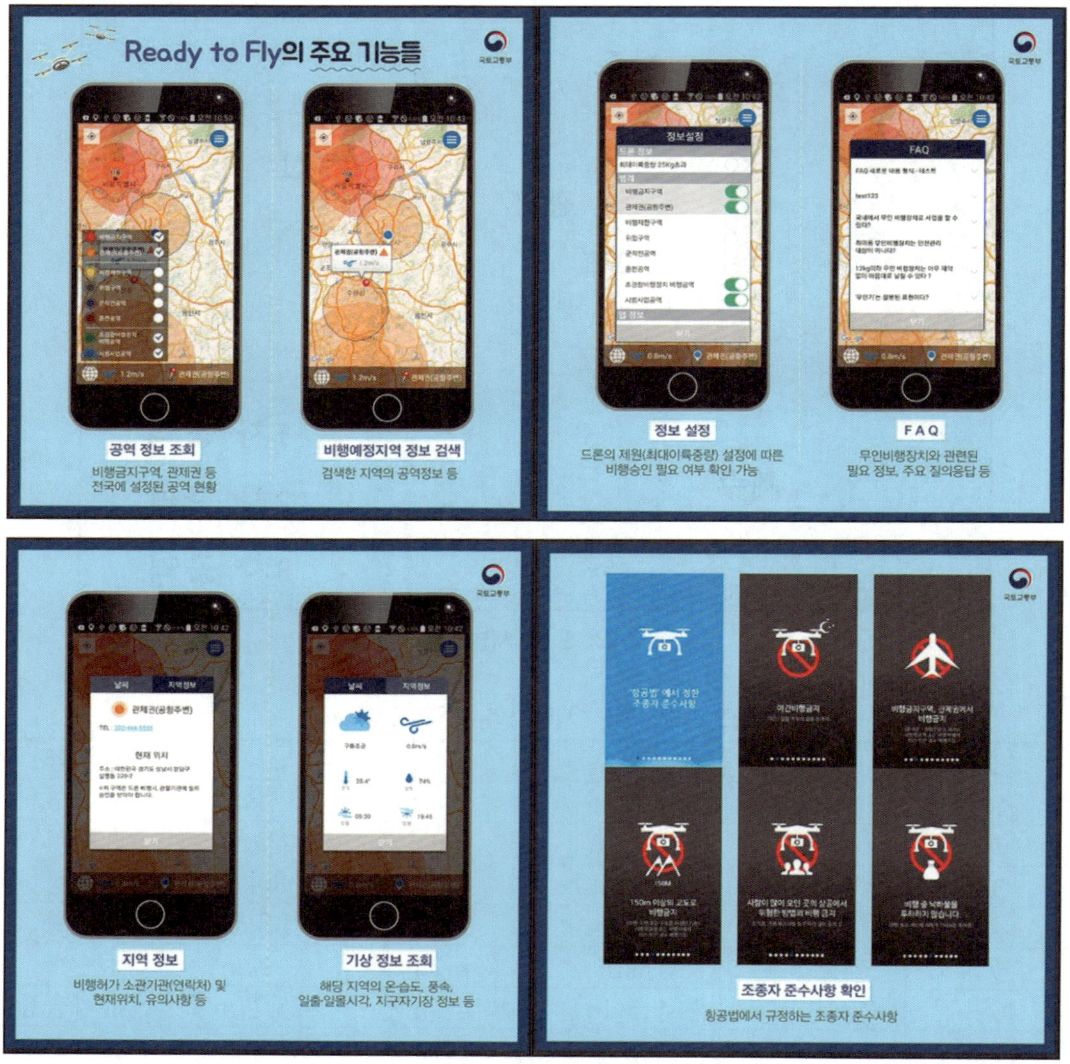

[그림 4-9] Ready to fly 어플리케이션 주요 화면

나. Ready to fly는 국토교통부에서 제공하는 공역 관련 정보를 활용하여 사용자의 현재 위치뿐 만 아니라 원하는 지역의 공역정보를 확인할 수 있고, 드론 무게에 따른 비행 공역

을 자동으로 설정할 수 있으며, 비행승인신청서 등 비행 허가에 필요한 자료를 제공하고 있다.

다. 또한, 현재 위치의 날씨 정보와 원하는 지역의 날씨 정보는 물론 유관기관 연락처 및 정보를 제공하고 있으며, 지자기 수치(K-Index)와 함께 경고 문구 알림 기능도 탑재되어 있다. 이 어플리케이션을 활용하면 어느 지역이나 지도상에서 터치하여 비행 가능여부를 확인할 수 있으며, 불가능할 경우 관련 기관의 연락처와 담당자를 확인할 수 있다.

제3절 군 관할공역 내 초경량비행장치 비행승인 지침서

1. 군 관할공역 내 초경량비행장치 비행승인 지침서 개요

가. 군 관할공역 내 초경량비행장치 비행승인 지침서(이하 '지침서'라 한다.)는 「항공안전법」 및 「행정권한의 위임 및 위탁에 관한 규정(대통령령)」에 따라 국방부장관에게 위탁된 관할공역(이하 '군 관할공역') 내의 민간 초경량비행장치 비행승인 업무 수행을 위한 절차를 제공하고 있다.

나. 이 지침서는 초경량비행장치 비행승인 및 비행통제 업무를 수행하는 국방부 예하의 전 부대(서)와 군 관할공역 내에서의 초경량비행장치를 이용하여 비행 또는 기타 항공활동을 하고자 하는 모든 기관, 단체 및 개인에게 적용되고 있다.

2. 지침서 구성

가. 이 지침서는 총 5장, 17개조 및 1개의 별표와 2개의 서식으로 구성되어 있으며, 국방부 합동참모본부에서 국토교통부와 협의하여 대한민국 국방부 명의로 2015년 10월 1일에 발간한 것으로 2016년 12월 19일에 1차 개정, 2019년 3월 1일에 2차 개정, 2020년 7월 1일에 3차 개정되어 현재에 이르고 있다.

유능한 안보
튼튼한 국방

군 관할공역 내
민간 초경량비행장치 비행승인 지침서

2020. 7. 1.

대한민국 국방부
Ministry of National Defense

[그림 4-10] 군 관할공역 내 민간 초경량비행장치 비행승인 지침서

나. 지침서의 각 장별 세부적인 내용은 다음 표와 같다.

[표 4-3] 군 관할공역 내 민간 초경량비행장치 비행승인 지침서 세부 내용

구 분	내 용
제1장 총칙	제1조 목적 제2조 적용범위 제3조 용어정의 제4조 방침
제2장 초경량비행 장치 일반	제5조 항공기 등의 구분 제6조 초경량비행장치를 이용한 영리행위의 유형 제7조 안전관리 제도 제8조 조종자 준수사항
제3장 비행승인 절차	제9조 초경량비행장치의 비행승인 대상 제10조 비행승인 기준 제11조 검토기준 제12조 회신 및 안전관리
제4장 위규비행 관리	제13조 위규비행 발생 시 조치절차 제14조 비행안전장애 처리 제15조 사고의 보고 등 제16조 초경량비행장치 비행안전 장애사항 기록유지
제5장 행정사항	제17조 시행일
별표	1. 공역별 비행승인 업무 관할부대(서)
별지 서식	1. 초경량비행장치 비행승인 신청서 2. 초경량비행장치 비행승인 신청서 검토결과 통보서

3. 지침서 활용

가. 드론을 포함한 초경량비행장치를 운용하거나 조종하는 사람은 상기 지침서의 내용을 잘 숙지하여야 한다. 상기 참고자료는 Ready to fly 어플리케이션에도 탑재되어 있으므로 휴대폰을 활용한 내용 검색이 가능하다.

나. 초경량비행장치 비행구역을 제외하고는 우리나라 대부분이 초경량비행장치의 비행이 제한되는 구역임을 감안할 때 본인이 비행 가능한 지역에서 비행하고 있는지를 항상 확인하여야 하며, 비행이 불가능한 구역일 경우 관할 기관에 연락하여 사전 승인을 받도록 하여야 한다.

다. 또한, 초경량비행장치의 불법사용 및 위규 비행 시에는 징역, 벌금 및 과태료가 부과되는 등 처벌 및 행정처분이 수반되므로 초경량비행장치를 불법으로 사용하거나 위규 비행하지 않도록 주의하여야 한다.

라. 아울러 사진 촬영의 경우에는 비행승인과 별개로 사전에 항공사진 촬영에 대한 승인을 받아 드론을 활용한 항공사진 촬영 시에 문제가 발생되지 않도록 주의하여야 한다. 사진 촬영과 관련된 지침은 국방부에서 2020년 12월 7일에 발간한 항공촬영 지침서를 참고하여야 한다.

마. 상기 두 개의 지침서는 드론 원스탑 민원서비스 포털사이트의 정보마당에도 탑재되어 있으므로 이를 잘 활용하여 안전한 비행이 되도록 노력하여야 한다.

PART

Ⅱ

항공교통관제 이론

제5장 항공교통관제 일반

제1절 항공교통업무의 개요

1. 항공교통업무 정의

가. 항공교통업무(Air Traffic Service, ATS)는 다음의 목적을 위해 제공되는 업무를 말한다.

1) 항공기간의 충돌방지
2) 기동지역 내 항공기와 장애물간의 충돌방지
3) 항공교통 흐름의 신속한 처리와 질서 있는 흐름 유지
4) 안전하고 효율적인 비행에 유용한 조언 및 정보의 제공
5) 수색 및 구조를 필요로 하는 항공기에 대한 지원

나. 항공교통업무는 반드시 관련 법률에 의거 항공교통관제사 자격증을 소지한 자가 수행하여야 한다.

2. 항공교통업무의 구분

항공교통업무(ATS)는 항공교통관제업무, 비행정보업무, 경보업무의 세 가지로 구분할 수 있으며, 이 중에서 핵심은 항공교통관제업무라고 할 수 있다.

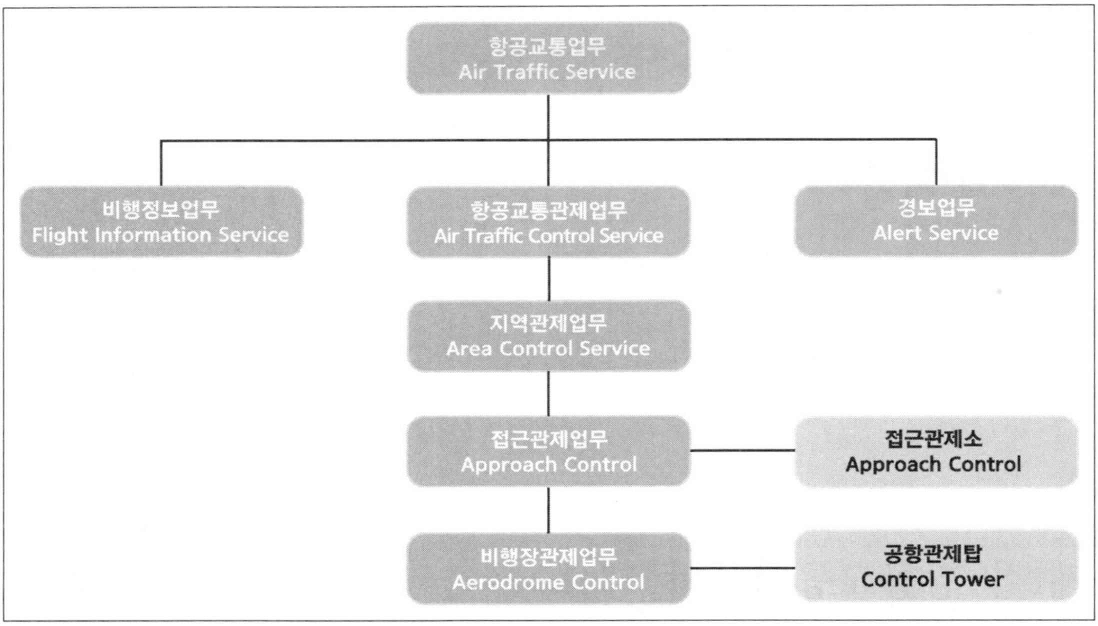

[그림 5-1] 항공교통업무의 분류

1) 항공교통관제업무(Air Traffic Control Service)는 항공기가 출발 비행장의 기동지역 내에서 기동한 후 활주로를 이륙하여 출발하고, 목적지 비행장의 활주로에 착륙하여 도착한 후 정지하기까지의 전 비행 과정을 통하여 항공기 상호 간 또는 지상 장애물과의 충돌을 방지하고, 항공교통의 질서 유지 및 촉진을 위해 수행하는 업무를 말한다.

참 고

기동지역(Maneuvering Area) : 항공기의 이 · 착륙 및 지상 유도에 사용되는 에이프런(Apron) 지역을 제외한 지역
이동지역(Movement Area) : 기동지역 및 에이프런으로 구성되며, 항공기의 이 · 착륙 및 지상 유도용으로 사용되는 비행장 내의 한 부분
※ [ICAO 정의]기동지역 : 항공기의 이 · 착륙 및 지상 유도에 사용되는 비행장 안의 한 부분(에이프런 제외)

- 항공교통관제업무 초기 단계에서는 관제사들이 활주로 옆에서 깃발을 들고 항공기에 신호를 보내는 방식으로 항공기 이륙과 착륙을 지시하는 매우 원시적인 방법을 사용하였다. 현재에는 무선 통신을 활용하여 멀리서도 항공기와 교신을 하면서 레이다 등 다양한 장비들을 사용하여 항공기를 이 · 착륙 시키고 있다.

• 항공교통관제업무가 제공되는 범위와 항공기의 비행 단계에 따라 비행장관제업무, 접근관제업무, 지역관제업무의 세 가지로 구분되며, 관제탑, 접근관제소, 지역관제소가 각각의 업무를 담당하고 있다. 항공기의 이륙부터 착륙까지의 과정을 그림으로 나타내면 다음 그림과 같다.

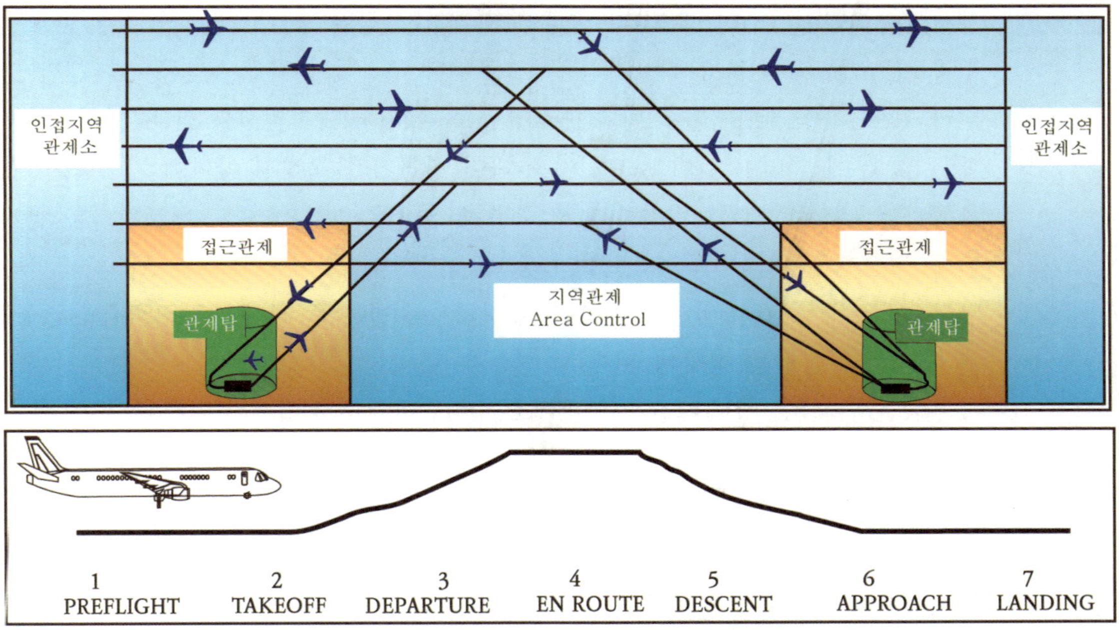

[그림 5-2] 이륙에서 착륙까지 항공교통관제 개념

- 비행 전(Preflight) : 조종사는 항공기 외부점검을 마치고 비행 전 브리핑을 받은 후, 비행계획서를 제출하며, 항공고시보(NOTAM)를 확인하고, 이륙을 준비한다.

참 고

NOTAM : NOtice To AirMan의 약자로 항공관련시설, 업무, 절차 또는 장애요소, 항공기 운항관련자가 필수적으로 적시에 알아야할 지식 등의 신설, 상태 또는 변경과 관련된 정보를 포함하는 통신수단을 통해 배포되는 공고문을 말한다.

- 이륙(Take off) : 조종사는 관제탑의 국지관제사(Local Controller)로부터 이륙 허가를 받은 후, 활주로를 이륙한다.
- 출발(Departure) : 이륙 직후 조종사는 새로운 지시를 받기 위해 주파수를 변경하

여야 하며, 관제권을 벗어나 접근관제구역으로 비행하게 되는데 접근관제구역의 관제기관인 접근관제소(Approach Control)와 교신을 하며 접근관제소의 출발 관제사로부터 출발공항을 벗어나서 배정받은 항공로로 진입하기 위한 지시를 받게 된다. 그리고 조종사는 고도와 항공로 허가(Routing Clearance)를 발부 받게 되며, 관제사는 항공기 진로와 고도를 감시한다. 항공기의 관제를 인수받게 되는 인수 관제사(Receiving Controller)의 공역에 항공기가 진입 전에 관제권을 이양한다.

- 항공로(Enroute) : 조종사는 지역관제소로부터 조정하여야 할 무선주파수 뿐만 아니라 고도(Altitude)와 기수 방향(Heading)을 유지하도록 지시를 받는다. 항공로비행은 몇 분에서 몇 시간이 소요되기도 하며 항공기가 목적지 공항에 가까워질 때, 조종사는 무선주파수를 변경하고, 강하를 위한 기수방향과 고도 변경지시를 받게 된다.
- 강하(Descent) : 기수 방향 또는 고도 변경지시를 받은 후, 항공기는 강하(Descent)를 시작하고 공항을 향하게 된다.
- 접근(Approach) : 조종사는 접근관제소로부터 목적지 공항까지 접근 허가를 받고, 동일공항에 착륙을 준비하는 다른 항공기와 순서를 조정 받는다.
- 착륙(Landing) : 조종사는 관제탑으로부터 착륙 허가를 발부받고 지정받은 활주로에 착륙을 하게 되며, 항공기는 유도로를 통해 계류장지역에 배정받은 게이트(Gate)까지 지상이동 한다.

나. 비행정보업무(Flight Information Service)는 안전하고 효율적인 비행을 위하여 항공교통관제를 제공받는 항공기나 항공교통업무 기관에 비행사실을 알려준 항공기 즉, 비행중이거나 비행 전 준비단계에 있는 항공기에게 항공정보를 제공하는 업무를 말하며, 비행정보 뿐 아니라 그 외의 모든 기타 항공안전과 관련한 정보를 제공하는 업무를 통칭하여 일반적으로 항공정보업무라고도 한다.

다. 경보업무(Alerting Service)는 수색구조가 필요한 항공기 즉, 항공교통관제를 받고 있는 모든 항공기, 비행계획서를 제출하였거나 항공교통관제기관이 인지하고 있는 모든 항공기, 불법간섭을 받고 있다고 알려졌거나 의심이 가는 항공기에 관하여 그 수색구조의 필요함을 해당기관에 알리고, 필요시 그 기관을 협조하고 지원하는 업무를 말한다.

제2절 항공교통업무 분류

1. 항공교통관제업무(Air Traffic Control Service)

가. 항공교통관제업무란 항공기간의 충돌방지, 항공기와 장애물간의 충돌방지, 항공교통흐름의 조절 및 촉진을 위해 관제탑(Control Tower), 접근관제소(Approach Control) 및 지역관제소(Area Control)에 의해 행해지는 항공기간의 분리(Separation), 레이다 유도(Radar Vectoring), 항공교통관제허가발부(Air Traffic Control Clearance Issuance) 등의 업무를 말하며, 국내는 대부분 국토교통부와 국방부 등 정부기관에서 수행한다.

[그림 5-3] 관제탑과 비행중인 항공기

2. 항공교통관제업무 구분

항공교통관제업무는 다음과 같은 업무로 구분되며, 자세한 내용은 제6장에서 다루기로 한다.

가. 비행장관제업무(Aerodrome Control Service) : 비행장(공항)을 중심으로 일정범위의 공역(통상 관제권이라 함) 및 공항지상이동지역 내에서 관제탑 관제사에 의해 제공되는 관제업무로서 공항이동지역(Airport Movement Area)의 감시(Surveillance) 및 통제, 이

· 착륙 및 관제권통과 항공기에 대한 비행허가발부, 항공교통관제허가의 중계(ATC Clearance Delivery) 등을 포함하며, 국지관제(Local Control), 지상관제(Ground Control), 비행자료업무(Flight Data), 계류장관제(Ramp Control) 등 4가지로 세분화 된다.

참 고

본 책자에서 "비행장관제"는 "관제탑관제", "공항교통관제"와 동일한 의미로 사용되고 있다.

나. 접근관제업무(Approach Control Service) : 접근관제공역 내를 비행하는 항공기에게 제공하는 관제업무로서, 항공기를 관할하고 있는 책임구역까지 순서를 정하여 유도하는 업무를 말한다.

다. 지역관제업무(Area Control Service) : 항공로 또는 관할 관제공역(Controlled Airspace)에서 운항하는 항공기에게 관제업무를 제공하는 업무로서, 우리나라는 인천에 소재한 인천 항공교통관제센터(제1ATC)와 대구에 위치한 대구 지역관제센터(제2ATC)에서 수행한다.

3. 비행정보업무(Flight Information Service)

가. 비행정보업무의 개념

비행 중이거나 비행 전 준비 단계에게 있는 항공기에게 항공정보를 제공하는 업무를 말하며, 비행정보 뿐만 아니라 그 밖에 모든 항공 안전과 관련된 정보를 제공하는 업무를 말한다. 이 업무의 목적은 비행 안전 증진과 효율적인 항공교통관제업무를 수행하는 데 있다.

[그림 5-4] 비행정보업무

나. 비행정보의 내용

항공안전법 제89조(항공정보의 제공) 및 동법 시행규칙 제255조(항공정보)에서 정한 항공정보의 내용은 다음과 같다.

1) 비행장과 항행안전시설의 공용의 개시, 휴지, 재개(再開) 및 폐지에 관한 사항
2) 비행장과 항행안전시설의 중요한 변경 및 운용에 관한 사항
3) 비행장을 이용할 때 있어 항공기의 운항에 장애가 되는 사항
4) 비행의 방법, 결심고도, 최저 강하고도, 비행장 이륙·착륙 기상 최저치 등의 설정과 변경에 관한 사항
5) 항공교통업무에 관한 사항
6) 다음의 공역에서 하는 로켓·불꽃·레이저광선 또는 그 밖의 물건의 발사, 무인기구(기상관측용 및 완구용은 제외한다)의 계류·부양 및 낙하산 강하에 관한 사항
   - 진입표면·수평표면·원추표면 또는 전이표면을 초과하는 높이의 공역
   - 항공로 안의 높이 150m 이상인 공역
   - 그 밖에 높이 250m 이상인 공역
7) 그 밖에 항공기의 운항에 도움이 될 수 있는 사항

다. 비행정보의 제공

비행정보를 제공하는 방법으로는 AIP, NOTAM, AIRAC, AIC 및 ATIS 등을 이용하거나 또는 수시로 무선교신을 통하여 제공된다. 이런 항공정보들은 인천 항공교통센터에 있는 비행정보센터(FIC, Flight Information Center)에서 민간공항 비행정보실(FIS,

Flight Information Station) 및 군 운항실(Base Operation Office) 등 모든 항공부서에서 수집하여 직접 전파하거나 비행장의 비행정보실이나 운항실을 통하여 전파한다.

1) 항공정보간행물(AIP, Aeronautical Information Publication) : 항공기의 항행에 필수적이고 영구적인 성격의 항공정보를 수록한 간행물로 항공정보간행물(AIP) 등에 대해서는 제8장 항공정보업무에서 자세하게 다루기로 한다.
2) 항공고시보(NOTAM, NOtice to AirMan) : 항공관련 시설, 업무, 절차 또는 장애요소, 항공기 운항관련자가 필수적으로 적시에 알아야 할 지식 등의 신설, 상태 또는 변경과 관련된 정보를 통신수단을 통해 배포되는 공고문이다.
3) 항공정보관리절차(AIRAC, Aeronautical Information Regulation and Control) : 운영방식에 대한 중요한 변경을 필요로 하는 상황을 국제적으로 합의된 공통의 발효일자를 기준으로 하여 사전에 통보하기 위해 수립된 체제이다.
4) 항공정보회람(AIC, Aeronautical Information Circular) : 비행안전, 항행, 기술, 행정 및 규정 개정 등에 관한 내용으로 항공고시보 또는 항공정보간행물에 의한 전파의 대상이 되지 않는 정보를 수록한 공고문이다.
5) 자동공항정보방송업무(ATIS, Automatic Terminal Information System) : 공항의 각종 항공 정보를 음성으로 비행 중인 조종사에게 반복적으로 제공하는 시설을 말한다.

4. 경보업무(Alerting Service)

가. 경보업무의 개념

1) 경보업무는 수색 · 구조가 필요한 항공기, 즉 항공교통관제를 받고 있는 모든 항공기, 비행계획서를 제출했거나 항공교통관제기관이 인지하고 있는 모든 항공기, 불법 간섭을 받고 있다고 알려졌거나 의심이 가는 항공기에 관하여 수색 · 구조의 필요성을 해당 기관에 알리고, 필요시 해당 기관과 협조하고 지원하는 업무를 말한다.

참 고

항공기 불법간섭 : 항공기의 피랍 · 테러 등의 불법적인 행위에 의하여 항공기 또는 탑승객의 안전이 위협받는 상황(「항공안전법」 시행규칙 제198조)

2) 비행정보실(FIC) 또는 지역관제소는 비행정보구역 또는 관련된 관제구 내에서 운항하는 항공기의 비상 상태에 관한 모든 정보를 수집하는 중앙 부서로서의 역할과 구조 조정 본부(RCC)에 관련 정보를 전달하는 역할을 한다.

[그림 5-5] 경보업무

나. 경보의 제공 범위

1) 항공교통관제업무를 제공하는 모든 항공기
2) 가능한 한 비행계획을 제출하였거나 항공교통업무기관이 알고 있는 기타 항공기
3) 불법 간섭을 받고 있는 것으로 알려졌거나 믿어지는 항공기

제3절 공항(Aerodrome, Airport)

1. 공항의 개념과 요건

가. 공항의 개념

1) '비행장'이란 항공기 · 경항공기 · 초경량비행장치의 이륙과 착륙(수상비행기의 경우 이수와 착수를 포함)을 위하여 사용되는 육지 또는 수면의 일정한 구역을 말한다. '공항'이란 공항시설을 갖춘 공공용 비행장으로서 국토교통부 장관이 그 명칭과 위치 및 지역을 지정 · 고시한 것을 말한다.

2) '공항시설'이란 공항구역에 있는 시설과 공항구역 밖에 있는 시설 중 관련 법률에서 정하는 시설로서 국토교통부장관이 지정한 항공기의 이륙·착륙 및 항행을 위한 시설과 그 부대시설 및 지원시설과 항공 여객 및 화물의 운송을 위한 시설과 그 부대시설 및 지원시설을 말한다.

[그림 5-6] 인천국제공항

나. 공항의 요건

공항이란 항공기가 이·착륙하고 승객을 탑승시키거나 하기시키는 장소로, 공항에 필요한 각종 시설과 장비는 물론 공항 주변의 공역도 비행하는데 지장이 없어야 한다. 항공교통분야에서 항공기가 이용하는 공항과 시설은 매우 중요한 요소이며, 항공기가 이·착륙하는데 필요한 기본시설과 기준에 맞는 공역 및 승객과 화물이 공항에 접근하는데 필요한 접근로가 있어야 한다.

1) 기본시설
- 활주로, 유도로, 착륙대 및 주기장과 각종 항행안전시설
- 항공기를 관제하고 이동을 통제하는 항공교통관제시설과 소방시설
- 승객이 이용하는데 필요한 청사와 주차장 등 부대시설
- 항공기를 정비하고 관리하는 시설, 즉 격납고, 주유시설 등

2) 항공기가 이·착륙하는데 필요한 공역
- 공항접근 항공로
- 항공기의 입·출항 시 장애물이 없는 공역상의 진입구역
- 비행장 주변 상공에서 선회 및 체공 시에 필요한 수평표면, 전이표면, 원추표면
- 비행장 인근 주변 장애물이 없어야 함.

3) 공항 접근로와 시설

- 지상의 육상교통기관(버스, 택시, 전철 등)이 연결
- 화물의 보관, 검색, 탑재 및 적하를 용이하게 하는 장비
- 검색기관요원의 상주
- 이용객의 편의를 위한 각종 부대시설로서, 은행, 병원, 우체국, 식당 등 휴게시설과 매점, 서점, 안내시설 등

2. 공항시설

'공항시설'이란 공항구역에 있는 시설과 공항구역 밖에 있는 시설 중 대통령령으로 정하는 시설로서 국토교통부장관이 지정한 항공기의 이륙·착륙 및 항행을 위한 시설과 그 부대시설 및 지원시설과 항공 여객 및 화물의 운송을 위한 시설과 그 부대시설 및 지원시설을 말한다.

가. 기본시설

1) 활주로, 유도로, 계류장, 착륙대 등 항공기의 이·착륙시설
2) 여객터미널, 화물터미널 등 여객시설 및 화물처리시설
3) 항행안전시설
4) 관제소, 송수신소, 통신소 등의 통신시설
5) 기상관측시설
6) 공항 이용객을 위한 주차시설 및 경비·보안시설
7) 공항 이용객에 대한 홍보시설 및 안내시설

나. 지원시설

1) 항공기 및 지상조업장비의 점검·정비 등을 위한 시설
2) 운항관리시설, 의료시설, 교육훈련시설, 소방시설 및 기내식 제조·공급 등을 위한 시설
3) 공항의 운영 및 유지·보수를 위한 공항 운영·관리시설
4) 공항 이용객 편의시설 및 공항근무자 후생복지시설
5) 공항 이용객을 위한 업무·숙박·판매·위락·운동·전시 및 관람집회 시설
6) 공항교통시설 및 조경시설, 방음벽, 공해배출 방지시설 등 환경보호시설
7) 공항과 관련된 상하수도 시설 및 전력·통신·냉난방 시설

8) 항공기 급유시설 및 유류의 저장 · 관리 시설
9) 항공화물을 보관하기 위한 창고시설
10) 공항의 운영 · 관리와 항공운송사업 및 이와 관련된 사업에 필요한 건축물에 부속되는 시설
11) 공항과 관련된 「신에너지 및 재생에너지 개발 · 이용 · 보급 촉진법」 제2조제3호에 따른 신에너지 및 재생에너지 설비

3. 공항의 구조와 구성

가. 공항의 구조와 등급

1) 공항은 크게 항공기 이동지역(Air Side)과 일반 업무지역(Land Side)으로 구분된다.
2) 항공기 이동지역(Air Side)은 활주로, 유도로, 계류장 및 주기장 시설과 항공교통관리를 위한 항공교통관제시스템, 항행안전시설 및 격납고 등이 설치되어 있는 지역으로 항공기의 운항과 여객 또는 화물의 탑재 및 하기를 위한 지상조업이 수행되는 지역이다. 항공기 이동지역은 일반인의 출입이 엄격히 통제되는 지역으로 사전에 출입이 인가된 직원이나 보안검색을 마친 여객만이 출입할 수 있는 지역이다.
3) 항공기 이동지역(Air Side)의 항공기 운용을 위한 설계는 규격의 표준과 통일을 위해 국제민간항공기구(ICAO)와 미국 연방항공청(FAA) 뿐만 아니라 우리나라의 공항시설법에도 명시되어 있으며, 그 내용에는 활주로, 유도로, 착륙대 등의 길이와 설치기준, 항공등화시설 및 항행안전시설의 설치에 관한 사항 등이 포함된다.
4) 일반 업무지역(Land Side)은 여객청사, 화물청사, 주차장 및 공항 내 도로 등 여객과 수화물 및 화물의 안전하고 신속한 도착과 출발을 위한 업무를 수행하는 장소로 여객의 탑승수속시설, 대기시설 및 기타 서비스시설이 설치된 장소이다. 일반 업무지역은 상주직원이나 여객 및 환송객에게 개방되는 자유로운 지역으로 누구나 출입이 허용되는 지역이다.
5) 비행장 등급

관련 법률에 의하면 육상비행장은 육상비행장을 사용하는 항공기의 최소 이륙거리를 고려하여 정한 분류번호와 항공기의 주 날개 폭을 고려하여 정한 분류문자에 따라 다음과 같이 분류한다.

[표 5-1] 국내 비행장 분류기준

분류요소 1		분류요소 2	
분류번호	항공기의 최소 이륙거리	분류문자	항공기 주 날개 폭
1	800m미만	A	15m 미만
2	800m 이상 1,200m 미만	B	15m 이상 24m 미만
		C	24m 이상 36m 미만
3	1,200m 이상 1,800m 미만	D	36m 이상 52m 미만
		E	52m 이상 65m 미만
4	1,800m 이상	F	65m 이상 80m 미만

나. 항공기 이동지역(Air Side) 구성

항공기 이동지역(Air Side)에는 착륙대, 활주로, 유도로 및 계류장 시설 등이 위치하는데 세부적인 내용은 다음과 같다.

1) 착륙대(Runway Strips)란 활주로와 항공기가 활주로를 이탈하는 경우 항공기와 탑승자의 피해를 줄이기 위하여 활주로 주변에 설치하는 안전지대로서 국토교통부령으로 정하는 크기로 이루어지는 활주로 중심선에 중심을 두는 직사각형의 지표면을 말한다.

2) 활주로(Runway)란 항공기의 착륙과 이륙을 위하여 공항 또는 비행장에 설정된 구역을 말하는데, 여러 조건하에서 비행장을 안전하고 효율적으로 사용할 수 있도록 활주로의 위치, 방향, 수를 결정하여야 한다. 활주로의 결정에 영향을 미치는 요소는 지역의 기상조건(특히 풍향, 풍속이 중요), 비행장 주변 지역의 지형학적 조건, 항공교통량과 항공기의 종류, 성능 및 소음 등 다양하다.

3) 활주로의 폭은 항공기 좌우 주 기어의 외측 가장자리에서 측정한 직선거리 즉, 항공기 주륜외곽의 폭(OMGWS, Outer Main Gear Wheel Span)에 따라 다르다.

4) 유도로(Taxiway)란 항공기의 지상통행 및 비행장내의 한 부분과 다른 부분의 연결을 위하여 육상비행장에 설치한 일정한 통로로서 항공기 주기장 통행로, 계류장 유도로, 고속이탈 유도로가 포함된다.

5) 계류장(Ramp, Apron)은 항공기의 Air Side 지역 이동활동을 방해하지 않고 항공기 지원업무 뿐만 아니라 여객을 탑승시키거나 내리게 하며, 화물 및 우편물을 싣고 내리는데 필요한 장소를 제공하는데, 계류장은 여객 청사 설계개념과 밀접한 관계가 있으며, 항공기는 계류장 지역 유도로를 경유하여 주기장까지 이동한다.

6) 주기장(Apron)은 비행장 내에서 인원 및 화물의 탑승·탑재 또는 양륙, 재급유, 주기, 정비 등을 위해 항공기를 수용하도록 지정한 지역으로 항공기의 날개, 동체길이, 선회

반경, 항공기 지원차량의 접근 및 활동 지역 등이 포함된 항공기의 물리적 제반 특성들을 고려해 항공기의 종류에 따라 주기장소의 필요한 면적을 결정한다. 일반적으로 계류장과 주기장은 같은 개념으로 사용되기도 한다.

다. 장애물 제한표면

1) 장애물 제한표면이란 항공기의 안전운항을 위하여 공항 또는 비행장 주변에 장애물(항공기의 안전운항을 방해하는 지형 · 지물 등을 말한다)의 설치 등이 제한되는 표면으로 다음의 구역을 말한다.

- 수평표면
- 원추표면
- 진입표면 및 내부진입표면
- 전이표면 및 내부전이표면
- 착륙복행표면

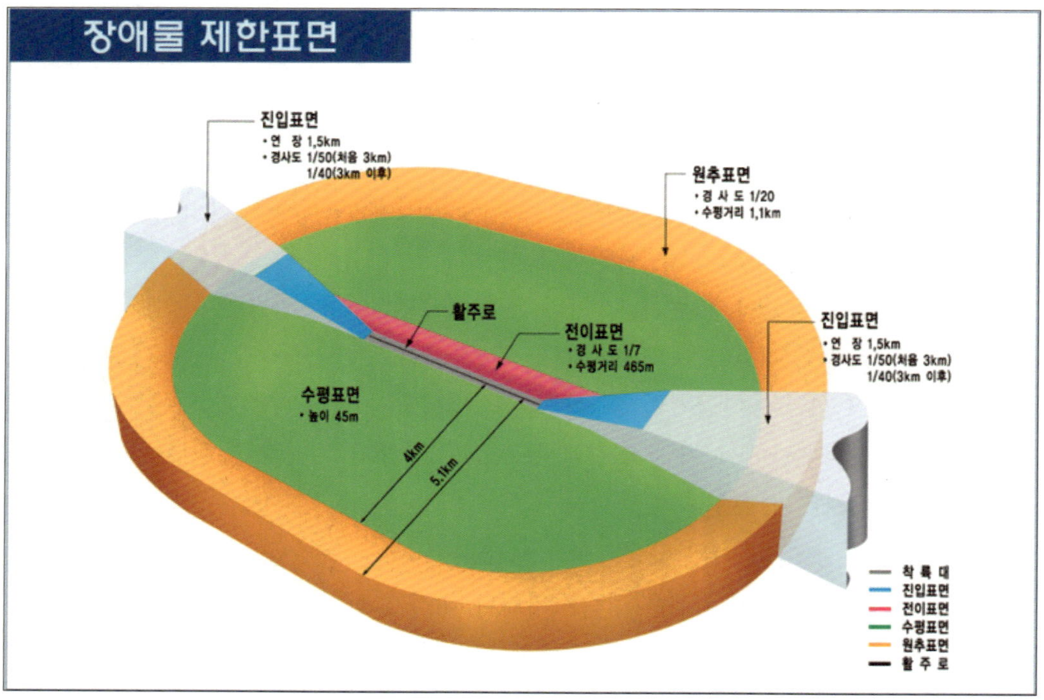

[그림 5-7] 장애물 제한표면(민간공항)

2) 장애물 제한표면으로 고시된 높이 이상인 건축물 · 구조물 · 식물 및 그 밖에 장애물의

설치 · 재배하거나 방치하는 것은 금지되어 있다.

3) 전국에 있는 공항 중에 인천, 김포, 제주 공항 등 민간공항은 공항시설법의 장애물 제한 표면을 적용하며, 김해, 청주, 대구 등 군 공항은 군사기지 및 군사시설보호법의 비행안전구역을 적용하여 장애물 설치를 제한하고 있다.

제4절 드론과 항공교통관제

1. 드론(무인항공기)의 비행 방법

가. 일반적으로 드론을 가시권 내에서 비행하는 경우에는 드론의 위치를 눈으로 보면서 드론을 조종하게 되지만, 비 가시권 즉, 눈에 보이지 않는 범위까지 드론을 비행시키는 경우에는 드론의 위치를 파악하는 것이 대단히 중요하다. 비 가시권 비행의 경우 조종자가 드론을 직접 조종하는 것은 불가능하므로 GPS 등을 이용하여 특정 지점을 경유하여 비행하는 자율비행 방식을 택하고 있다.

나. 비 가시권을 자율비행 하는 드론은 조종자가 직접 조종할 수 없으며, 사전에 입력된 지점만을 경유하도록 되어 있다. 만약, 기체에 문제가 발생할 경우에는 출발지점으로 돌아오거나 가장 가까운 경유지점에 착륙하거나 또는 현 지점에서 착륙하는 등 다양한 조치 방법을 선택할 수 있다.

다. 유인항공기는 조종사가 직접 항공기에 탑승하여 조종하기 때문에 무선통신을 통해 전달되는 항공교통관제 지시를 즉각 수용할 수 있다. 그러나 무인항공기인 드론의 경우 조종사가 드론 기체와 멀리 떨어질 수 밖에 없으며, 드론의 탑재중량을 고려할 때 무선통신을 통한 항공교통관제 지시를 전달할 수 없다. 따라서 드론 조종자에게 무선통신을 통해 항공교통관제 지시를 전달하거나 기상정보 등 비행정보업무를 제공할 수 없기 때문에 유선전화, 휴대폰 등 다른 방법을 강구하여야 한다.

[그림 5-8] 글로벌호크 무인항공기

> **참 고**
>
> Predator, Global Hawk 등 일부 군사용 무인항공기는 조종자가 멀리 떨어져 있어도 기체 내에 탑재된 무선통신장비 또는 위성통신 장비를 이용하여 항공교통관제업무와 비행정보업무 등을 제공받을 수 있다.

2. 드론의 항공교통 우선순위

가. 항공교통관제사는 항공교통관제 업무상 항공교통관제절차에 명시된 바와 따라 '항공기 분리와 경보업무'를 최우선적으로 수행하여야 한다. 당시 상황에 근거하여 항공교통관제절차의 모든 조항의 우선순위를 정할 때 관제사는 최대한 주의를 기울여야 하며, 우선업무 및 기타 레이다 제한 사항(교통량, 주파수 밀집과 업무량 등을 포함)을 고려하여 가능한 한 최대한으로 부수적인 업무도 수행하여야 한다.

나. 항공교통관제업무의 운영상 우선순위는 다음 경우를 제외하고 "First Come, First Served" 원칙에 의거 항공교통관제업무를 제공하여야 한다.

1) 조난항공기는 다른 모든 항공기보다 통행 우선권을 갖는다.
2) 민간 환자수송기에게 우선권을 부여하여야 한다. 수송기/소형 여객기의 Lifeguard 호출부호 사용은 우선권을 요청하였음을 의미한다.

3) 수색 구조 업무를 수행하는 항공기에게 최대한 편의를 제공하여야 한다.
4) 교통상황과 통신 시설이 허락하는 한 대통령 탑승기 및 경호기와 구조 지원 항공기에 우선권을 부여한다.
5) 비행점검 항공기의 신속한 업무수행을 위하여 특별 취급을 하여야한다.
6) 미 식별 항공기가 식별될 때까지 실제 방공 임무를 수행하는 요격기의 운항에 최대한 협조하여야 한다.
7) 계기비행 항공기는 특별시계비행 항공기보다 우선권을 가진다.

다. 항공교통흐름을 원활하게 하기 위한 통행우선권은 다양한 상황이 발생할 수 있으므로 모든 상황에 대한 통행우선권을 지정해 둘 수는 없다. 다만, 일반적인 상황에서의 통행우선권은 다음과 같이 지정되어 있다.

1) 통행우선권에 의하여 진로를 양보한 항공기는 통행우선권이 있는 항공기의 상·하방 또는 전방을 통과해서는 안 된다. 다만 충분한 간격을 유지하는 경우는 예외로 한다.
2) 항공기가 서로 정면으로 접근하거나 거의 정면 접근 시 각 항공기는 우측으로 진로를 변경하여야 한다.
3) 항공기가 거의 같은 고도로 수렴 접근될 때 동일 기종 범주에 속하는 항공기를 자기 우측에서 발견한 항공기는 통행우선권을 그 항공기에 양보해야 한다. 종류가 다른 기종 범주에 속하는 항공기 간에는 다음 순서에 따라 우선순위를 갖는다.
   - 기구류 → 글라이더 → 다른 항공기를 견인 중인 항공기나 다른 항공기에 급유중인 항공기 → 비행선 → 회전익 또는 고정익항공기
4) 비행 중이거나 또는 지상이나 수면위에서 운항중인 항공기는 착륙 중이거나 착륙하기 위하여 최종 접근 중인 항공기에게 진로를 양보하여야 한다.
5) 착륙을 위하여 비행장에 접근 중일 때는 높은 고도에 있는 항공기는 낮은 고도에 있는 항공기에게 진로를 양보하여야 한다. 그러나 통행우선권이 있는 낮은 고도에 있는 항공기라도 착륙을 위한 최종 접근단계에 있는 항공기의 앞으로 끼어들거나 추월해서는 안 된다. 다만, 동력항공기는 활공기에게 진로를 양보하여야 한다.
6) 비행장내의 기동지역(Movement Area : 탑승지역과 주기장을 제외한 지역으로 항공기의 이·착륙, 지상 이동, 헬기의 공중 이동에 사용되어지는 활주로, 유도로 및 기타 지역)에서 운항하는 항공기는 이륙 중이거나 이륙하려는 항공기에게 진로를 양보하여야 한다.

라. 앞에서 살펴본 바와 같이 드론을 포함한 무인항공기에 대한 항공교통관제업무의 우선순위 또는 항공교통흐름 상의 통행우선권은 구체적으로 명시된 바가 없다. 가시권 및 비가시권을 비행하는 드론을 포함하여 미래에 비행하게 될 도심항공운송수단(UAM, Urban Air Mobility)과 개인용 비행체(PAV, Personal Air Vehicle)는 무인항공기 교통관리(UTM, UAV Traffic Management) 업무를 필수적으로 제공받을 수 밖에 없으며, 이 경우에 어떤 우선순위와 통행우선권을 부여할 것인가는 매우 어려운 문제이긴 하지만 반드시 해결해야 할 문제이기도 하다. 드론을 포함한 무인항공기의 항공교통관제업무 우선순위와 항공교통흐름 상의 통행우선권은 앞으로 전문가들이 모여서 국가적인 차원에서 결정해야 할 사안이라고 생각한다.

마. 현재의 법률과 규정, 절차의 범위 내에서 드론에 대한 항공교통관제업무 우선순위와 항공교통흐름 상의 통행우선권을 검토해 보면 다음과 같은 결론을 내릴 수 있다.

1) 항공교통관제업무 우선순위를 정하기 위해 드론이 공항 내에서 이 · 착륙 한다고 가정할 경우, 해당 드론이 조난 또는 비상상황에 처했거나 수색 구조 업무를 하는 경우가 아니라면 일반적으로 "First Come, First Served" 원칙을 적용 받을 수 밖에 없다. 따라서 드론은 항공교통관제업무 측면에서는 규정에 명시된 우선순위에 따라 "First Come, First Served" 원칙에 따라 항공교통관제업무를 제공 받게 된다.

2) 그러나 통행우선권이라는 측면에서 속도가 빠른 항공기 보다는 속도가 느린 기구나 글라이더가 우선권을 가지고 있다는 점과 높은 고도에 있는 항공기가 낮은 고도에 있는 항공기에게 진로를 양보해야 한다는 점을 고려해 볼 때, 드론은 기구류와 글라이더를 제외하고 다른 유인항공기에 비해 상대적으로 높은 통행우선권을 가지고 있다고 볼 수 있다. 그렇다고 해서 드론이 모든 항공교통흐름에 있어 통행우선권을 갖는다고 볼 수 없다. 드론과 유인항공기가 서로 정면으로 접근하거나 거의 정면 접근 시 우측으로 진로를 변경하여야 한다거나, 드론과 유인항공기가 거의 같은 고도로 수렴 접근될 때 종류가 다른 기종이므로 이 경우에는 드론이 유인항공기에 비해 상대적으로 높은 통행 우선순위를 갖는다고 볼 수 있다.

3. 드론의 항공교통관제업무 제공

가. 드론을 공항 관제권 내에서 허가받지 아니하고 비행하는 것은 엄격히 금지되어 있으며

불법행위이다. 그러나 공항의 항공교통업무를 수행하는 자와 사전에 협의가 된 경우에 한정하여 공항(군 비행장은 제외한다) 중심으로부터 반경 3km 이내 지역의 고도 500ft 이내의 범위 내에서는 비행이 가능하므로 드론도 항공교통관제업무를 제공받아야 하는 대상에 포함된다고 볼 수 있다.

나. 일반적인 항공교통관제업무는 무선 통신을 통해 제공하게 되는데 드론의 경우에는 조종자가 무선 통신 장비를 가지고 있지 않기 때문에 유선 통신망 또는 휴대폰 등 다른 방법을 통해 항공교통관제업무를 제공해야 한다. 필요할 경우 긴급한 NOTAM, 기상정보 변경 등 비행정보업무도 같은 방법으로 제공되어야 한다. 이를 위해서 드론 조종자는 반드시 주변에 통신이 가능한 유선 통신망 또는 휴대폰 등 다른 무선 통신망을 구비하여야 한다.

다. 장거리 또는 비 가시권을 자율비행하는 드론의 경우에도 항공교통관제업무와 비행정보업무를 제공하는 방법은 가시권 내를 비행하는 드론과 동일한 방법으로 제공되어야 한다. 단, 장거리 또는 비 가시권을 비행하는 드론의 경우에는 사전에 미리 지정된 지점과 경로로 비행하므로 비행 중에 드론의 비행방향과 고도를 수정할 수 없을 수도 있으므로 이를 고려하여 항공교통관제업무를 제공해야 한다.

라. 아울러 가시권, 비 가시권을 구분하지 않고 드론이 비행하고 있을 경우 주변의 다른 유인항공기들에게 드론이 비행하고 있음을 알려 비행안전에 유의하도록 하여야 한다. 특히, 비 가시권을 비행하는 자율비행 드론의 경우에는 경로와 고도 변경이 불가능할 수도 있으므로 주변의 유인항공기들에게 더욱 주의를 기울이도록 당부하여야 한다.

제6장 항공교통관제 절차

제1절 항공교통관제 일반사항

1. 항공교통관제업무 목적

가. 항공교통관제업무의 목적은 항공기간의 충돌방지, 기동지역 내 항공기와 장애물간의 충돌방지, 항공교통의 질서유지를 위한 항공교통흐름의 조절 및 촉진에 있다.

나. 이러한 기능에 부가하여 항공교통관제 시스템은 부가적 업무를 제공할 수 있는 능력을 갖추고 있다. 항공교통관제사는 업무 우선순위 및 다른 상황에 따라 최대한으로 인가된 부가적인 업무를 제공하여야 한다. 부가적인 업무는 관제사에게는 선택 사항은 아니지만, 업무 여건이 허락할 때 오히려 필수 사항이 되는 것이다.

2. 항공교통관제 우선순위

가. 업무상 우선순위

항공교통관제사는 항공교통관제절차에 명시된 바에 따라 항공기 분리와 경보업무를 최우선적으로 수행하여야 한다. 당시 상황에 근거하여 항공교통관제절차의 모든 조항의 우선순위를 정할 때 관제사는 최대한 주의를 기울여야 하며, 우선순위 업무 및 기타 레이다 제한사항(교통량, 주파수 밀집과 업무량 등을 포함)을 고려하여 가능한 최대한으로 부수적인 업무도 수행하여야 한다.

나. 절차상 우선순위

항공교통관제업무를 수행하기 위한 절차상 우선순위는 업무량, 통신, 장비 성능이 허용하는 한 자동화 절차가 수동 절차에 우선하여 적용된다. 또한 운영상 효율적이고 업무량, 통신과 장비가 허용될 때 레이다 분리를 비 레이다 분리에 우선하여 적용할 수 있다.

다. 운영상 우선순위

다음의 경우를 제외하고 'First Come, First Served' 원칙에 의거하여 항공교통관제업무를 제공하여야 한다.

1) 조난 항공기는 다른 모든 항공기보다 통행 우선권을 가진다.
2) 민간 환자 수송기에게 우선권을 부여하여야 한다.
3) 수색 구조 업무를 수행하는 항공기에게 최대한 편의를 제공하여야 한다.
4) 교통 상황과 통신 시설이 허락하는 한 대통령 탑승기 및 경호기와 구조 지원 항공기에게 우선권을 부여한다.
5) 비행점검 항공기의 신속한 업무 수행을 위해 특별 취급을 하여야 한다.
6) 미 식별 항공기가 식별될 때까지 실제 방공임무를 수행하는 요격기의 운항에 최대한 협조하여야 한다.
7) 계기비행 항공기는 특별시계비행 항공기보다 우선권을 가진다.

3. 긴급이행

관제사는 항공기간의 충돌 및 지상 장애물 간의 충돌을 방지하기 위하여 긴급(immediately) 또는 신속(expedite)이란 용어를 상황에 맞게 사용해야 한다. 긴급이란 용어는 긴박한 상황의 회피가 필요하며 긴급 이행이 요구되는 경우에만 사용해야 하며, 신속이란 용어는 긴박한 상황으로 진점됨을 회피하기 위하여 신속한 이행이 요구되는 경우에만 사용한다.

4. 안전경보

관제사는 관제 중인 항공기가 위치, 고도, 지표, 장애물 또는 다른 항공기에게 위험하게 근접한 위치나 고도에 가까이 있다고 판단될 때, 항공기에게 안전 경보를 최우선적으로 발부하여야 하며, 다른 관제사가 관제 중인 항공기가 위험한 상황에 있는 것을 인지한 경우, 안전 경보가 발부되었을 것이라고 가정해서는 안 되며, 해당 관제사에게 위험 상황을 통보하여야 한다. 안전 경보 발부 후 조치가 필요한 때는 어떤 조치를 취할 것인가를 결정하는 것은 조종사가 결정할 사항이다.

가. 지상 장애물에 대한 경보

관제사의 관측 결과 항공기가 지상 장애물에 위험스럽게 근접해 있다고 판단될 때, 다음과 같은 경보를 지체없이 항공기에게 발부하여야 한다.

관제용어

"(항공기 호출부호) Low altitude alert, Check your altitude immediately. The (as appropriate) MEA/MVA/MOCA/MIA in your area is (고도)."

나. 항공기 충돌/Mode C 경고

관제사가 특정 고도상의 항공기 간 위험하게 인접한 상황을 인지한 때, 지체없이 항공기에게 경보를 발부하여야 한다. 또한 가능한 한 조종사에게 회피 조치를 취하도록 하여야 한다. 회피 조치를 할 때는 용어 'immediately'를 통신문 말미에 사용한다.

관제용어

"Traffic alert (항공기 호출부호) (항공기 위치) advice you turn/right (항공기 수), 그리고 climb/descend (적절한 고도 지시) immediately."

5. 항공교통관제 조언

관제사는 항공기에게 항공교통관제 업무 수행시 항공기의 안전에 필요한 정보를 적시에 제공하여야 한다. 이러한 정보에는 항공기간의 공중 충돌을 방지하기 위한 교통 조언(Traffic Advisory), 항공기에 의해 발생되는 항적난기류 조언(Wake Turbulence), 공항에 이 · 착륙시 위험하게 작용하는 공항 주변에서 활동하는 조류 활동 정보(Bird Activity Information)가 있으며, 다른 관제사, 조종사 등의 운영 요청(Operational Requests)에 대한 응답 용어가 있다.

6. 최소연료(Minimum Fuel)

최소연료는 조종사가 사용하는 용어로 목적지까지 도착할 수 있는 연료량만을 보유하고 있으므로 중간 지연이 발생해서는 안 된다는 의미이다. 이것이 비상은 아니지만 지연될 때는 비상상황이 발생할 수 있다는 것이다. 최소연료 상태는 항공교통상의 우선권을 요구하는 사항은 아니지만 상식적으로 판단하여 최대한 협조하여야 한다.

7. 편대비행(Formation Flights)

관제사는 편대비행하는 항공기들을 단일기로 취급하여 관제하여야 한다. 각기 개별 관제를 요구할 때 분리하는데 조종사에게 도움이 될 정보를 제공한다. 개별 관제로 전환하는 동안 편대 항공기가 분리 책임을 표준 분리를 취할 때까지 해당 조종사에게 있다. 편대의 집합과 분산은 시계비행기상상태에서 실시하여야 한다.

8. 바퀴내림 점검

조종사가 접근할 때 사전에 바퀴를 내렸다고 보고하지 않으면, 매 접근 시마다 점검하도록 상기시켜야 한다. 바퀴내림 점검의 목적은 조종사의 바퀴내림을 상기하도록 하기 위한 것이며, 관제사에게 책임을 부고하기 위한 것은 아니다.

가. 관제탑은 장주 내 적절한 지역에서 바퀴내림 점검을 발부하여야 한다.

관제용어

"Check wheels down"

나. 레이다 접근관제소에서는 항공기가 최종 접근 강하를 시작하기 전 또는 외측마커, 최종접근픽스를 통과하기 전에 바퀴내림 점검을 발부하여야 한다.

관제용어

"Wheels should be down"

9. 항공기의 이양

가. 무선 통신의 이양은 시간, 픽스, 고도 또는 항공교통관제기관과 교신할 시기가 특별히 정해지거나 조종사가 주파수 변경 지시를 받은 후, 즉시 따라야 할 경우에는 생략할 수 있다.

관제용어

"Contact (시설명, 지명), (주파수), 필요시 at (시간, 픽스, 고도)."

나. 복수 주파수를 운영 중이거나 관제석을 통합하여 복수 주파수를 사용할 때, 주파수 변경이 필요한 경우에는 다음과 같은 용어를 사용한다.

관제용어

"(항공기 호출부호), Change to my frequency (주파수 통보)."

다. 관제사는 주파수 변경을 원하지 않고 있으나 조종사가 주파수 변경을 기대하거나 원할 때는 다음과 같은 용어를 사용한다.

관제용어

"Remain this frequency."

제2절 항공교통관제 용어

항공교통관제업무 수행 시에 사용되는 중요한 용어의 의미는 다음과 같으며, 자세한 용어의 의미는 국토교통부 고시 제2018-344호(2018.6.15.)「항공교통관제절차」"용어의 정의"에서 확인할 수 있다.

- Abort(임무포기) : 기 계획된 항공기 기동의 종료.
- Acknowledge : 메시지 수신의 이해여부를 알려주시오.
- Active Runway : 현재 이륙·착륙에 사용되는 활주로를 말하며, 복수 활주로가 사용될 때 모든 활주로가 Active Runway로 간주된다.

- Aerodrome Elevation(비행장표고) : 착륙지역의 가장 높은 지점의 표고.
- Aeronautical Beacon(항공등대) : 공항, 헬리콥터 착륙장, 지형지물의 위치와 산악 지역에서 항공로상의 일정 지점 또는 장애물의 표시를 위하여 백색 또는 유색으로 점멸 되는 항공등화시설.
- Aeronautical Information Publication(AIP, 항공정보간행물) : 항공기의 항행에 필수적인 최신 정보를 수록하고 있는 책자로서 국토교통부장관이 발행하는 간행물.
- Affirmative : Yes의 의미로 사용.
- Airborne Collision Avoidance System(ACAS, 공중충돌경고장치) : 조종사에게 2차 감시레이다(SSR) 응답기를 장착한 항공기와의 잠재적 충돌에 관한 조언을 제공하는 장비.
- Aircraft Approach Category(항공기 접근범주) : 최대 착륙 중량에서 착륙 시 실속속도의 1.3배에 기초한 항공기 분류를 말하며 원칙적으로 한 항공기는 한 범주에만 속한다. 당해 범주의 속도 범위 상한선을 넘어서 기동의 필요성이 있는 경우, 차기 범주의 최저치를 사용하여야 한다. 그 예로서, 접근범주 A에 속하는 항공기가 91노트 이상으로 착륙을 위한 선회 시 접근범주 B 최저치를 사용하여야 한다. 항공기 범주는 다음과 같다.
  - 범주 A : 91노트 미만
  - 범주 B : 91노트 이상 121노트 미만
  - 범주 C : 121노트 이상 141노트 미만
  - 범주 D : 141노트 이상 166노트 미만
  - 범주 E : 166노트 이상
- Aircraft Classes(항공기등급) : 후류요란 분리를 목적으로 하는 항공기 분류로서 항공기를 다음과 같이 분류한다.
  - 대형기(Heavy) : 비행시의 중량에 상관없이, 최대이륙중량이 136,000Kg 이상인 항공기
  - 중형기(Medium) : 최대이륙중량이 7,000Kg 초과 136,000Kg 미만인 항공기
  - 소형기(Light) : 최대이륙중량이 7,000Kg 이하인 항공기
- Aircraft Conflict(항공기 충돌경보) : 두 항공기간 또는 항공기와 공역 내에서의 충돌이 예상되거나 분리가 5마일 이하로 근접이 예상될 때 경보가 발부된다.

> **참 고**
>
> 마일 : Nautical Mile의 약자로 해상마일 또는 해리하고 하며, 항공에서의 거리 측정단위로 사용한다 (1NM = 1,852m = 6,076ft).
> NM은 바다 위의 거리를 나타내는 단위로, 자오선(Meridian, 지구 표면의 남북극을 잇는 선) 상에서 위도(Latitude)의 "1분"에 해당하는 거리를 "1해리"로 정의한다. 참고로 knot(노트)는 선박이나 조류, 바람, 비행기의 빠르기를 나타내는 단위로서, 1knot는 1시간 동안 1해리를 움직인 속도로 1knot = 1NM/hr를 의미한다.
> 단, 시정의 측정단위는 SM(Statute Mile, 법정마일)을 사용한다.

- Air Navigation Facility(항행안전시설) : 전파 · 불빛 · 색채 또는 형상에 의하여 항공기의 항행을 돕기 위한 시설로서 국토교통부령이 정하는 시설을 말한다.
- Airport Elevation(공항표고) : 평균 해면고도로부터 ft/m로 측정된 공항 사용 활주로의 가장 높은 지점의 고도.
- Airport Lighting(공항등) : 공항에 설치된 여러 가지 등(Light).
- Airport Rotating Beacon(공항 회전식별등) : 항행중의 항공기에게 비행장의 위치를 알려주기 위하여 비행장 또는 그 주변에 설치하는 등화로 민간공항에서는 백색 및 녹색등을 교차되어 반짝이며, 군 공항에서는 백색등이 2회 반짝인 후 녹색등이 1회 반짝인다.
- Airport Surface Detection Equipment(ASDE, 공항지상감시레이다) : 항공기 및 차량을 포함하여 공항 지표면상의 모든 주요물체를 탐지하고 모든 영상을 관제탑에 있는 레이다 콘솔에 나타나도록 특별히 고안된 레이다장비로 관제탑 근무자에 의하여 활주로와 유도로 상에 있는 항공기 및 차량의 육안관측을 보조하기 위하여 사용된다.

> **참 고**
>
> ASDE는 'Airport Surface Detection Equipment'이므로 '공항지표탐색장비'가 번역되는 것이 일반적이지만, ASDE를 항행안전시설의 레이다 시설로 취급하고 있으므로 '공항지상감시레이다'도 같은 의미라고 할 수 있으며, 앞으로 본 교재에서는 '공항지상감시레이다'로 표기하기로 한다.

- Airport Surveillance Radar(ASR, 공항감시레이다) : 터미널 공역에 있는 항공기를 탐지 및 시현시키기 위하여 사용되는 접근관제 레이다로 거리 및 방위정보는 제공하지만 고도정보는 제공하지 않으며, 포착범위는 60마일까지 확장될 수 있다.

- Air Traffic Clearance(항공교통허가) : 관제공역 내에서 식별된 항공기간 충돌방지를 위한 목적과 특정 교통상황 하에서 진행할 항공기를 위한 항공교통관제허가.
- Airway(항공로) : 국토교통부장관이 항공기의 항행에 적합하다고 지정한 지구의 표면상에 표시한 공간의 길을 말한다
- Altimeter Setting(고도계 수정치) : 현재 대기압에서 기압치 변화량을 조정 또는 표준 기압치(29.92)를 맞추기 위하여 사용되는 대기압 수치.
- Approach Clearance(접근 허가) : 조종사에게 대한 계기접근 허가로 당해 계기 접근의 허가 및 기타 관련 정보는 접근 허가 발부 시 제공된다.
- Arrival Time(도착시간) : 도착항공기가 활주로에 접지하는 시간.
- Automatic Dependent Surveillance-Broadcast(ADS-B) : 데이터 링크를 통하여 항공기, 공항 내 차량 및 기타 이동물체가 식별, 위치 및 적절한 추가 정보를 자동으로 송·수신하는 수단.
- Automatic Terminal Information Service(ATIS, 공항정보방송업무) : 출발 또는 도착하는 항공기에게 기상, 활주로 상황 등 공항과 관련된 최신의 항공정보를 반복적으로 제공하는 방송.
- Back Taxi : 교통흐름을 위하여 사용 활주로 반대방향으로 지상활주를 지시할 때 사용되는 용어.
- Base Turn(베이스선회) : 항공기가 첫 접근하는 동안 외향진로의 끝과 중간 또는 최종 접근로의 시작지점 사이에서 행하는 선회.
- Bearing(방위) : 한 지점에 대한 또는 한 지점으로부터의 수평방향이며 일반적으로 진북, 자북에 대한 다른 지점으로부터 시계방향으로 측정된다.
- Below Minimums(최저치미만 기상상태) : 규정에 의하여 명시된 최저치(착륙최저치 또는 이륙최저치) 미만의 기상 상태.
- Braking Action(활주로 제동상태) : 조종사에게 예상되는 활주로 제동의 정도 또는 상태를 통보하는 것으로 제동치는 Good, Fail, Poor, Nil로 통보된다.
- Breakout : 접근로에서 벗어나도록 항공기에게 지시하는 기법
- Categories Of Precision Approach And Landing Operations(정밀 접근 착륙범주) : 정밀 접근용 계기착륙시설(ILS)의 등급을 분류하는 기준으로 다음의 3가지로 구분한다.

[표 6-1] ILS 접근범주별 공항운영 최저치

종 류		결심고도 (Decision Height/DH)	시정 또는 활주로가시범위 (Visibility or Runway Visual Range/RVR)
A형 (Type A)		75m(250ft) 이상 결심고도가 없는 경우 최저강하고도를 적용	해당 사항 없음
B형 (Type B)	1종 (Category Ⅰ)	60m(200ft) 이상 75m(250ft) 미만	시정 800m(½마일) 또는 RVR 550m 이상
	2종 (Category Ⅱ)	30m(100ft) 이상 60m(200ft) 미만	RVR 300m 이상 550m 미만
	3종 (Category Ⅲ-A)	30m(100ft) 미만 또는 적용하지 아니함(No DH)	RVR 175m 이상 300m 미만
	3종 (Category Ⅲ-B)	150m(50ft) 미만 또는 적용하지 아니함(No DH)	RVR 50m 이상 175m 미만
	3종 (Category Ⅲ-C)	적용하지 아니함(No DH)	적용하지 아니함(No RVR)

- Ceiling(운고) : 6,000m(20,000ft)이하에서 "Broken", "Overcast" 또는 "Obscuration"으로 보고되고 "Thin" 또는 "Partial"로는 분류되지 않는 지표면상의 가장 낮은 구름층 또는 악기상 현상의 높이.
- Circle-To-Land Maneuver(선회착륙기동) : 계기접근에서 직진입 착륙이 불가능하거나 착륙을 위하여 활주로에 항공기를 정대 시키기 위하여 조종사에 의하여 시작되는 기동. 이 기동은 항공교통관제허가를 득하고 조종사가 공항에 대하여 요구되는 시각 참조점을 설정된 경우에만 이루어진다.
- Cleared (Type Of) Approach : 항공기에게 공항의 특정 계기접근절차를 실행하도록 하는 항공교통관제허가(예, Cleared ILS Runway 36 Approach).
- Cleared For Take-Off : 출발 항공기에 대한 항공교통관제(ATC) 허가. 이륙 허가는 알려진 교통과 물리적인 공항상태를 포함한다.
- Cleared To Land : 착륙항공기에 대한 항공교통관제(ATC) 허가. 착륙 허가는 알려진 교통과 알려진 물리적 공항상태를 포함한다.
- Closed Runway : 항공기 운항이 불안전하여 사용이 금지된 활주로.
- Correction : 무선통신 교신 중 오류가 발생했을 시 사용하는 용어로 반드시 수정지시가 따른다.
- Decision Altitude/Height(결심고도) : 접근을 수행하는데 요구되는 시계참조물을

확인하지 못한 경우 실패접근이 시작되는 정밀 접근에서의 특정고도(DH/A)로, DA는 평균 해면고도(MSL)을 기준으로 표시하고 DH는 활주로 말단(Threshold) 고도를 기준으로 표시한다.

- Distance Measuring Equipment(DME, 거리측정시설) : 항행안전시설로부터 항공기의 빗변거리를 마일로 측정하는데 사용되는 장비.
- Elevation(표고) : 평균해면(MSL)으로부터 측정한 지표면 또는 지표면에 부착된 지점까지의 수직 거리.
- Emergency(비상) : 조난 또는 긴급한 상황.
- Estimated Time of Arrival(ETA, 도착예정시간) : 계기비행 항공기의 경우 항행안전시설을 이용하여 설정된 계기접근 시작지점의 도착예정시간이며, 비행장에 항행안전시설이 없거나 시계비행항공기의 경우에는 비행장상공 도착예정시간(비고 : ETD).
- Execute Missed Approach : 계기접근을 실시하는 항공기에게 제공되는 지시로서, 실패접근지점까지 계속하여 비행하여 계기접근절차의 실패접근 절차를 실행하는 것을 의미한다. 조종사는 실패접근을 할 때, 실패접근절차에 명시된 고도로 즉시 상승할 수 있다. 실패접근지점 도달 전에 어떠한 선회도 시작하여서는 안 되며, ASR 또는 PAR 접근을 하는 경우, "Execute Missed Approach"의 지시를 받은 경우에는 지체 없이 지정된 실패접근을 하여야 한다.
- Expedite : 위험한 상황으로 악화를 방지하기 위하여 신속한 이행이 요구될 때 항공교통관제사에 의하여 사용되는 경고.
- Final : 일반적으로 항공기가 최종 접근로 상에 있거나 착륙지역과 일직선으로 정대하였다는 의미로 사용된다.
- Final Approach(최종 접근) : 정해진 최종 접근 픽스에서 시작되는 계기접근절차의 한 부분 또는 정해져 있지 않을 경우 픽스 또는 지점.
- Flameout(엔진정지) : 엔진출력이 떨어져 발생한 비상상태.
- Flight Check : 항행안전시설과 비행절차의 비행점검/검증하는 항공기가 사용하는 호출부호 접두어.
- Flight Inspection(비행점검) : 설정된 허용오차를 충족하는지를 결정하기 위하여 항행안전시설에 대한 비행 중 평가 및 점검.
- Flight Level(FL, 비행고도) : 수은 29.92인치의 기준점을 참조하여 공기압을 비교한 100ft 단위의 3개 숫자로 나타낸 고도로 100ft 단위로 명시된다. FL250은 25,000ft의 기압지시 고도를 나타내고 FL255는 25,500ft를 지시한다.

- Flight Plan(비행계획서) : 계획된 비행 또는 비행의 일부분을 위하여 항공교통업무기관에 제출하는 일정한 정보.
- Formation Flight(편대비행) : 조종사 간 사전 조정으로 항행 및 위치보고를 고려하여 단일 항공기로 운영되는 하나 이상의 항공기로, 편대책임 기장과 각 기장이 항공기 간의 분리책임을 진다.
- Glidepath : 최종 접근중인 항공기의 수직 안내를 위하여 만들어진 강하 단면.
- Global Position System(GPS, 위성위치식별시스템) : 인공위성을 이용한 위성항행시스템. 이 시스템은 적절히 장비를 갖춘 무한대 사용자들에게 연속적으로 광범위하고 정밀한 위치, 속도, 시간을 제공한다.
- Go Ahead : 통신을 계속하시오. 기타 다른 목적으로 사용하여서는 안 된다.
- Go Around : 조종사에게 착륙을 위한 접근 포기 지시이며, 추가적인 지시가 따를 수 있다.
- Handoff(관제이양) : 항공기가 인수관제사의 공역으로 진입하고, 무선교신이 이양될 경우 이양 관제사로부터 인수관제사에게 항공기의 레이다식별을 이양하기 위하여 취하는 조치.
- Heading(기수방향) : 통상 북쪽(진북, 자북, Compass, Grid North)을 기준한 각도로 나타내는 항공기의 세로 방향.
- Helipad(헬리패드) : 주로 헬기장, 이착륙 지역, 계류장, 이동구역표면에 마련되어 헬리콥터의 이착륙 또는 주기목적으로 사용되는 지정된 구역.
- Heliport(헬리포트) : 육상, 수상, 또는 구조물로 된 헬리콥터의 이착륙에 사용하거나 사용 의도를 가진 지역.
- High Speed Taxiway(고속이탈유도로) : 활주로 중심선에서부터 유도로 중심지점까지 항공기의 경로를 표시하기 위한 등화와 표식시설을 갖추고, 항공기가 고속(60Knots)으로 주행할 수 있도록 설계되어진 장반경의 유도로로 항공기가 착륙 후 활주로 개방을 신속하게 할 수 있도록 설계되며, 활주로 점유 시간을 단축시킬 수 있다.
- Hold Procedure(체공절차) : 항공기가 지정된 공역 내에서 항공교통관제허가를 기다리는 동안 따라야 하는 예상된 비행절차를 말한다.
- Hover Taxi : 헬리콥터가 지표면 위를 대략 20Kt미만의 속도로 공중 활주하는 이동을 말한다.
- How Do You Hear Me? : 송신 감도 또는 송신이 얼마나 잘 수신되는 지를 측정하기 위한 질문.

- Ident(식별) : 조종사에게 항공기 식별장치의 작동을 요청하는 것이며, 관제사의 항공기 식별 확인 또는 항공기 식별을 돕는다.
- Immediately : 항공교통관제사 또는 조종사가 쓰는 용어로 급박한 위험을 피하기 위한 조치가 요구될 때 사용한다.
- Incident : 항공사고(Accident) 이외에 항공안전에 영향을 줄 수 있었거나 주는 항공기의 운영과 관련된 준사고.
- Initial Approach Fix(첫 접근 픽스) : 계기접근절차 도면상에서 첫 접근 부분의 시작지점으로 도시된 픽스를 말한다.
- Instrument Approach Procedure(계기접근절차) : 계기비행상태에서 항공기가 첫 접근 시작지점에서 착륙까지 또는 시계로 착륙이 이루어지는 지점까지 질서 있게 이동하도록 만들어진 일련의 예정된 비행절차를 말한다. 일반적으로 첫 접근(Initial Approach), 중간 접근(Intermediate Approach), 최종 접근(Final Approach) 및 실패접근(Missed Approach)로 구성되며, 각 접근은 접근 픽스(Approach Fix)에서 시작하여 다음 접근 단계의 픽스에서 종료된다.
- Instrument Flight Rules(계기비행규칙) : 계기비행 수행에 관한 절차를 통제하는 규칙이며, 또한 조종사나 관제사가 비행계획 형식을 나타낼 때 사용하는 용어이다.
- Instrument Landing System(계기착륙장치) : 일반적으로 다음과 같은 전자 장비와 시각 보조 장비로 구성된 정밀계기접근 시스템을 말한다.
  - 로컬라이저(Localizer)
  - 글라이드슬로프(Glideslope)
  - 외측마커(Outer Marker)
  - 중간마커(Middle Marker)
  - 접근등(Approach Light)
- I Say Again : 송신을 다시 반복하겠다는 용어.
- Landing Minimum(착륙 최저치) : 계기 접근절차를 이용하여 착륙하는 민 항공기를 위하여 규정된 최저 시정치이다.
- Landing Roll(착륙활주) : 착륙 접지점으로부터 항공기가 멈추거나 활주로를 개방하는 지역까지의 거리.
- Level : 비행중인 항공기의 수직위치에 관련되는 일반적인 용어로서, 높이, 고도 또는 비행고도 등 여러 가지 의미를 포함.
- Light Gun(빛총) : 관제탑 관제사가 백색, 녹색, 적색의 빛을 선택해서 한 방향으로

좁은 빛을 발사할 수 있게 고안된 장비이며, 빛의 색깔과 발사 형태에 따라 무선통신 두절 시에 조종사는 허가 또는 금지 지시를 예상할 수 있다. 빛총은 공항부근 또는 기동지역 내에서 운항하는 항공기와 차량에게 사용한다.

- Localizer : 활주로까지의 진로를 안내하는 ILS의 구성 요소.
- Lost Communications(통신 두절) : 무선통신이 두절된 항공기가 준수하여 비행하여야 할 절차.
- Low Approach(저고도 접근) : 항공기가 활주로에 접지하지 않고 복행을 포함한 시계접근 또는 계기접근으로 공항 활주로를 따라 접근하는 것이다.
- Mach Number(마하넘버) : 음속에 대한 진대기 속도의 비율.
- Maintain
  - 이 용어는 고도/비행고도에 관련하여, 명시된 고도를 유지할 것을 의미한다. 'Climb And' 또는 'Descend And' 는 일반적으로 'Maintain' 과 배정고도 앞에 위치한다. 예를 들면, "Descend And Maintain 5,000".
  - 기타 관제지시와 관련하여, 이 용어는 글자 그대로의 의미로 사용 된다. 예를 들면, "Maintain VFR".
- Mandatory Altitude(필수고도) : 항공기가 접근 시 반드시 유지하여야 하는 계기접근절차상에 명시된 고도.
- Mayday : 국제 무선조난신호이며, 3회 반복될 경우, 긴급한 위험을 나타내며 신속한 구조가 요구된다.
- Minimum Descent Altitude(최저 강하고도) : 활공각이 제공되지 않는 곳에서 표준계기 접근절차 수행 시 또는 최종 접근로 상에서 또는 착륙을 위한 선회접근 시 강하할 수 있는 최저고도로 해면고도의 ft 단위로 표시된다.
- Minimum Fuel(최저 연료) : 항공기의 연료공급량이 지연이 거의 없을 시 목적 공항에 도착할 수 있음을 나타낸다. 비상상황은 아니나 과도한 지연 발생 시 비상상태가 될 가능성이 있다.
- Minimum Safe Altitude(MSA, 최저안전고도) : 공인된 절차상 항법시설로부터 특정된 거리이내에서 비상시 사용을 위하여 장애물로부터 최소 1,000ft 이상의 회피가 제공되는 접근도면상에 명시된 고도.
  - Minimum Sector Altitude(MSA) : 공인된 절차상 반경 25마일범위내의 장애물로부터 최소 1,000ft이상의 회피가 제공되는 고도. 접근도면에 도시된 구역범위는 최소 90˚이상이 되어야 한다.

- Emergency Safe Altitude(ESA) : 공인된 절차상 항법시설로부터 100마일 내의 장애물로부터 비산악 지역에서는 1,000ft, 산악지역에서는 2,000ft이상의 회피가 제공되는 고도.

• Minimum Safe Altitude Warning(MSAW, 최저 안전고도 경고) : Mode C 장비를 탑재한 항공기가 최저안전고도 이하로 비행하거나 이하로 진행할 것이 예상될 때, 경고할 수 있는 ARTS Ⅲ 컴퓨터의 한 기능.

• Missed Approach(실패접근)
  - 계기접근에 의한 착륙에 실패했을 때 조종사에 의하여 시도되는 기동을 말하며, 조종사는 실패접근지점 도착 전에 실패접근을 시도하여야 하고, 가능한 신속히 특정 고도까지 상승하며, 실패접근절차를 따라야 한다.
  - 조종사가 실패접근을 한다는 것을 항공교통관제기관에 알릴 때 사용하는 용어.

• Mode : 항공교통관제 레이다 비컨시스템을 구성하는 항공기에 탑재된 응답기와 지상 질문기간에 송·수신되는 특성 펄스 간격의 무선신호에 배정된 문자 또는 숫자이다. Mode A(민간 전용, 군은 Mode 3를 사용)와 Mode C (고도보고)는 항공교통관제에 사용된다.

• Negative : "아니오(부정)" 또는 "허가가 승인되지 않음" 또는 "그것은 옳지 않음".

• NOTAM(항공고시보) : 비행업무에 종사하는 자가 적시에 필수적으로 알아야 하는 항공시설, 서비스, 절차 또는 장애의 신설, 상태 또는 변경에 관한 정보를 수록하고 있는 공고문을 무선통신에 의하여 배포하는 고시보.

• Obstruction Light(장애등) : 장애물의 존재를 조종사에게 경고하기 위하여 구조물의 표면 또는 자연적인 지형에 설치하는 적색/백색의 등화열 또는 하나의 등화.

• Overhead Maneuver(원형접근) : 시계비행 교통장주에 진입하여 착륙하는 항공기(편대비행 포함)를 위하여 미리 정해놓은 기동의 한 형태이며, 계기비행접근절차는 아니다. 원형접근을 하는 항공기는 시계비행으로 간주되고, 항공기가 접근의 최초 접근부분인 "Initial Point(시작 지점)"에 도달했을 때, 계기비행계획서는 취소된다.

• Pan-Pan : 국제 무선 긴급신호. 3회 반복할 때는 불확실한 상황 또는 용어 다음에 긴급 상황을 붙여 경보를 나타낸다.

• Parallel Runways(평행활주로) : 동일 공항에서 활주로 중심선이 평행인 두 개 이상의 활주로. 활주로 번호는 2개 평행활주로의 경우 L(Left), R(Right)으로 표기하고, 3개의 평행활주로가 존재할 경우 L(Left), C(Center), R(Right) 순으로 표기한다.

• Position And Hold : 조종사에게 이륙 활주로 상의 이륙위치로 활주하여 대기 지시

를 발부할 때 사용하는 용어로 이륙을 허가하는 것은 아니다. 다른 교통 또는 기타 사유로 이륙 허가가 지체 없이 발부될 수 없을 때 사용된다.

- Precision Approach Radar(PAR, 정밀 접근 레이다) : 일부 항공교통관제시설에 설치된 레이다 장비이다. 최종 접근 진로상에서 활주로까지 항공기의 방위, 고도, 및 거리를 탐지하고 전시하기 위하여 운영한다. 이 장비는 전시기상에 전시된 활주로의 접지지점에서 최종 접근진로(Azimuth), 활공각(Elevation), 거리(Range)로 항공기의 위치를 기준으로 관제사가 조종사에게 안내 지시를 발부하는 정밀계기접근 시 주로 사용된다.
- Prohibited Area(금지구역) : 항공기의 비행이 금지되는 한 국가의 육지 또는 해상에 설정된 공역.
- Push Back Approved : 주기장에서 항공기가 견인장비에 의한 후방 견인을 요청 시, 이를 허가하고자 할 때 사용되는 계류장 관제용어.
- Radar(레이다) : 무선펄스의 송·수신 시간차를 측정하고 방위 및 고도 측정이 되도록 안테나 빔이 방사되면서 송신펄스의 경로상에 있는 물체의 거리, 방위, 고도 정보를 제공하는 장치.
  - Primary Radar(1차 레이다) : 기지국부터 송신된 무선 펄스의 미세한 일부분이 물체에 의하여 반사되어 기지국의 연산처리장치로 되돌아와 항공교통관제 시설에 전시되는 레이다 장비.
  - Secondary Radar/Radar Beacon(2차 레이다/레이다 비컨) : 무선 수신기·송신기(응답기) 형태의 보조장비를 갖추고 물체를 탐지하는 레이다 시스템.
- Radar Contact(레이다포착)
  - 항공교통관제기관에서 레이다 식별된 항공기에게 통보하는 용어이며, 레이다 비행추적은 레이다식별 종료 시 까지 제공 한다. 또한 레이다업무는 필요성과 성능범위 내에서 제공될 수 있다. 조종사가 “Radar Contact”을 통보 받은 경우, 자동적으로 필수보고지점 상공에서의 보고는 중단한다.
  - 항공기가 식별되었으며, 인수 관제사의 공역으로 진입하기 위한 승인이 이루어졌음을 이양관제사에게 통보하기 위하여 사용되는 용어.
- Radar Contact Lost(레이다 포착 상실) : 항공기의 위치를 결정할 수 있는 레이다 자료가 더 이상 수신되지 않거나 신뢰할 수 없는 경우 및 레이다 업무를 더 이상 제공하지 않을 경우, 항공교통관제기관이 조종사에게 통보하는 용어.
- Radial(레디얼) : VOR/VORTAC/TACAN 항법시설로부터 연장된 자방위.

- Resume Normal Speed : 항공교통관제기관이 조종사에게 이전에 지시한 속도 제한이 더 이상 필요치 않음을 조언 시 사용하는 용어.
- Runway Heading(활주로 방향) : 활주로 중심선연장선과 일치하는 자방향으로 도색된 활주로 번호는 아니다.
- Runway Incursion(활주로 침범) : 항공기의 이 · 착륙을 위하여 지정된 공항의 보호구역에 항공기, 차량 또는 인원이 무단으로 침입하는 것.
- Runway Visual Range(RVR, 활주로 가시거리) : 활주로의 중심선에 있는 항공기의 조종사가 활주로의 윤곽을 나타내거나 또는 활주로의 중심선을 표시하는 활주로 표면표시 또는 등화를 볼 수 있는 거리.
- Safety Alert(안전경고) : 안전경고는 관제사의 판단에 따라 항공기가 산악, 장애물 또는 다른 항공기와 고도상으로 불안전한 충돌 위치에 있다고 판단 시 관제사가 항공기에게 발부한다.
- Say Again : 마지막 송신 내용을 반복하도록 요구할 때 사용되는 용어. 일반적으로 이해하지 못하거나 수신하지 못한 송신내용 또는 일부분을 명시한다. 예를 들면, “Say Again All After BSN VOR”.
- Say Altitude : 항공기의 특정한 고도를 확인하기 위하여 사용하는 용어. 항공기가 상승 또는 강하 시 조종사는 지시고도를 가장 가까운 100ft 단위로 반올림하여 통보하여야 한다.
- Say Heading : 항공기의 기수를 조종사에게 요구할 때 사용되는 용어. 조종사는 항공기의 실제 기수를 통보하여야 한다.
- See And Avoid(육안회피) : 계기 또는 시계비행규칙으로 운항하는 조종사는 기상조건이 허락될 때, 다른 항공기를 회피하기 위한 관찰 및 기동이 요구된다.
- Segments Of An Instrument Approach Procedure(계기접근절차 단계) : 계기접근절차는 접근절차의 구성에 따라 네 부분으로 구성된다.
  - 첫 접근(Initial Approach) : 첫 접근픽스와 중간 접근픽스 또는 중간진로 내지 최종 접근진로에 항공기 정대 지점 사이의 구간.
  - 중간접근(Intermediate Approach) : 중간 접근픽스 또는 지점과 최종 접근픽스 사이의 구간.
  - 최종 접근(Final Approach) : 최종 접근픽스 또는 지점과 활주로 비행장 또는 실패접근지점 사이의 구간.
  - 실패접근(Missed Approach) : 실패접근지점 또는 결심고도와 명시된 고도의 실패

접근픽스 사이의 구간.

- Separation(분리) : 항공교통관제에서 비행 및 이 · 착륙시 안전하고 질서 정연한 이동을 확보하기 위한 항공기의 공간분리.
- Separation Minima(분리최저치) : 항공교통관제절차에 따라 항공기간 분리되는 종적, 횡적 또는 수직적인 분리의 최저 간격
- Simulated Flame Out(SFO, 가상엔진정지) : 일반적으로 제트 군용항공기가 활주로에 Idle Trust 상태로 비행하는 연습접근. 이 접근은 High Key에서 시작하고 Final로 계속적인 선회와 더불어 상대적으로 높고 넓은 Downwind Leg를 통해서 Final 상으로 비행할 수 있다. 이런 접근은 착륙 또는 Low Approach로 종료된다. 이 접근의 목적은 항공기가 엔진정지 상태를 대비하여 훈련하는 것이다.
- Special VFR Flight(SVFR, 특별시계비행) : 시계비행기상상태 미만의 기상상태에서 관제권내를 비행할 수 있도록 항공교통관제기관이 허가하는 시계비행.
- Squawk(Mode, Code, Function) : 항공기 트랜스폰더 Mode, Code, Function 작동을 요구하는 용어(예, "Squawk Three/Alpha, Two One Zero Five, Low").
- Standard Instrument Departure(SID, 표준계기 출발절차) : 조종사가 사용할 수 있도록 그림/문자로 발간되어 있는 계기비행규칙에 의거 사전에 계획된 항공교통관제 절차이다. SID는 터미널지역에서 항공로 상의 해당 부분까지 비행로로 구성된다.
- Standard Terminal Arrival(STAR, 표준 도착절차) : 조종사가 사용할 수 있도록 그림과/또는 문자 형태로 발간된 사전에 계획된 계기비행규칙에 의거한 항공교통관제 도착절차. STAR는 항공로로부터 터미널지역의 외부지점(Out Of Fix) 또는 계기접근 픽스/도착지점까지의 비행로를 제공한다.
- Stand By(대기) : 관제사 또는 조종사가 수 초 동안 기다려야 한다는 의미로, 일반적으로 다른 우선순위업무를 수행하기 위한 것이다. 또한 "Stand By For Clearance"는 기다리란 것을 의미한다. 호출한 사람은 지연이 길어질 경우 재 교신을 하여야한다. "Stand By"는 승인 또는 거부를 의미하는 것은 아니다.
- Stop And Go(정지 후 이륙) : 항공기가 착륙하여 활주로 상에서 완전히 정지한 후, 동 지점에서 이륙하는 절차.
- Straight-In Approach IFR(직진입 계기비행접근) : 절차선회를 실시하지 않고 최종접근이 시작되는 계기접근으로, 직진입 착륙완료 또는 직진입 착륙 최저치를 설정이 필요치 않은 계기접근절차.
- Surveillance Approach(감시 접근) : 관제사의 레이다 스코프상에 전시된 활주로 시

단(Threshold)으로부터 최종 접근진로(Azimuth)와 거리(Range)에 관련된 항공기의 위치를 근거하여 조종사가 따르도록 항공교통관제사가 지시를 발부하는 계기접근. 조종사가 요구할 경우 관제사는 최종 접근로상의 권고고도를 제공하여야 한다.

- Tactical Air Navigation(TACAN, 전술항법장치) : 적절한 장비를 갖춘 항공기에게 TACAN 시설로부터의 방위 및 거리를 계속적으로 표시해 주는 UHF 주파수대 전자 거리-방위 공중항법보조 장치.
- Tailwind(배풍) : 활주로의 종축에 대하여 90°이상의 방향에서 부는 바람. 활주로의 자방향은 종축을 결정하는 기초자료로 이용된다.
- Taxing(지상활주) : 이 · 착륙을 제외한 항공기 자체동력을 이용한 비행장 표면에서의 항공기 이동.
- Taxiway(유도로) : 항공기의 지상통행 및 비행장내의 한 부분과 다른 부분의 연결을 위하여 육상비행장에 설치한 일정한 통로로서 다음을 포함한다.
  - Aircraft Stand Taxilane(항공기 주기장 통행로) : 유도로로 지정된 계류장 내의 한 부분으로서 항공기 주기장 출입목적으로만 사용.
  - Apron Taxiway(계류장 유도로) : 계류장에 위치하는 유도로 시스템의 한 부분으로서 계류장을 가로지르는 통과 지상통행로로 사용.
  - Rapid Exit Taxiway(고속탈출 유도로) : 착륙항공기가 다른 유도로를 사용할 때 보다 빨리 활주로를 벗어남으로서 활주로 점유시간을 최소화할 목적으로 활주로에 예각으로 연결한 유도로.
- Threshold(활주로 시단) : 착륙에 사용되는 활주로의 시작 부분.
- Touch-And-Go : 활주로 상에서 정지하거나 벗어남이 없이 착륙과 이륙을 행하는 항공기에 의한 기동.
- Touchdown(접지)
  - 항공기가 착륙활주로 표면에 처음으로 접지한 지점
  - PAR 접근과 관련하여 활공로의 연장선과 착륙표면이 교차하는 지점
- Traffic Alert And Collision Avoidance System(TCAS, 교통경고 및 충돌회피시스템) : 지상장비에 의존하지 않고 운용되는 레이다 비컨신호에 근거한 공중충돌회피시스템. TCAS Ⅰ은 교통정보조언만을 제공한다. TCAS Ⅱ는 교통정보조언은 물론 수직면에서의 충돌회피를 위한 해소조언 까지 제공한다.
- Traffic In Sight : 이전에 발부 받은 교통정보를 인지했음을 관제사에게 통보하기 위하여 조종사가 사용하는 용어.

- Traffic No Factor : 이전에 발부한 교통정보조언에 관한 항공기가 더 이상 영향을 주지 않음을 나타낸다.
- Traffic Pattern(교통장주) : 공항에 착륙하거나 지상활주 또는 이륙하는 항공기에 관해서 규정한 교통장주로서 Upwind Leg, Crosswind Leg, Downwind Leg, Base Leg, Final Approach로 구성된다.
  - Upwind Leg : 착륙 활주로의 착륙방향과 일치하고 평행인 비행로.
  - Crosswind Leg : Upwind Leg의 끝에서 착륙 활주로의 착륙방향과 직각을 이루는 비행로.
  - Downwind Leg : 착륙 활주로의 착륙방향과 반대 방향으로서 평행인 비행로.
  - Base Leg : 착륙 활주로의 방향과 직각을 이루는 비행로로서 통상적으로 Downwind Leg 끝에서부터 활주로 중심선의 연장선과의 교차점까지를 일컫는다.
  - Final Approach : 착륙 활주로의 연장선을 따라 착륙방향과 일치하는 비행로로서 통상 Base leg 끝에서부터 활주로까지를 일컫는다. 또한 직진입 시계비행 항공기는 최종 접근 진로상에 있는 것으로 간주한다.
- Transition Altitude(전이고도): 항공기의 수직위치를 고도로 나타내는 기준고도 또는 그 이하의 고도.
- Verify : 정보에 대한 확인을 요구할 때 사용하는 용어.
- Vertical Separation(수직분리) : 수직 거리치로 표현되는 항공기간의 분리.
- VFR-On-Top(운상시계비행) : 적절한 시계비행 고도에서 시계비행 조건으로 기동하는 계기비행 항공기에 대한 항공교통관제기관의 허가. 운상시계비행허가를 득한 조종사는 항공안전법에 규정에 의한 시계비행시정, 구름회피기준, 최저 계기비행고도를 준수하여야 한다.
- Visibility(시정) : 대기 상태에 따라 결정되고 거리단위로 표시되는 수치로 주간에는 뚜렷한 비발광 대상물과 야간에는 뚜렷한 발광대상물을 보고 식별할 수 있는 범위의 한계. ft 또는 m 및 SM로 나타낸다.

참 고

SM : Statute Mile의 약자로 법정마일이라고 하며, 주로 시정의 측정단위로 사용한다.(1SM = 1,609m = 5,280ft)

- Visual Approach(시계접근) : 계기비행 항공기가 계기접근절차의 일부분 또는 전부를 수행하지 않고 지형지물을 육안 참조하여 비행하는 방식.
- Visual Flight Rules(VFR, 시계비행규칙) : 시계비행 기상상태에서의 비행규칙. 시계비행규칙(VFR)은 기상조건이 시계비행규칙(VFR) 최소 충족조건 이상임을 나타내기 위하여 사용되며, 비행계획서 상의 비행형태를 나타내기 위하여 조종사 또는 관제사에 의하여 사용되기도 한다.

[표 6-2] 시계비행 기상상태

고 도	공 역	비행시정	구름으로부터의 거리
1. 해발 3,050m(10,000ft) 이상	B · C · D · E · F 및 G등급	8,000m	수평으로 1,500m, 수직으로 300m(1,000ft)
2. 해발 3,050m(10,000ft) 미만에서 해발 900m (3,000ft) 또는 장애물 상공 300m(1,000ft) 중 높은 고도 초과	B · C · D · E · F 및 G등급	5,000m	수평으로 1,500m, 수직으로 300m(1,000ft)
3. 해발 900m(3,000ft) 또는 장애물 상공 300m(1,000ft) 중 높은 고도 이하	B · C · D 및 E등급	5,000m	수평으로 1,500m, 수직으로 300m(1,000ft)
	F 및 G등급	5,000m	지표면 육안 식별 및 구름을 피할 수 있는 거리

비고 : 다음 각 호의 경우에는 제3호 F 및 G등급 공역의 비행시정을 1,500미터까지 적용할 수 있다.
1. 우세시정(prevailing visibility) 하에서 다른 항공기나 장애물을 보고 피할 수 있을 정도의 속도로 움직이는 경우
2. 그 지역 내의 항공교통량이나 업무량이 적어 다른 항공기와 마주칠 확률이 낮은 경우
3. A등급 공역에서는 시계비행이 허용되지 않는다.

- VOR(전방향 표지시설) : 자북을 기준으로 하여 360° 전 방향으로 VHF 항행신호를 송신하는 지상에 설치된 항행안전시설로서 국가공역 수립체계에 기본 시설이 된다. 이 시설은 간헐적으로 자체 모르스 부호를 송신하며, 부가적인 음성인식문자를 제공하기도 한다. 음성문자는 조종사에게 지시 및 정보를 송신하기 위하여 항공교통업무기관 또는 비행정보실(FIS)에 의하여 사용된다.
- VORTAC : 한 위치에서 VOR 방위, TACAN 방위, TACAN 거리측정(DME)을 제공하는 항행안전시설.
- Wake Turbulence(후류요란) : 항공기가 대기를 통과할 때 나타나는 현상으로 공중 및 지상에서의 Vortices, Thrust Stream Turbulence, Jet Blast, Jet Wash, Propeller Wash, Rotor Wash 등이 해당된다.

- Wilco : 당신의 메시지를 수신 및 이해하였으며, 그것을 따르겠다는 의미.
- Windshear : 풍향 및 풍속이 격렬하게 나타나는 현상으로 수직, 수평방향 또는 양방향으로 형성되기도 한다.

제3절 항공교통관제업무 종류

1. 비행장관제업무(Airdrome Control Service)

가. 비행장관제업무는 비행장(공항)을 중심으로 일정 범위의 공역(통상 관제권이라 함) 및 공항 내 지상이동지역을 대상으로 관제탑 관제사에 의해 제공되는 관제업무로서 비행장관제업무에서 수행되는 주요 업무는 다음과 같다.

참 고

관제탑(Control Tower)은 공항의 지리적 중심이 되는 곳에 공항 및 활주로 전체를 잘 감시할 수 있도록 다른 건물들보다 높거나 주변 지역보다 높은 곳에 설치한다.

1) 공항 주변 및 관제권 내에서 운항하는 시계비행(VFR : Visual Flight Rule)으로 이·착륙하는 항공기의 관제업무
2) 항공기의 이·착륙 및 지상 이동에 대한 허가의 발부
3) 항공교통관제 허가 발부(ATC Clearance Delivery)
4) 항공기, 차량, 장비 상호 간 및 지상 장애물과의 충돌방지를 위한 분리 및 이와 관련되는 허가, 지시, 조언, 정보의 제공
5) 비행장 내의 기동지역(Movement Area)을 이동하는 차량, 장비, 인원에 대한 이동 및 진입에 관한 허가 및 통제
6) 항공기 항행에 필요한 기상 정보, 항행 안전시설, 비행장 운영상태 및 이용에 관한 정보
7) 비행장 냉의 항행안전시설 및 비행장 등화 시설의 운용 및 감시

8) 관련 항공교통관제기관과의 비행정보 교환 및 수신
9) 비행장 안 또는 주변의 항공기 사고에 대한 정보 수집 및 처리에 필요한 정보 제공
10) 수색 및 구조에 필요한 정보를 항공교통센터(ATC) 또는 구조조정센터(RCC)에 통보
11) 항공기 운항 및 비행장 운영에 관련되는 기관과의 업무 협조

나. 관제탑에서는 국지관제사를 비롯한 등 다양한 근무 좌석들이 운영되고 있는데 세부적인 근무좌석과 직능은 다음과 같지만 일률적으로 적용되는 것이 아니고 공역의 크기 및 특성, 항공교통량에 따라 탄력적으로 조정하여 운영한다.

1) 국지관제사(Local Controller) : 관할 관제권 안에서 운항하는 시계비행 항공기 및 국지관제사에게 이양된 항공기를 분리하고 이·착륙 허가를 발부하며 활주로 정보, 최신 기상 정보 등 비행에 필요한 각종 정보를 제공한다. 주로 무선 통신 장비를 사용하여 조종사에게 관제지시를 직접 음성으로 제공하는 업무를 담당하며 활주로 운영에 관한 일차적 책임을 갖고 있다.
2) 지상관제사(Ground Controller) : 이륙할 항공기가 계류장에서 이륙하기 위하여 활주로로 이동하거나 착륙한 항공기가 활주로를 벗어나서 계류장으로 이동하는 단계에서 유도로 및 이동지역 안의 다른 항공기나 장애물과 충돌하거나 위험을 야기하는 일이 없도록 지상의 항공기에 대한 관제 업무를 담당한다.
3) 허가중계관제사(Clearance Delivery Controller) : 계기비행(IFR, Instrument Flight Rule)을 하는 항공기에게 계기비행 계획 허가, 즉 비행 가능한 항공로, 고도, 시간 등을 항공교통관제센터로부터 별도 허가를 받아서 조종사에게 항공교통관제센터의 허가를 중계하는 업무를 담당한다.
4) 비행정보관제사(Flight Data Controller) : 각종 통신망을 이용한 업무 일체, 즉 항공기 이·착륙 시간 입력 및 통보, 항공기 이동 정보의 접수 통보 및 중계 업무와 다른 항공교통관제기관과의 연락 업무 등을 수행한다.

다. 계류장관제업무(Ramp Control) : 비행장관제업무 중 지상 계류장구역 내에서 이동하는 항공기에게 제공되는 관제업무로서 통상 비행장관제업무를 수행하는 관제탑에서 계류장관제업무를 함께 수행한다. 우리나라에서는 현재 인천, 김해 공항 등에서만 운영하고 있으며, 인천국제공항의 경우 계류장관제업무를 관제탑의 비행장관제업무와 분리하여 인천국제공항공사에서 별도로 수행하고 있다.

2. 접근관제업무(Approach Control Service)

가. 접근관제업무(Approach Control Service)는 접근관제구역(TCA : Terminal Control Area) 내를 비행하여 비행장에 도착 또는 출발하는 한 대 이상의 항공기에게 제공하는 업무로 항공기를 관할하고 있는 책임 구역까지 순서를 정하여 유도하는 업무를 말한다. 즉, 레이다 기능을 이용하여 접근관제구역 안에서 시계비행 및 계기비행으로 접근, 도착, 출발 및 통과하는 항공기를 관제하는 업무이며, 접근관제소(Approach Control)가 이 업무를 담당한다. 현재 국내에서 운영하는 접근관제소는 모두 14개이다.

나. 접근관제소에서도 접근관제사를 비롯한 등 다양한 근무 좌석들이 운영되고 있는데 세부적인 근무좌석과 직능은 다음과 같지만 일률적으로 적용되는 것이 아니고 공역의 크기 및 특성, 항공교통량에 따라 탄력적으로 조정하여 운영한다.

1) 접근관제사(Approach Controller) : 관할 접근관제구역 내에서 운항하는 모든 계기비행 항공기를 다른 항공기와 표준분리 기준에 의거하여 상호 분리하고 필요한 비행정보를 제공하며 착륙항공기를 순차적으로 도착관제사에게 인계하는 업무를 수행한다.

2) 도착관제사(Arrival Controller) : 접근관제사로부터 인계받은 항공기를 적절히 분리시켜 최종관제사에게 인계한다.

3) 이륙관제사(Departure Controller) : 이륙항공기 간 또는 이륙항공기와 착륙항공기 간의 레이다 분리 업무를 수행한다.

4) 최종관제사(Final Controller) : 정밀 접근 레이다(PAR : Precision Approach Radar) 또는 감시레이다(ASR : Airport Surveillance Radar) 장비를 사용하여 착륙항공기가 활주로에 접지할 때까지의 관제업무와 계기접근 감시업무를 수행하며, 군 공항에서만 운용하는 근무좌석이다.

다. 레이다 착륙관제소(GCA : Ground Control Approach) : 접근관제소로부터 항공기를 인수받아 레이다 기능을 이용하여 도착 및 비정밀 또는 정밀 접근 항공기를 관제하는 시설을 말한다. 레이다 착륙관제소가 관할하는 공역은 접근관제구역(TCA : Terminal Control Area) 안의 접근관제소와 협의된 범위로 한정하고 있으며, 이 시설의 호출부호는 'GCA'를 사용한다. 현재 국내에는 서울, 수원, 청주, 논산, 이천 등 5개 군 공항에서 운영하고 있다.

3. 지역관제업무(Area Control Service)

가. 항공로 또는 관할 관제공역(Controlled Airspace)에서 운항하는 항공기에게 다음과 같은 관제업무를 제공하는 업무로서, 우리나라는 인천에 소재한 인천 항공교통관제센터(제1ATC)와 대구에 위치한 대구 지역관제센터(제2ATC)에서 수행한다.

1) 계기비행 항공기의 항공교통관제 허가 발부
2) 항로 비행 항공기 간 상승·강하 및 분리 업무
3) 항로 악천후 회피, 공중 충돌 예방, 레이다 유도
4) 교통, 기상 및 항행안전시설 정보 제공
5) 인접국 비행정보구역 운영기관(인접 ACC) 및 국내 접근관제소와 비행정보 교환 및 항공기 관제권 인수·인계
6) 비행정보구역 내의 모든 항공기에게 비행정보 및 경보업무 제공
7) 수색 및 구조에 필요한 정보를 수집하여 구조조정본부(RCC : Rescue Coordination Center)에 통보

나. 인천 항공교통센터와 대구 지역관제센터는 국내 관제기관(관제탑, 접근관제소 등), 중앙방공통제소(MCRC) 및 인접국 지역관제센터와 긴밀한 협조 체제를 유지하고 비행정보구역 안에서 항로를 비행하는 항공기에 대한 항공교통관제업무를 수행하고 있다.

참 고

MCRC : Master Control Reporting Center, 공군 중앙방공통제소의 약자로 한반도 상공의 모든 비행물체를 식별하고 추적하며, 군용 항공기를 통제하는 역할을 하고 있다.

다. 인천 항공교통센터(제1ATC)는 인천 비행정보구역의 서남부 지역에 대한 항공교통관제업무를 수행하고 군산서부·군산동부·광주서부·광주동부·제주서부·제주중부·제주동부·남해 섹터 등 총 8개 섹터를 운영하고 있으며, 대구 지역관제센터(제2ATC)는 인천 비행정보구역의 동북부 지역을 담당하면서 서해북부·서해남부·강릉·동해·대구·포항 등 총 6개의 섹터를 운영하고 있다.

라. 각 섹터에는 일반적으로 항공기 분리 유지, 교통 정보 제공 등 항로교통관제업무를 담당하는 레이다 관제사, 관련 관제 기관과의 비행정보 교환 및 항공교통관제 및 허가 발부를

담당하는 지역 관제사, 관제권 인수 · 인계, 관제 섹터 간 업무 조정 및 교통 상황 감독을 담당하는 조정 관제사 등이 근무하지만, 일률적인 것은 아니며 근무시간대, 항공로 교통량 등을 고려하여 탄력적으로 운영하고 있다.

제4절 유 · 무선 및 인터폰 통신절차

1. 무선통신 일반

가. 항공교통관제 및 비행정보업무를 수행할 때는 정해진 용어와 영어를 사용함을 원칙으로 한다. 그러나 업무 수행 상 필요하다고 판단될 때는 한국어를 겸용할 수 있다.

나. 비행정보의 내용이 발음상 애매하거나 혼돈이 우려되는 사항은 국제민간항공기구(ICAO)에서 공인된 국제음표문자(Phonetic Alphabet)를 사용하여 한자씩 정확하게 전달하여야 한다.

[표 6-3] 국제음표문자(Phonetic Alphabet)

국제민간항공기구 국제음표문자(ICAO Phonetic Alphabet)			
표 기	발 음	표 기	발 음
A(Alfa)	(AL-FAH)	S(Sierra)	(SEE-AIR-RAH)
B(Bravo)	(BRAH-VOH)	T(Tango)	(TANG-GO)
C(Charlie)	(CHAR-LEE)	U(Uniform)	(YOU-NEE-FORM)
D(Delta)	(DELL-TAH)	V(Victor)	(VIK-TAH)
E(Echo)	(ECK-OH)	W(Whiskey)	(WISS-KEY)
F(Foxtrot)	(FOKS-TROT)	X(Xray)	(ECKS-RAY)
G(Golf)	(GOLF)	Y(Yankee)	(YANG-KEY)
H(Hotel)	(HOH-TELL)	Z(Zulu)	(ZOO-LOO)
I(India)	(IN-DEE-AH)	0	ZE-RO
J(Juliett)	(JEW-LEE-ETT)	1	WUN
K(Kilo)	(KEY-LOH)	2	TOO
L(Lima)	(LEE-MAH)	3	TREE

국제민간항공기구 국제음표문자(ICAO Phonetic Alphabet)			
표 기	발 음	표 기	발 음
M(Mike)	(MIKE)	4	FOW-ER
N(November)	(NO-VEM-BER)	5	FIFE
O(Oscar)	(OSS-CAH)	6	SIX
P(Papa)	(PAH-PAH)	7	SE-VEN
Q(Quebec)	(KEH-BECK)	8	AIT
R(Romeo)	(ROW-ME-OH)	9	NIN-ER

2. 무선 통신절차

가. 송신기법

1) 각 단어는 분명하고 명료하게 발음하여야 한다.
2) 보통의 통화속도는 분당 100단어를 초과하지 않아야 한다.(메세지가 항공기에게 송신되고 그 내용의 기록이 필요할 경우 송신속도는 받아 적을 수 있는 속도이어야 한다.)
3) 일정한 수준의 음량을 유지한다.
4) 일정한 수준으로 음량을 조절할 수 없다면 송화기(microphone)로부터 일정한 거리를 유지하기 위한 송화기 운용기법에 익숙해야 한다.
5) 송화기로부터 멀리 얼굴을 돌리는 것이 필요하면 일시적으로 통화를 중지하여야 한다.
6) "어(er)"와 같은 주저하는 용어의 사용을 피한다.
7) 말하기 전에 송신 스위치를 충분히 누르고, 통화가 완료될 때까지 스위치를 놓지 않음으로써 통화의 전체 내용이 전달될 수 있도록 하여야 한다.

나. 무선주파수의 용도

1) 무선주파수는 인가된 특수목적 이외의 용도로 임의 변경할 수 없으며, 통화내용은 간단명료하여야 한다.
2) 인가된 주파수는 항공교통관제 또는 비행안전에 관련된 사항에 국한하여 사용하여야 한다.
3) 공항 관할 부서 또는 항공기 운영 부서의 장으로부터 전달되는 모든 정보는 중계 시 그 정보의 출처를 조종사에게 통보하여야 한다.

다. 무선통화 절차

1) 항공기와의 첫 교신 시 포함되어야 할 사항은 항공기 호출부호, 호출시설의 명칭, 비행

정보 내용 등이며, 맨 뒤에 "over"를 사용한다.(예, AAR1932, Seoul Approach over)

2) 비행정보를 교환할 때는 항상 첫 통화 시 상호 호출부호를 확인 후 통화해야 한다.

3) 무선통화는 혼돈이 야기되지 않을 경우, 통화내용의 일부 또는 용어를 생략하거나 간소화하여 사용할 수 있다.

- 무선교신이 이루어지고 있는 항공기의 형을 확인하면, 항공기 호출부호의 접두어와 마지막 3개 숫자만 사용한다.(예, AF37349 → AF349)
- 정기 여객기 또는 민간 항공기에게 대해서는 호출부호를 생략하지 않는다.
- 항공기와 교신이 이루어진 후에는 호출부서의 명칭을 생략할 수 있다.
- 전문내용이 간단하여 전달이 용이하다면, 항공기 호출 후 응답을 기다릴 필요 없이 즉시 정보사항을 전달한다.
- 전문내용 자체가 응답을 요구하는 사항은 "over"를 생략한다.(예, AAR1932, How do you hear me?)

4) 조종사에게 비행정보를 제공하거나 요구할 경우, 상호 필요한 정보를 교환 후 교신을 끝내는 것이 무선통화의 원칙이다. 그러나 다음의 경우 항공기에게 부가적인 정보를 제공하여야 한다.

- 고도 14,000ft 이하로 비행하는 항공기는 고도계 수정치를 통보한다.
- 항공로 및 고도와 목적지를 인지하고 있을 경우, 조종사에게 기상자료와 시계비행 순항고도 등을 통보한다.(예, VFR Cruising levels for your direction of flight are ; Altitude/Flight levels plus five hundred feet from 3,000 above the surface)
- 목적공항에 관제탑이나 운항실이 없을 경우, 목적 공항 비행정보를 통보한다.

3. 유선 및 인터폰 통신절차

가. 정보처리 우선순위

인터폰을 사용할 때는 정보내용에 따라 우선순위를 구분하여 긴급하고 중요한 정보부터 신속히 처리하여야 한다.

1) 통화 우선순위

- 제1순위 : 비상항공기 또는 비상이 예상되는 항공기와 관련된 비상 정보사항
- 제2순위 : 항공교통관제 허가 및 관제지시에 관한 정보사항
- 제3순위 : 항공기 운항 및 관제에 관련되는 일반 정보사항으로 비행 진행상태, 항공기

이 · 착륙 보고, 비행계획서 순으로 취급한다.

- 제4순위 : 시계비행 항공기에 관련된 항공기 운항정보

2) 통화 우선순위가 낮은 비행정보를 교환 중일 때 항공기의 비상정보나 항공관제 정보를 통보해야 할 경우, "EMERGENCY" 또는 "CONTROL" 이라는 용어를 사용하여 진행 중인 통화를 중단시키고 제1순위 또는 제2순위에 해당하는 정보를 우선적으로 전달할 수 있다.

나. 통화의 종료

인터폰 및 직통전화를 이용하여 비행정보를 교환한 후에는 반드시 통화자의 약명(Initial)을 교환하고 종료해야 하며, 통화시간과 통화자의 약명(Initial)을 교신 내용과 함께 기록 유지해야 한다.

참 고

약명(Initial) : 항공교통업무를 수행하는 기관에서 사용하는 용어로 관제사 개인에게 부여된 두 자리의 알파벳을 의미한다. 동일 기관에서는 중복될 수 없도록 되어 있으며, 항공기 관제업무, 비행정보 교환 등 해당 업무를 누가 했는지 식별하기 위해서 사용한다.

4. 무선통신용어

〈Part Ⅲ 제11장 제1절 참조〉

제7장 항행안전시설과 지원장비

제1절 항행안전시설 개요

1. 항행안전시설 정의

항행안전시설이란 유선통신, 무선통신, 인공위성, 불빛, 색채 또는 전파를 이용하여 항공기의 항행을 돕기 위한 시설로서 국토교통부령이 정하는 시설을 말한다. 항행안전시설은 악기상 상태에서도 항공기가 안전하게 운항할 수 있도록 각종 정보를 제공하는 시설로, 조종사와 관제사는 항공기가 공항을 이륙하여 착륙하는 모든 과정에서 항행안전시설을 이용한다.

2. 항행안전시설의 종류

항행안전시설은 아래와 같이 크게 3종류로 분류된다.

가. 항행안전무선시설 : 전파를 이용하여 항공기의 항행을 돕기 위한 항행안전시설

나. 항공등화시설 : 불빛, 색채 또는 형상을 이용하여 항공기의 항행을 돕기 위한 항행안전시설

다. 항공정보통신시설 : 전기통신을 이용하여 항공교통업무에 필요한 정보를 제공 · 교환하기 위한 항행안전시설

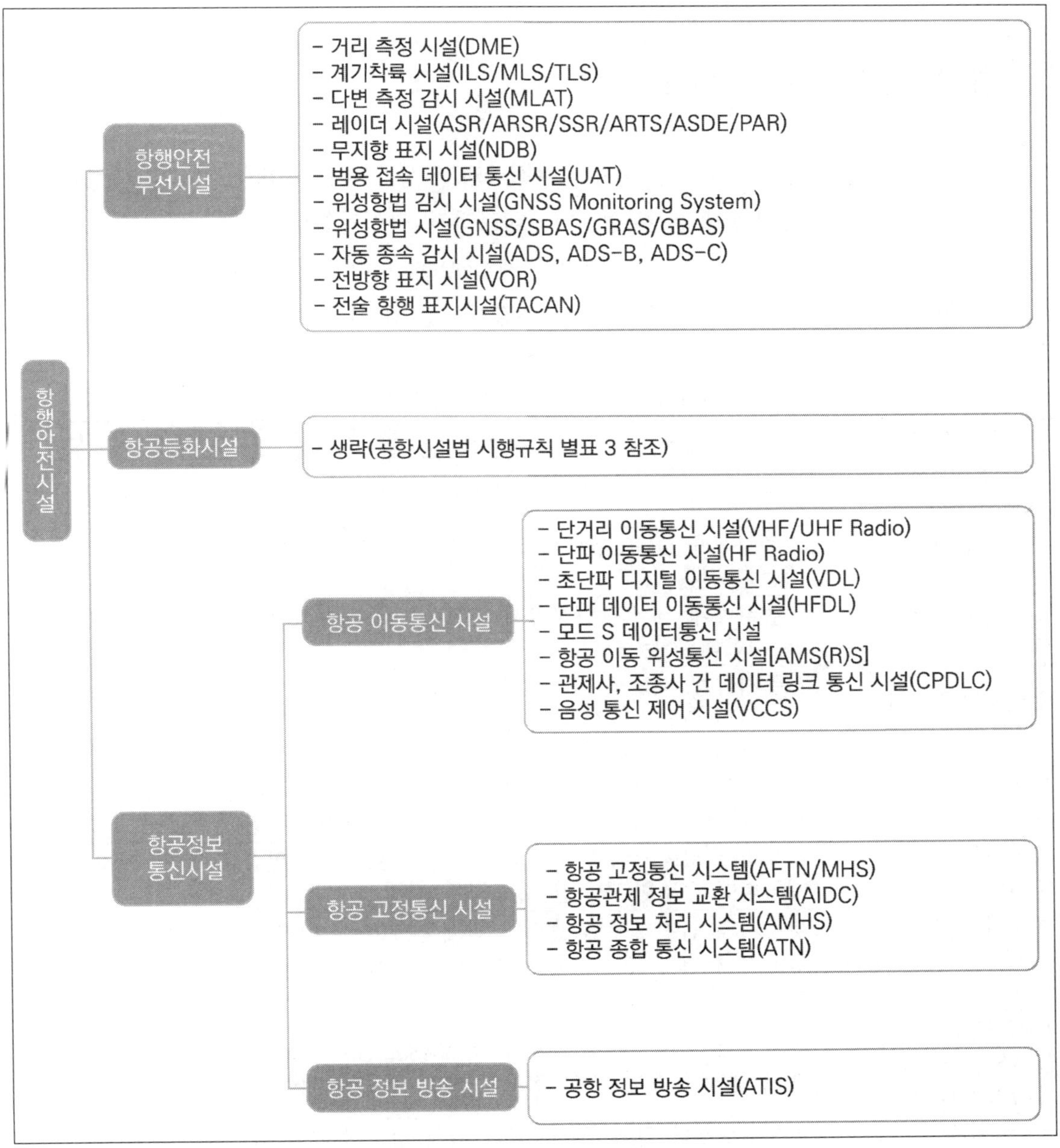

[그림 7-1] 항행안전시설의 종류

제2절 항행안전무선시설

1. 항행안전무선시설 개요

가. 항행안전무선시설이란 지상에 설치된 무선국과 위성 시설로 전파(radio)의 특성을 이용하여 항공기의 항행을 돕는 시설이다. 대표적인 항행안전무선시설로는 DME, NDB, VOR, TACAN, VORTAC, ILS, 레이다 시설(ASR, SSR, ASDE, PAR), 위성항법 시설(GNSS, SBAS, GRAS, GBAS), 자동종속감시시설(ADS) 등이 있다.

[표 7-1] 항행안전무선시설의 종류

무선시설	내 용
무지향표지시설 (NDB)	조종사에게 무선국의 방향 정보를 무지향성으로 제공해 주는 시설
거리측정시설 (DME)	조종사에게 DME 안테나로부터 항공기까지의 경사 거리를 마일로 제공해 주는 시설
전방향표지시설 (VOR)	조종사에게 무선국 안쪽에서 바깥쪽으로 직진성의 자북 기준 방위(radial)를 제공해 주는 시설
전술항행표지시설 (TACAN)	조종사에게 자북극 기준의 무선국의 위치 방위(bearing)와 TACAN 안테나로부터 항공기까지의 경사 거리를 마일로 제공해 주는 시설로 군용 항공기만 이용이 가능
VORTAC (VOR+TACAN)	군용 항공기와 민간 항공기가 동시에 이용할 수 있는 항로용 무선국으로 VOR과 TACAN의 중심점을 일치시켜 설치한 시설
계기착륙시설 (ILS)	착륙하는 항공기에게 활주로 중심선 진로 정보, 활공로 정보, 거리 정보를 제공하여 정밀한 착륙을 유도하는 시설
레이다 시설 (ASR/SSR/ASDE/PAR)	항공기의 안전하고 효율적인 관제를 위하여 항공기를 레이다로 탐지하여 항공기의 위치, 속도, 고도, 비행계획 자료 및 기타 관제에 필요한 정보를 제공해 주는 시설
위성항법시설 (GNSS/SBAS/GRAS/GBAS)	위치 정보 제공 위성(GPS, GLONASS, Galileosat)을 활용하여 이용자에게 항행에 필요한 위치 정보와 시간 정보를 제공해 주는 시설
자동종속감시시설 (ADS)	위성으로부터 얻어지는 항공기 위치 정보 등을 항공기에서 자동으로 지상 관제 장비에 전송하여 실시간 감시가 가능한 항공기 위치 탐지 시설

나. 항행안전무선시설의 이해

1) 방향과 방위

- 방향 : "어디를 향해(to) 가는가?"
- 방위 : "어디에 위치(from) 하는가?"

2) Bearing과 Radial

- Bearing : "무선국이 어디에 위치 하는가?" 즉, 항공기로부터 무선국의 위치 방위를 의미
- Radial : "항공기가 어디에 위치 하는가?" 즉, 무선국으로부터 항공기의 위치 방위를 의미

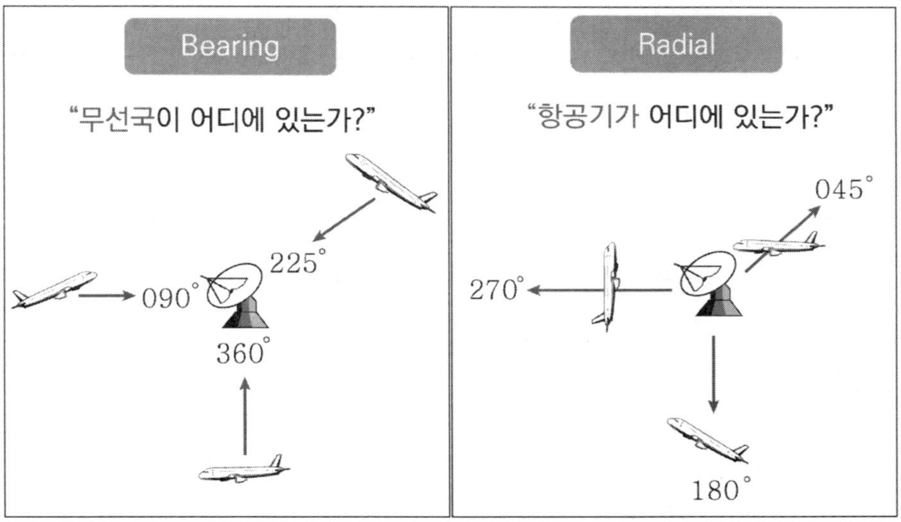

[그림 7-2] Bearing과 Radial

3) Radial : VOR 무선국에서 발사되는 신호에 의하여 형성되는 진로로, 무선국 안쪽에서 바깥쪽으로 마치 자전거 바퀴살처럼 퍼져 나가는 직진성의 진로이다.

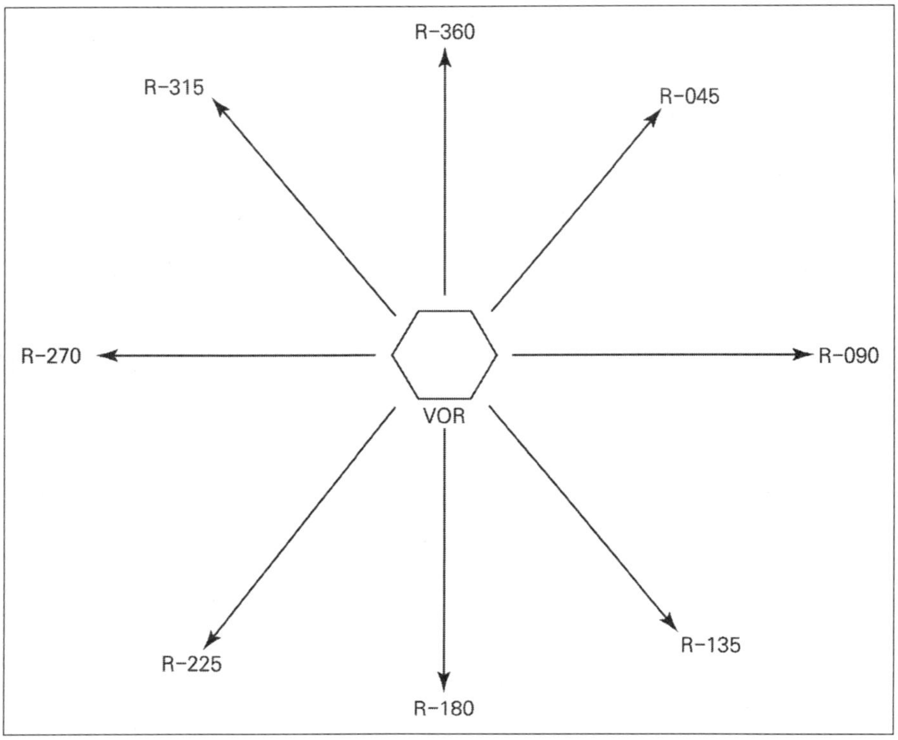

[그림 7-3] VOR이 제공하는 방위(radial) 정보

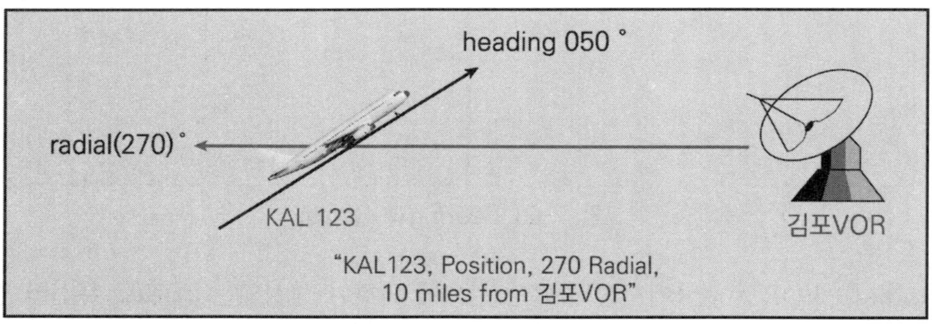

[그림 7-4] 방위(radial)를 이용한 항공기 위치보고

4) 항행안전무선시설이 제공하는 정보

- Direction : NDB가 제공하는 방향 정보로 정확도가 현저히 떨어짐.
- Bearing : TACAN이 제공하는 방위 정보로 무선국의 정확한 위치 파악이 가능함.
- Radial : VOR이 제공하는 방위 정보로 항공기의 정확한 위치 파악이 가능함.

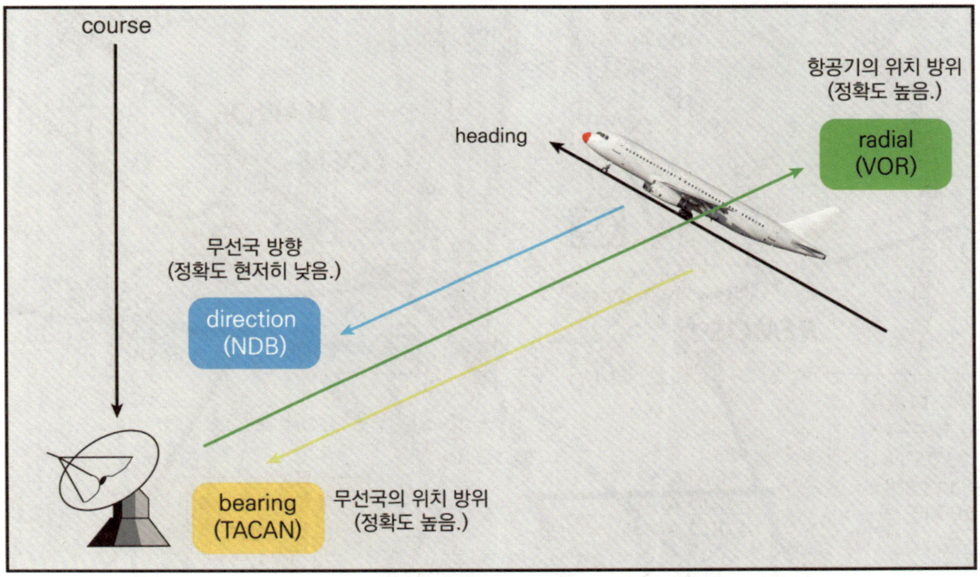

[그림 7-5] 항행안전무선시설별 제공 정보

5) 무선국 표기방법

무선국을 표기할 때는 국제 표기법에 따라 VOR, TACAN, VORTAC은 알파벳 대문자 세 글자로 표기하며, NDB는 두 글자, ILS는 ILS 약어의 첫 글자를 딴 'I' 다음에 '-'를 붙이고 대문자 세 글자를 붙여 표기한다. DME는 단독으로 설치되지 않기 때문에 별도의 이름을 갖지 않는다.

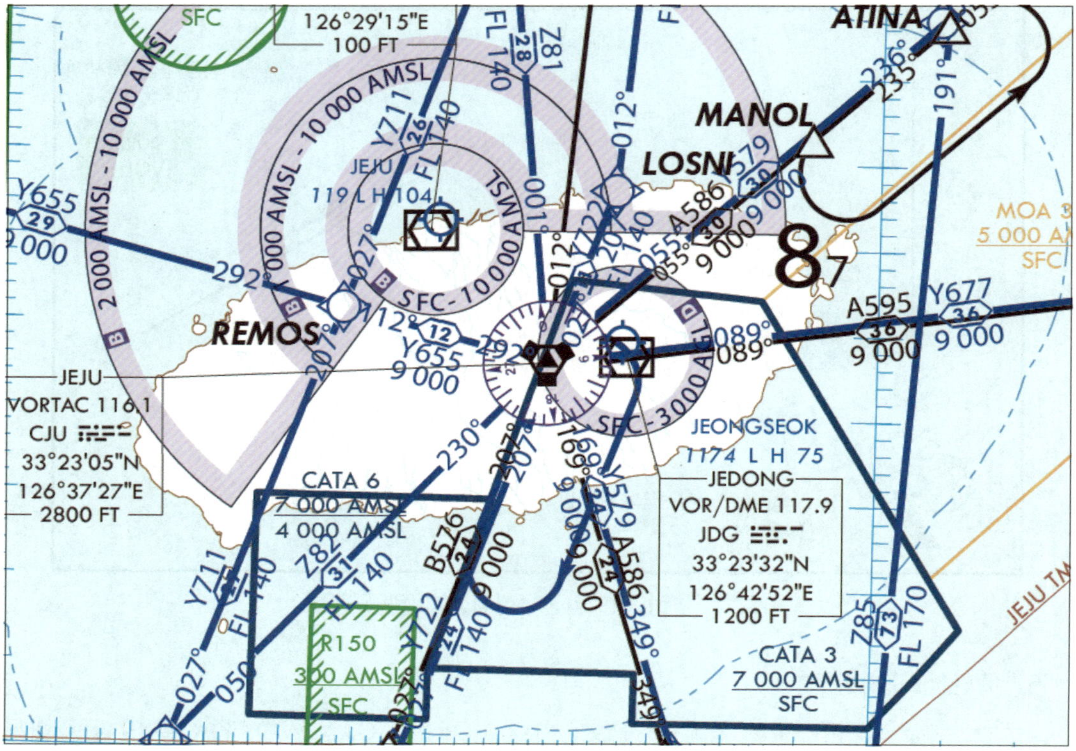

[그림 7-6] 무선국 표기방법 및 공항 심벌

6) 항행안전무선시설 심벌

항행안전무선시설은 항로 지도나 각종 항공정보간행물에 설치 위치를 표현하기 위해 심벌을 가진다.

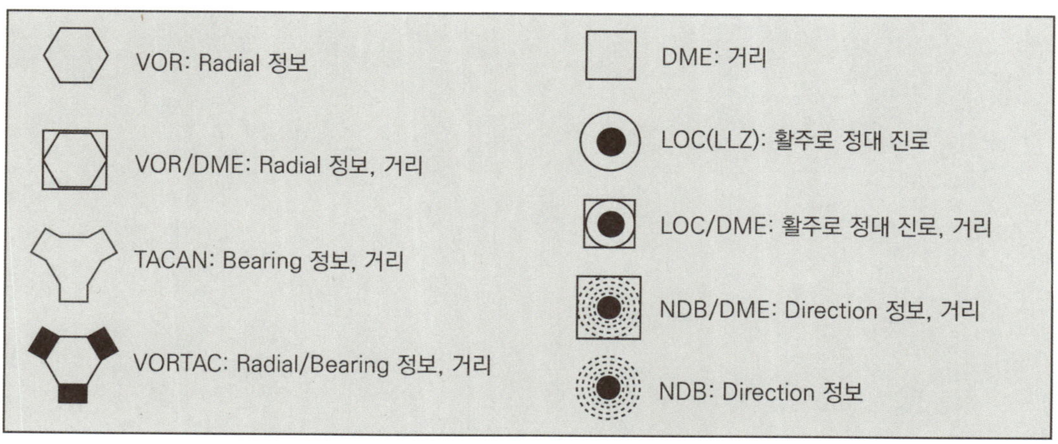

[그림 7-7] 항행안전무선시설 심벌 및 제공 정보

2. 무지향표지시설(NDB : Non-Directional radio Beacon)

무지향표지시설은 조종사에게 무선국의 방향 정보를 무지향성으로 제공해 주는 시설로, 번개 또는 정전기의 영향을 받는 특성과 야간에 정확도가 다소 떨어지는 단점은 있으나, AM 방식을 사용하여 가시거리 장애물을 회피할 수 있고 저고도에서도 수신이 가능한 장점이 있다. 조종사는 항공기에 장착된 자동방향탐지장비(ADF : Automation Direction Finder)를 통해 무선국의 방향 정보를 얻을 수 있다. NDB는 거리 정보를 제공할 수 없기 때문에 DME를 추가로 설치하여 사용한다.

- 주파수 범위 : 190㎑~1,750㎑

3. 거리측정시설(DME : Distance Measuring Equipment)

거리측정시설은 조종사에게 DME 안테나로부터 항공기까지의 경사 거리를 마일로 제공해 주는 시설로, 특정한 간격으로 항공기로부터 발사되는 질문 펄스(Interrogation signal)에 대해 DME 안테나에서 응답 펄스(Transponder signal)를 항공기로 다시 송신하여 전파의 왕복 시간을 거리로 환산해 주는 계기이다. DME는 대단히 정확한 마일의 소수점 첫째자리까지의 거리 정보를 제공한다. DME 장비는 NDB, VOR, ILS 시설과 같이 설치되기도 한다. DME 거리는 항공기와 안테나 사이의 경사 거리이다.

- 주파수 범위 : 960㎒~1,215㎒

4. 전방향표지시설(VOR : VHF Omni-directional Range)

전방향표지시설은 조종사에게 무선국 안쪽에서 바깥쪽으로 직진성의 자북 기준 방위(Radial)를 제공해 주는 시설로, 1949년 국제민간항공기구(ICAO)에 의해 민간 항공기 단거리 항법 장치의 국제 표준으로 채택되었고, 정확성과 안전성이 높아 세계적으로 가장 많이 이용되는 무선국이다. VOR은 360° 전 방위로 이론상 360개의 진로 정보를 제공한다. VOR로부터 발사되는 신호에 의해 형성되는 진로를 레디얼(Radial)이라 부른다. 민간 항공기가 주로 이용하는 시설이며, 주파수 대역폭은 VHF 대역이고 자북 기준의 방위(Radial) 정보만 제공하며 거리 정보는 제공하지 못한다. 따라서 DME 장비를 추가로 설치하여 운영한다.

- 주파수 범위 : 111.975㎒~117.975㎒

5. 전술항행표지시설(TACAN : TACtical Air Navigation)

가. 전술항행표지시설은 조종사에게 자북극 기준의 무선국의 위치 방위(Bearing)와 TACAN 안테나로부터 항공기까지의 경사 거리를 마일로 제공해 주는 시설로, TACAN은 함재기가 항공모함으로 돌아갈 때 항공모함의 위치 확인을 위한 용도로 제작자와 미 해군이 협력하여 1955년 VOR 장비를 개량한 군용 장비이다. 군용 항공기는 TACAN으로부터 거리와 방위 정보를 얻을 수 있고, 민간 항공기는 DME 정보만 얻을 수 있다. 민간 항공기가 TACAN으로부터 거리 정보를 얻을 수 있는 이유는 DME의 국제 표준 방식을 채택하였기 때문이다. TACAN은 일반 항법 장치가 쓰는 UHF 전파인 것은 같지만 전파 채널은 다르다.

나. 통신 전파는 일반 전파와 달리 암호화되어 통신되기 때문에 이 전파를 수신하려면 암호화된 전파를 해독하는 시스템이 필요하다. IFF와 같은 보조 장비를 통해서만 수신할 수 있는 전파이기 때문에 통상적인 항법 장치를 이용하여 통신이 가능한 민간 항법 전파와는 다르다. 기지국에서 전파를 받아 자신의 위치를 찾아내는 통상적인 항법장치와 달리 군사 작전을 수행하는 항공기나 군함이 작전을 수행하기 위해 이동해야 할 지점으로 유도해 주는 방법으로도 사용될 수 있어 표적과 자신의 위치, 거리, 방위 등을 분석하여 최적의 작전 시나리오를 구성, 작전 성공률을 비롯한 전반적인 작전 효율을 극대화할 수 있다.

다. TACAN은 방위와 거리 정보(마일)을 동시에 제공하므로 별도의 DME를 추가 설치할 필요가 없다.

- 주파수 범위 : 962㎒~1,213㎒(X, Y밴드 각 126개 총 252개 채널 사용)

6. VORTAC(VOR+TACAN)

가. VORTAC은 민·군 통합의 필요성에 따라 군용 항공기와 민간 항공기가 동시에 항로 비행을 할 수 있도록 민간 항공기가 이용하는 VOR과 군용 항공기가 이용하는 TACAN을 통합하여 중심점을 일치시켜 설치한 항로 구성용 무선국 시설을 말한다. 설치 위치는 주로 높은 산 정상인데, 전파가 장애물의 방해를 가장 적게 받고 멀리까지 도달하게 하기

위해서이다.

나. 군용 항공기는 TACAN 채널을 맞추어 코스와 거리 정보를 수신하며, 민간 항공기는 VOR 주파수를 맞추어 코스 정보를 수신하고 TACAN 채널을 DME 장비에 맞추어 VORTAC으로부터의 거리를 수신하여 항로를 비행한다.

7. 계기착륙시설(ILS : Instrument Landing System)

계기착륙시설은 착륙하는 항공기에게 활주로 중심선 진로 정보, 활공로 정보, 거리 정보를 제공하여 정밀한 착륙을 유도하는 시설로, 악천후나 야간 비행 등 조종사의 시계가 나쁠 경우에도 항공기에 장착된 계기의 지시에 따라 안전하게 활주로에 착륙할 수 있도록 유도해 주는 시설이다.

가. ILS가 제공하는 세 가지 정보

1) 활주로 중심선 진로 정보

로컬라이저(Localizer)가 제공해 주는 정보로 착륙을 위해 접근 중인 조종사에게 활주로 중앙선을 따라 비행할 수 있도록 유도해 준다.

2) 활공로 정보

글라이드 슬로프(Glide slope 또는 Glide path)가 제공해 주는 정보(3°의 활공각 정보)로 활주로 접지구역(Touch down zone)으로 강하할 수 있도록 유도해 준다.

3) 위치 정보

진입 방향에서부터 외측 마커(OM : Outer Marker), 중간 마커(MM : Middle Marker), 내측 마커(IM : Inner Marker)를 활주로 중앙선 연장선상에 일정한 간격으로 설치하여 조종사에게 ILS 접근이 정상적인지 아닌지를 확인할 수 있도록 위치 정보를 제공해 준다.

나. ILS의 세 가지 안테나

1) 로컬라이저(Localizer)

로컬라이저는 항공기에게 활주로 중심선에 대한 정보를 제공한다. 안테나는 이·착륙 항공기와의 충돌을 방지하기 위하여 활주로 종단에서 1,000ft 이상 떨어진 곳에 설치한다. 진입하는 항공기를 기준으로 왼쪽으로 90Hz의 주파수를 발사하고 오른쪽으로

150Hz의 주파수를 발사하여 두 주파수의 균형점이 활주로의 중심선이 되도록 하여 항공기에게 활주로 중심선에 대한 위치 정보를 제공한다.

- 주파수 범위 : 108㎒~111.975㎒

2) 글라이드 슬로프(G/S, Glide slope 또는 G/P, Glide path)

활공각 정보를 제공하는 글라이드 슬로프(G/S)는 접근 중인 항공기에게 가장 안전한 착륙 각도인 3°의 활공각 정보를 제공하는 시설이다.

활주로 시단으로부터 750ft~1,250ft, 활주로 중심선으로부터 400ft~600ft 옆으로 떨어진 위치에 설치한다. 글라이드 슬로프(G/S)에서 발사되는 주파수는 하측에 150Hz, 상측에 90Hz의 주파수를 발사하여 상·하측의 주파수 차에 의하여 항공기 내의 ILS 수신 계기의 활공각 정보 표시기(Glide path indicator)가 상·하로 움직여 강하각에 대한 위치 정보를 제공한다.

- 주파수 범위 : 328.6㎒~335.4㎒

3) 마커 비컨(OM, MM, IM)

활주로 중심 연장선 상의 일정한 지점에 설치하여 수직 상공으로 75㎒ 전파를 발사하여 항공기에게 진입로 상의 일정한 통과 지점에 대한 위치 정보를 제공하는 시설이다. 마커 비컨은 설치 위치에 따라 활주로에서 가까운 거리에 있는 내측 마커(IM : Inner Marker), 내측 마커와 외측 마커 사이에 위치한 중간 마커(MM : Middle Marker), 활주로에서 가장 멀리 위치한 외측 마커(OM : Outer Marker)로 구분된다.

8. 레이다 시설(ASR/SSR/ASDE/PAR)

레이다 시설은 항공기의 안전하고 효율적인 관제를 위하여 항공기를 레이다로 탐지하여 항공기의 위치, 속도, 고도, 비행 계획 자료 및 기타 관제에 필요한 정보를 제공해 주는 시설로 다음과 같은 종류의 시설들이 있다.

가. ASR(Airport Surveillance Radar, 공항감시 레이다)

공항감시 레이다(ASR)는 1차 감시 레이다(PSR)이며, 공항 주변에 비행 중인 항공기의 1차 항적을 전시한다(고도, 식별 코드는 전시되지 않음).

참 고

1차 감시 레이다(PSR, Primary Surveillance Radar) : 목표물을 향해 발사한 전파의 반사파를 수신하여 목표물의 위치를 측정하는 레이다로 보통 레이다라고 할 경우에는 1차 레이다를 말한다. 이와 구별하여 2차 레이다는 특정 신호를 목표물에 보내고 목표물에서 응답으로 보내오는 송신 신호를 수신하여 분석한다. 1차 항적이라 함은 1차 감시 레이다에서 획득한 반사파가 레이다 항적 전시기에 전시되는 항적을 말한다.

나. SSR(Secondary Surveillance Radar, 2차 감시 레이다)

2차 감시 레이다(SSR)는 공항 주변에 비행 중인 항공기의 2차 항적을 전시한다(고도, 식별 코드 전시). 1차 감시 레이다와 2차 감시 레이다는 항공교통관제용으로 필요한 필수 장비이며 대체로 같이 설치되지만 분리되어 설치하기도 한다.

다. ASDE(Airport Surface Detection Equipment, 공항지상감시레이다)

공항 지표 탐색 장비는 큰 규모의 공항에서 악천후 시 또는 관제탑의 위치가 활주로나 유도로 등을 명료하게 눈으로 관측하기 곤란한 경우 공항 지표면의 교통량을 감시하고 지상을 주행 중인 항공기와 차량 등을 통제하는데 사용하는 레이다이다. 이 레이다는 분해력이 강한 성능을 가지고 활주로, 유도로, 항공기, 차량 등을 식별하여 감시할 수 있다. 레이다 안테나는 항상 공항 전체를 전망할 수 있는 관제탑 상부에 설치하고 모니터는 관제탑 관제실 안에 설치한다. 우리나라에는 현재 인천, 김포, 제주, 김해 공항 등에 설치되어 있다.

라. PAR(Precision Approach Radar, 정밀 접근 레이다)

정밀 접근 레이다(PAR)는 주로 군에서 운용하는 레이다로 착륙하는 항공기의 활주로 진입 방위각, 활공각, 활주로 접지점으로부터의 거리 정보를 지상의 관제사가 실시간 수집하여 조종사에게 구두로 제공하여 정밀 착륙을 유도하는 레이다 시설로 민간 항공에서는 거의 사용하지 않고 있다.

9. 위성항법시설(GNSS/SBAS/GRAS/GBAS)

가. 위성항법시설은 위치 정보 제공 위성(GPS, GLONASS, Galileosat)을 활용하여 이용자에게 항행에 필요한 위치 정보와 시간 정보를 제공해 주는 시설을 말한다.

나. GNSS는 육 · 해 · 공 모든 곳에서 이루어지는 위성을 이용한 항법을 총칭하는 용어이다. 위성항법 광역 보정 시설(SBAS 또는 GRAS)은 위성 통신 또는 여러 개의 단거리 무선 데이터 통신 등을 이용하여 넓은 지역에 위치 정보 제공 위성의 보정 정보를 제공한다. 위성항법 지역 보정 시설(GBAS)는 단거리 무선 데이터 통신 등을 이용하여 공항에 접근하는 항공기에게 위치 정보 제공 위성의 보정 정보를 제공하는 시설로, 위치 정보 제공 위성으로부터 수신되는 신호의 오차를 보정하고 시스템의 운용 상태를 확인하여 오동작 여부를 알려 주는 지상 시스템과 이를 수신하여 정밀한 자기 위치를 계산하는 항공기 탑재 시스템으로 구성되어 있다.

다. GBAS를 통해 항공기는 활주로 양방향으로 정밀 접근 착륙이 가능하고, ILS는 불가능한 곡선 정밀 접근도 가능하여 소음 지역 회피 및 다양한 절차 수립이 가능하다. 위성항법시설은 세계 지리 좌표계(WGS-84) 및 국제표준시(UTC)를 적용해야 한다.

참 고

GNSS : Global Navigation Satellite System
SBAS : Satellite Based Augmentation System
GRAS : Ground-based Regional Augmentation System
GBAS : Ground Based Augmentation System
GPS : Global Positioning System
GLONASS : GLobal Orbiting NAvigation Satellite System
Galileosat : Galileo Satellite
WGS-84 : World Geodetic System-84
UTC : Coordinated Universal Time

10. 자동종속감시시설(ADS : Automatic Dependent Surveillance)

가. 위성으로부터 얻어지는 항공기 위치 정보 등을 항공기에서 자동으로 지상 관제 장비에 전송하여 실시간 감시가 가능한 항공기 위치 탐지 시설을 말하는데, ADS는 국제민간항공기구(ICAO)의 위성 항행 시스템 특별 위원회에 의해 개발되었으며, 인공위성을 중심으로 한 위성 항행 시스템의 핵심 개념들 중의 하나로 레이다와 같은 효율적인 감시 수단이 없는 지역과 레이다가 있더라도 장애물에 의해 탐지가 어려운 지역에서 항공교통관제용 감시 시스템으로 사용될 수 있는 최적의 시스템이다.

나. 항공기 탑재 항법 장비들로부터 얻어진 항공기의 3차원 위치 정보와 시간, 그리고 기타 지상에서 필요한 관련 정보는 먼저 통신에 필요한 형태로 전환된 다음 항공기 지구국인 항공기의 위성 통신 장비를 경유하여 적도 상공 지구 정지 궤도상에 있는 통신 위성의 중계에 의하여 지구상에 있는 지상 지구국으로 보내지며, 이 정보는 지상의 통신망을 통하여 항공교통관제 센터에 보내져 적절히 처리된 후 영상 시현 장치에 시현되면 관제사는 이를 분석하여 항공교통관제업무에 이용한다. 일반적으로 이러한 일련의 과정은 자동적으로 이루어지게 된다. ADS를 이용하는 항공교통관제 시스템은 특히 대양 지역이나 레이다 감시가 가능하지 않은 가시거리 범위 밖의 대륙 지역에서 항공교통관제 상황을 획기적으로 향상시켜 줄 것으로 기대된다.

다. ADS-B(Automatic Dependent Surveillance-Boradcast)

1) ADS의 한 종류로 방송형 자동 종속 감시 시스템이라고 한다. 이 시스템은 상호 협조형 차세대 감시 시스템으로 ADS에 방송 기능을 추가한 시스템이다. 최근 범세계적으로 항공 수요가 급속히 증가함에 따라 관제 업무량이 폭주하면서 지상 무선국을 통해 지원하는 현행 관제 시스템이 한계점에 이르러 안전성, 신속성, 효율성에 문제가 제기되어 고안된 것이다.

2) ADS-B는 GPS 위성을 이용한 위치 확인 기술과 디지털 무선 통신 기술을 응용하여 개발되었으며, 현재 위치 뿐만 아니라 각종 정보를 디지털 신호로 제공받는다. ADS-B 장치가 장착된 항공기는 현재 위치 뿐만 아니라 항공기의 식별 부호, 고도, 속도, 진행 방향, 상승 속도 또는 하강 속도 등의 정보를 디지털 신호화하여 항공기용 무선 통신 주파수로 1초에 한 번씩 송신을 하면서 비행한다. 동시에 주변 200~300km 이내에서 비행 중인 항공기가 송신하는 같은 내용의 신호를 수신하여 조종석에 있는 다기능 모니

터 화면에 전자 지도와 함께 표시된다.

3) 이 장치는 항공기에만 사용되는 것이 아니라 비행장 내의 여러 가지 서비스 차량에도 장착된다. 복잡한 공항에서는 공항 구역 내의 지면에서 이동하는 항공기들이나 서비스 차량들 간의 교통사고가 자주 일어나는데, 이런 장치가 장착되면 공항 구역 내의 지상 교통 안전에도 큰 기여를 할 수 있다. 또한 관제사에게도 위치 정보를 제공하여 보다 양질의 관제 서비스를 받을 수 있어 공중충돌을 방지할 수 있고 비행 안전과 정확성, 신속성을 획기적으로 향상 시킬 수 있다.

4) 우리나라와 같이 산악 지대가 많은 국가는 전파 불감 지역이 많아 저고도 공역은 항공기 탐지가 어려웠으나, 이 시스템은 간단한 수신 장치만으로 항공기 위치를 탐지할 수 있어 고가의 많은 레이다를 설치하기 어려워 탐지가 곤란했던 4,000~10,000ft 이하의 저고도 공역도 레이다와 유사하게 전시되는 화면을 통해 관제가 용이하게 되었다. 레이다는 5~12초 간격으로 탐지하지만 ADS-B는 1초 간격으로 탐지하므로 항공기의 위치 정확도가 크게 개선되었다. 이에 따라 향후 크게 증가할 저고도 비행 경량 항공기와 헬리콥터 및 드론 등과 같은 무인항공기의 탐지 능력을 향상시켜 이들 항공기의 안전 비행을 가능하게 할 수 있다.

제3절 항공등화시설

항공등화시설이란 불빛, 색채 또는 형상을 이용하여 항공기의 항행을 돕기 위한 항행안전시설로 비행장 내에 설치되는 항공등화시설의 배치도는 다음 그림과 같다.

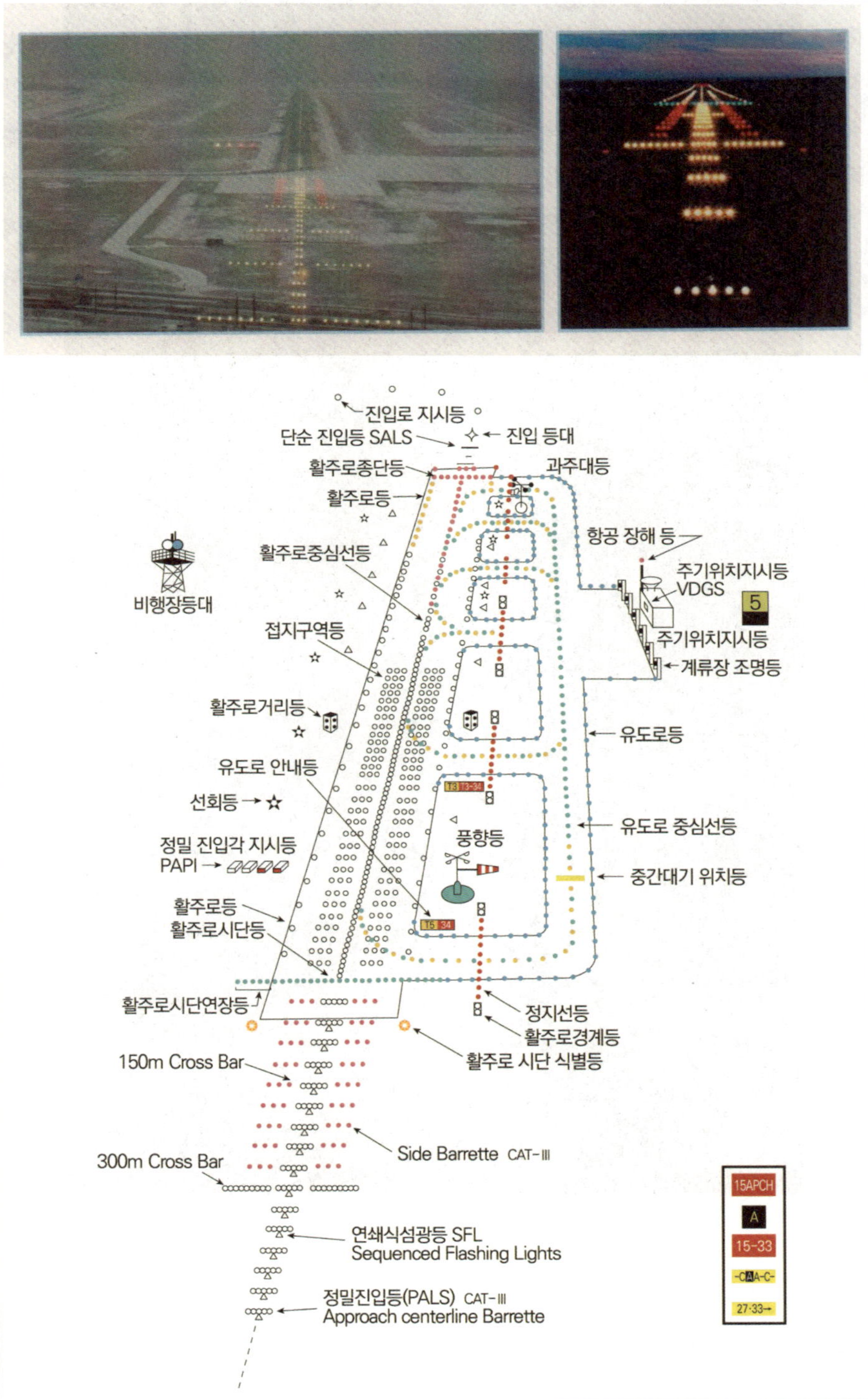

[그림 7-8] 비행장 내 항공등화시설 배치도

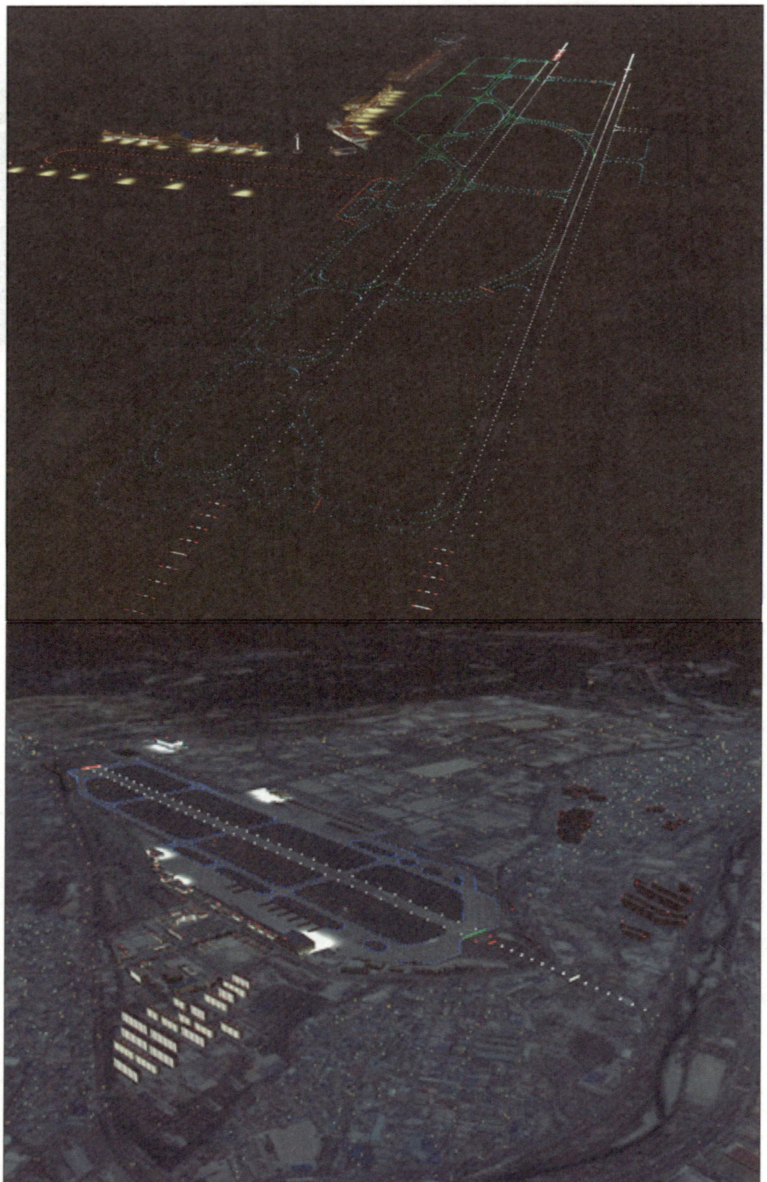

[그림 7-9] 비행장 항공등화시설 점등

1. 비행장등대(Aerodrome Beacon)

항행 중인 항공기에게 공항 또는 비행장의 위치를 알려주기 위해 공항이나 비행장 내 또는 주변에 설치하는 등화로 공항 회전식별등(Airport Rotating Beacon)과 같은 의미로 사용되는데 공항의 종류에 따라 발산하는 색상이 다르다.

가. 육상 비행장 : 백색과 녹색(백색-녹색)

나. 수상 비행장 : 백색과 황색(백색-황색)

다. 군용 비행장 : 백색과 백색의 이중 피크와 녹색(백색-백색-녹색)

라. 헬기장 : 백색-녹색-황색

마. 응급 서비스 헬기장 : 백색-녹색-적색

2. 진입등시스템(Approach Lighting Systems)

착륙하려는 항공기에게 진입로를 알려주기 위해 진입구역에 설치하는 등화

3. 진입각지시등(Precision Approach Path Indicator, PAPI)

착륙하려는 항공기에게 착륙 시 진입각의 적정 여부를 알려주기 위해 활주로의 외측에 설치하는 등화

4. 선회등(Circling Guidance Lights)

체공 선회 중인 항공기가 기존의 진입등시스템과 활주로등만으로는 활주로 또는 진입지역을 충분히 식별하지 못하는 경우에 선회비행을 안내하기 위해 활주로의 외측에 설치하는 등화

5. 활주로등(Runway Edge Lights)

이륙 또는 착륙하려는 항공기에게 활주로를 알려주기 위해 활주로 양측에 설치하는 등화

6. 활주로시단등(Runway Threshold Lights)

착륙하려는 항공기에게 활주로의 시단 위치를 알려주기 위해 활주로의 양쪽 끝에 설치하는 등화로 조종사가 어느 쪽에서 착륙하더라도 활주로 시단을 알 수 있도록 활주로 양 끝에서 바깥쪽으로 녹색 빛을 발산하는 등화

7. 활주로종단등(Runway End Lights)

이륙 또는 착륙하려는 항공기에게 활주로의 종단을 알려주기 위해 활주로 양쪽 끝에 설치하는 등화로 활주로시단등과 정반대 방향인 활주로의 양 끝에서 안쪽으로 적색 빛을 발산하는 등화

8. 활주로거리등(Runway Distance Marker Sign)

활주로를 주행 중인 항공기에게 전방의 활주로 종단까지의 남은 거리를 알려주기 위해 설치하는 등화(1,000ft 간격으로 설치)

9. 활주로중심선등(Runway Center Line Lights)

이륙 또는 착륙하려는 항공기에게 활주로의 중심선을 알려주기 위해 활주로 중심선에 설치하는 등화

10. 접지구역등(Touch Down Zone Lights)

착륙하고자 하려는 항공기에게 접지구역을 알려주기 위해 접지구역에 설치하는 등화

11. 유도로등(Taxiway Edge Lights)

지상주행 중인 항공기에게 유도로, 대기지역 또는 계류장 등의 가장자리를 알려주기 위해 설치하는 등화

12. 유도로중심선등(Taxiway Center Line Lights)

지상주행 중인 항공기에게 유도로의 중심, 활주로 또는 계류장의 출입 경로를 알려주기 위해 설치하는 등화

13. 풍향등(Illuminated Wind Direction Indicator)

항공기에게 풍향을 알려주기 위해 설치하는 등화

14. 착륙방향지시등(Landing Direction Indicator)

착륙하려는 항공기에게 착륙의 방향을 알려주기 위해 T자형 또는 4면체형의 물건에 설치하는 등화

15. 유도로 안내등(Taxiway Guidance Sign)

지상 주행 중인 항공기에게 목적지, 경로 및 분기점을 알려주기 위해 설치하는 등화

16. 정지선등(Stop Bar Lights)

유도정지 위치를 표시하기 위해 유도로의 교차 부분 또는 활주로 진입 정지 위치에 설치하는 등화

제4절 항공정보통신시설

항공정보통신시설이란 전기통신을 이용하여 항공교통업무에 필요한 정보를 제공·교환하기 위한 항행안전시설로 다음과 같은 시설들이 있다.

1. 단거리 이동 통신(VHF/UHF Radio) 시설

VHF/UHF 대역의 주파수를 이용하여 항공교통관제사가 항공기 관제용으로 사용하는 이동통신 시설을 말한다. VHF로 사용되는 주파수대는 118.0~136.975㎒이고 UHF로 사용되는 주파수대는 225~400㎒이다.

참 고

VHF/UHF : Very High Frequency/Ultra High Frequency(초단파/극초단파)

2. 모드-S(MODE-S) 데이터 통신 시설

지상 사용자와 항공기 간에 모드-S 방식에 의한 데이터 통신 시설을 말한다.

3. 항공이동위성통신 시설(AMSS : Aeronautical Mobile Satellite System)

공항지역과 항공로에서 각종 항공 정보를 패킷 데이터 서비스와 음성 서비스 또는 양쪽 모든 방식으로 지원하는 위성통신 시설이다.

4. 관제사 · 조종사 간 데이터링크통신 시설(CPDLC : Controller Pilot Data Link Communications)

공항 지역과 항공로에서 각종 항공정보를 관제사와 조종사 간에 데이터링크 서비스를 통해 제공되도록 지원하기 위한 통신시설이다.

5. 항공고정통신망(AFTN : Aeronautical Fixed Telecommunication Network)

국내 · 외 항공정보 기관 간 또는 가입자 상호 간에 각종 항공정보를 상호 교환하기 위하여 국제적으로 구축된 국제민간항공기구(ICAO) 전용 통신망이다.

6. 항공관제정보교환망(AIDC : ATS Inter-facility Data Communication)

ATC 시스템 간의 관제 이양 및 비행 계획 등의 정보 교환을 위한 통신망이다. 신설되는 ACC 시스템은 시설 간 시스템 인터페이스를 구축하여 자동 절차에 의한 관제 이양을 수행함으로써 향후 증가하는 항공교통량을 능동적으로 처리하고 시설 간 관제 이양을 효율적으로 수행하기 위하여 AIDC 메시지를 이용한 자동 관제 이양이 가능하도록 개발되었다.

7. 항공종합통신망(ATN : Aeronautical Telecommunication Network)

항공교통업무에 이용하는 각종 통신망 간에 상호 운용이 가능하게 항공 관련 정보를 제공하는 종합 통신망을 말한다.

8. 자동공항정보방송(ATIS : Automatic Terminal Information Service) 시설

비행장에 이 · 착륙하는 항공기에게 필요한 정보를 사전에 녹음하여 지정된 주파수로 방송하여 조종사가 원하는 시기에 자유롭게 청취할 수 있도록 하는 방송을 말하는 것으로, 이 방송은 VHF 주파수를 이용하여 비행장에 따라 도착 전용, 출발 전용 또는 도착 · 출발 겸용 방송 등으로 구분하여 운영한다. ATIS에는 비행장 명칭, 관측(작성)시간, 사용되는 활주로, 활주로 표면상태, 풍향, 풍속, 시정, 활주로 가시거리, 현재 기상, 구름 높이, 온도, 고도계 수정치, 기타 ATIS 지시사항 등의 정보가 포함된다.

9. 디지털공항정보방송(D-ATIS : Digital Automatic Terminal Information Service) 시설

공항의 각종 항공 정보를 무선데이터 통신시설을 이용하여 문자로 제공하는 시설을 말한다. 조종사가 방송을 듣는 대신 항공기 안에 탑재된 컴퓨터의 단말기를 이용하여 해당 공항의 정보를 요구하면 지상의 컴퓨터는 요청한 항공기의 ID를 확인한 후 공항의 ATIS 정보를 조종석 단말기로 데이터를 보내는 방식이다.

제5절 항공교통관제 지원장비

1. 관제탑 시설 장비

관제탑에는 다음과 같은 장비들을 설치하여야 한다.

가. 관제콘솔
나. 비행쪽지 진열대
다. 직통전화 장치
라. 무선 송·수신기 장치
마. 관제시설 간 협조장치
바. 항공관제 빛총(Light Gun) 2개
사. 망원경 2개
아. 항공등화시설 조절판
자. 1차 사고처리 경보장치
차. 관제콘솔 운용 중단 시 사용 가능한 비상대치용 UHF 및 VHF 무선 송·수신 장치
카. 선글라스
타. 정전 시 비상 등화장치 및 손전등 2개
파. 관제탑 레이다 전시기(BRITE : Bright Radar Indicator Tower Equipment)
하. 활주로 가시거리(RVR) 지시계
거. 자동공항정보방송업무(ATIS) 장치
너. 비행자료 단말기(FDT : Flight Data Terminal)
더. 자동기상관측 장비(AMOS : Automatic Meteorological Observation System)
러. 공항지상감시레이다(ASDE : Airport Surface Detection Equipment)

2. 레이다 시설 장비

레이다 관제시설(RAPCON 또는 GCA)에는 다음과 같은 장비들을 설치하여야 한다.

가. 공항감시레이다(ASR : Airport Surveillance Radar)

나. 정밀 접근 레이더(PAR : Precision Approach Radar)
다. PAR 항적녹화기
라. 직통전화장치 및 근무좌석 간 인터컴
마. 무선 송·수신기 장치(예비 장치 포함) 및 관제 콘솔(Console)
바. 비행자료단말기(FDT)
사. 자동기상관측 장비(AMOS : Automatic Meteorological Observation System)
아. 항행안전무선시설 작동상태 감시기
자. 레이더 비컨 장치(IFF/SIF)
차. 비디오 맵(Video Map) 또는 맵 오버레이(Map Overlay)
카. 정전 시 비상 등화장치 및 손전등 2개
타. 비상경고·긴급대피 경보장치(활주로로부터 750ft 이내에 위치한 경우)

3. 관제시설 간 협조장치

관제탑과 레이더 관제시설 간에는 레이더 접근 중인 항공기의 위치를 시각적으로 알려주는 시각협조 장치(R&A System)가 설치되어야 한다. 시각협조 장치(R&A System)는 주로 레이더 관제시설에서 레이더 접근 중인 항공기에 대한 위치 정보를 알려주고, 활주로로부터의 위치별 접근 허가를 요청하기 위해 사용하며, 관제탑에서는 레이더 관제시설의 요청에 대한 허가를 의미하는 신호를 주기 위해 사용하거나 레이더 접근 중인 항공기의 접근 허가를 거부하거나 취소하기 위한 신호를 주기 위해서 사용한다. 시각협조 장치(R&A System)는 백색, 호박색, 초록색 및 적색등으로 구성되어 깜빡이거나 지속적으로 켜짐으로써 각각의 의미를 전달하고 있는데, 레이더 관제시설에서 필요한 등을 먼저 누르면 깜빡거리게 되고, 이를 인지한 관제탑에서 다시 누르면 지속적인 등으로 변하게 된다. 반대의 경우도 동일하나 관제탑에서는 통상 적색등만을 우선적으로 누르는 경우만 있으며 기타 다른 색상의 등은 항상 레이더 관제시설에서 먼저 누르게 된다. 시각협조 장치(R&A System)를 사용할 때는 관련 정보를 함께 전달하기 위해 PTT라는 장비를 함께 사용하여 음성도 전달할 수 있다.

참 고

R&A : Request And Acknowledge의 약자로 허가를 요청(Request)하고 이를 인지 또는 확인(Acknowledge)하였음을 알려주는 시스템이다.

참 고

PTT(Push To Talk) : 관제탑과 레이다 관제시설 간에 음성을 교환하기 위한 유선통신망으로 버튼을 누른(Push) 상태에서만 통화(Talk)가 가능한 기능을 가지고 있다.

가. 깜빡이는 백색등 : 레이다 관제시설에서 레이다 접근 중인 항공기가 특정지점을 통과하였음을 관제탑에 알리는 신호

참 고

특정지점 설정은 지역 상황에 따라 사전에 협의하여 결정한 지점으로, 통상 착륙활주로로부터 15마일 지점으로 정하는 것이 원칙이다.

나. 지속적인 백색등 : 관제탑에서 깜빡이는 백색등을 인지하였음을 통보하는 신호
다. 깜빡이는 호박색등 : 레이다 관제시설에서 레이다 접근 중인 항공기가 최종 접근 7마일 지점을 통과했을 때 3마일까지 계속 접근시켜도 좋은지를 관제탑에 허가해 줄 것을 요청하는 신호
라. 지속적인 호박색등 : 관제탑에서 깜빡이는 호박색등에 대해 3마일까지 계속 접근을 허가하는 신호
마. 깜빡이는 초록색등 : 레이다 관제시설에서 레이다 접근 중인 항공기가 최종 접근 4마일 지점을 통과했을 때 계속 접근하여 착륙, 저고도 통과 또는 접지 후 이륙 등을 허가해 주도록 관제탑에 요청하는 신호
바. 깜빡이는 적색등 : 관제탑에서 레이다 접근 중인 항공기의 접근 허가를 거부하거나 취소되었음을 알리는 신호
사. 지속적인 적색등 : 레이다 관제시설에서 깜빡이는 적색등을 인지하였으며, 레이다 접근 중인 항공기에게 접근이 거부되거나 취소되었음을 통보하였음을 알리는 신호

제8장 항공정보업무

제1절 항공정보간행물

1. 항공정보간행물의 종류

항공정보간행물은 국제민간항공협약 부속서 제15권(ICAO Annex 15)에 의하여 각 체약국의 담당 부서가 자국 공역에서의 공항/비행장 및 지상시설, 항공통신, 항공로, 일반 사항, 수색구조 업무 등에 대한 종합적인 정보를 담은 정기간행물로 항공 항행에 필수적이고 영구적인 성격의 항공정보를 수록하고 있으며, 우리나라에서는 국토교통부 산하 항공교통본부장이 관련 규정에 따라 발행하고 있다.

가. 항공정보간행물(AIP, Aeronautical Information Publication) : 항공기의 항행에 필수적이고 지속적인 정보를 수록하고 있는 한글과 영어로 된 단행본을 말한다.

[그림 8-1] 항공정보간행물(AIP)

나. 항공정보회람(AIC, Aeronautical Information Circular) : 비행 안전 · 항행 · 기술 · 행정 및 규정 개정 등에 관한 내용으로 항공고시보(NOTAM) 또는 항공정보간행물에 의한 전파의 대상이 되지 않는 정보를 수록한 공고문을 말한다.

REPUBLIC OF KOREA — AIC

TEL : 82-32-880-0256
FAX : 82-32-889-5905
AFS : RKRRYNYX
E-mail :aisd@molit.go.kr
Web:http://ais.casa.go.kr

Ministry of Land, Infrastructure and Transport
Office of Civil Aviation
11, Doum 6-ro, Sejong-si, 30103, Republic of KOREA

5/20
22 OCT 2020

제설계획 2020/2021 — Snow Plan 2020/2021

인천국제공항 제설계획 — Incheon International Airport Snow Plan

인천국제공항 제설계획	Incheon International Airport Snow Plan
1. 제설대책본부 운영	1. Snow Removal Control Office
가. 주 체 : 인천국제공항공사	a. Responsibility : Incheon International Airport Corporation
나. 기 간 : 2020. 11. 15 ~ 2021. 3. 15(4개월간)	b. Period : Nov 15, 2020 ~ Mar 15, 2021(Four months)
다. 상황반 운영 : 통합운영센터	c. Operation of Snow Removal Control Office : Integrated Airport Operations Center
라. 상황반 전화번호 : 032-741-2961, 2962	d. Telephone : +82-32-741-2961, 2962
마. 감독기관 : 서울지방항공청	e. Administrative authority : Seoul Regional Office of Aviation(SROA)
2. 제설기준	2. Snow Removal Criteria
가. 제설작업	a. Snow removal
- 1차 : 제설장비를 이용한 제설	- 1st : Clearing snow by using snow removal equipment.
- 2차 : 결빙이 우려될 경우 화학제 살포	- 2nd : Applying chemical materials for de-icing if it is necessary.
나. 제설범위	b. Area of Snow removal
- 활주로 및 유도로 : 전지역	- Runway and Taxiway : All RWY and TWY
- 계류장 지역 : 항공기 주기장 유도선 20 m	- Apron : 20 m along by the taxilane
다. 활주로의 눈더미 제거	c. Snowbank in the area adjacent to runway

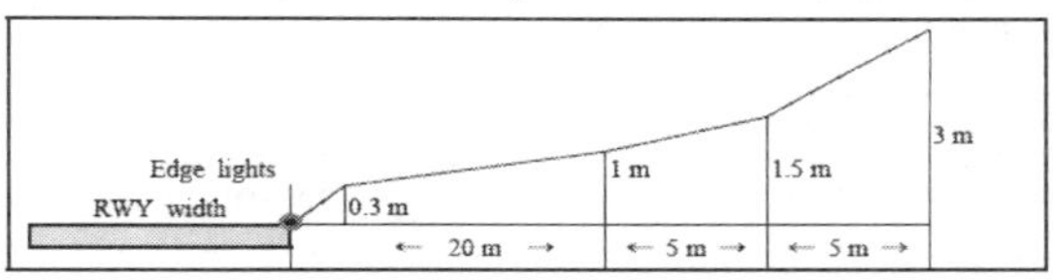

3. 제설작업방법	3. Snow Removal Procedures
가. 제설작업 투입시기 및 우선순위를 감독기관과 사전 협의 후 시행	a. The snow removal operation shall begin following a discussion of the schedule and the priority order of snow removal with administrative authority.
나. 필요시 설빙고시보 발행(항공정보통신센터)	b. If necessary, issue SNOWTAM(Aeronautical Information & Telecommunication Center).
다. 견인식 및 일체식제설차, 고속송풍기, 액체살포기 등의 제설장비를 투입하여 제설작업 시행	c. Snow removal will be done with sweeper, blower, sprayer, etc.
라. 계기착륙시설 전파보호구역내 기준을 초과한 눈더미가 생성되지 않도록 제설	d. The snow will be removed for no snowbank in excess of standard in ILS sensitive areas.
마. 제설작업 완료시 활주로 마찰측정 실시	e. Runway surface friction measuring will be accomplished when the snow removal is completed.
바. 항공기주기보호구역 내 항공기 주기 시 항공사 및 지상조업체에서 제설작업 시행	f. Snow removal of aircraft stand area shall be done by airline company or ground service company when the aircraft is parked.

[그림 8-2] 항공정보회람(AIC)

다. 항공정보간행물 수정판(AIP Amendment) : 항공정보간행물에 수록된 정보의 영구적인 변경 사항을 수록한 공고문을 말한다.

라. 항공정보간행물 보충판(AIP Supplement) : 항공정보간행물에 수록된 정보의 일시적인 변경 사항을 수록한 공고문으로 특정한 페이지 형태로 발간된다.

마. 항공정보관리절차(AIRAC, Aeronautical Information Regulation and Control) : 운영방식에 대한 중요한 변경을 필요로 하는 상황을 국제적으로 합의된 공통의 발효일자를 기준으로 하여 사전에 통보하기 위해 수립된 체제를 말한다.

REPUBLIC OF KOREA — AIRAC AIP

TEL : 82-32-880-0256 FAX : 82-32-889-5905 AFS : RKRRYNYX EMAIL : aisd@molit.go.kr Web : http://ais.casa.go.kr	Ministry of Land, Infrastructure and Transport Office of Civil Aviation 11, Doum 6-ro, Sejong-si, 30103, Republic of Korea	AMENDMENT NR 11/20 22 OCT 2020

AIRAC

AIP AMENDMENT NR 11/20
(Effective : 1600UTC 2 DEC 2020)

1. SIGNIFICANT INFORMATION AND CHANGES

1.1 General
a) Information of overflights.

1.2 Enroute
a) Information of significant point, track MAG bearing, RNAV routes and Amended format.
b) Information of NIMUS, navigation specification limitation, geodetic DIST and Establishment of TORUS.

1.3 Incheon INTL Airport
a) Establishment of lead in · out line, Stop bar light(TWY M) and Information of Stop bar light(TWR R17), HS.
b) Withdrawal of marking for edge line(TWY M).

1.4 YangYang INTL Airport
a) Information of Gangneung DEP frequency.
b) Information of ATS communication facilities scheduled maintenance time(THU→TUE).
c) Withdrawal of TWR frequency(123.15 MHz) and Information of GND frequency(123.15 MHz → 124.3 MHz).

1.5 Wonju Airport
a) Information of ACFT stand safety line, taxilane and TWY ede light.

OFFICE OF CIVIL AVIATION 2 - 1 AIRAC AIP AMDT 11/20

[그림 8-3] 항공정보관리절차(AIRAC)

[표 8-1] AIRAC 주기(2021년 기준)

Amendment Number	Publication Date
1/21	14 JAN 21
2/21	11 FEB 21
3/21	11 MAR 21
4/21	8 APR 21
5/21	6 MAY 21
6/21	3 JUN 21
7/21	1 JUL 21
8/21	29 JUL 21
9/21	26 AUG 21
10/21	23 SEP 21
11/21	21 OCT 21
12/21	18 NOV 21
13/21	16 DEC 21

2. 항공정보간행물의 구성

항공정보간행물은 Part 1 일반사항(General), Part 2 항로(Enroute), Part 3 공항(Aerodrome)의 세 부분으로 구성되며, 이들 각각은 여러 형식의 정보를 포함한 구분 또는 소구분으로 나누어진다. 항공정보간행물은 책자 형태로 발간되며, 전자책(e-AIP)과 인터넷(http://ais.casa.go.kr/)으로도 제공되고 있다.

가. Part 1(General, 일반사항)

항공정보간행물의 일반사항에는 다음과 같은 내용들이 수록되어 있으며 세부 구성은 다음의 표와 같다.

1) 항공정보간행물에 수록되어 있는 항행안전시설, 업무 또는 절차에 대한 소관 기관의 설명
2) 업무 또는 시설의 국제적인 사용에 필요한 일반적인 조건
3) 국가 규정과 관련된 ICAO 규정과의 차이점을 쉽게 구별할 수 있도록 일정한 형식으로 작성한 국가 규정과 ICAO 표준 및 권고 절차와의 주요 차이점에 대한 목록
4) ICAO 표준 및 권고 절차에 대하여 여러 가지 대체 방안이 제시되어 있는 중요한 사항 중에서 국가가 채택한 방안

[표 8-2] 항공정보간행물 Part 1 General 목차

목 차	내 용
GEN 0	서문
GEN 1	국내법 및 구비사항
GEN 2	도표 및 부호
GEN 3	제공되는 업무
GEN 4	공항 및 항행서비스 사용료

나. Part 2(Enroute, 항로)

항공정보간행물의 항로 편에는 항로와 관련된 일반 규칙, 공역, 항공로 구성 및 지도 등이 수록되어 있으며 세부 구성은 다음의 표와 같다.

[표 8-3] 항공정보간행물 Part 2 Enroute 목차

목 차	내 용
ENR 0	서문
ENR 1	일반 규칙 및 절차
ENR 2	항공교통업무 구역
ENR 3	항공로
ENR 4	무선항행 장비/체계
ENR 5	항행 경고
ENR 6	항공로 지도

다. Part 3(Aerodrome, 공항)

항공정보간행물의 공항 편에는 공항에 대한 소개와 함께 민간 항공기가 취항하는 공항(군 공항을 포함한다.)에 대한 세부적인 내용이 수록되어 있으며 세부 구성은 다음의 표와 같다.

[표 8-4] 항공정보간행물 Part 3 Aerodrome 목차

목 차	내 용
AD 0	서문
AD 1	공항 - 소개
AD 2	공항 - 세부내용

제2절 항공고시보

1. 항공고시보 개요

항공고시보(NOTAM : NOtice To AirMan)은 항공업무에 종사하는 사람이 적시에 필수적으로 알아야 하는 항공시설, 항공업무, 비행규정 또는 항공장애의 신설, 상태 또는 변경에 관한 정코를 수록하고 있는 단문의 공고문으로, 불가피한 경우를 제외하고 상황이 발생되기 전에 관련된 정보를 단문의 설명문으로 작성하여 모든 항공종사자에게 신속·정확하게 고시하는 것이 기본적인 목적이며, 항공고시보와 관련된 용어의 정의는 다음과 같다.

가. 제1종 항공고시보(CLASS 1 NOTAM) : 유선 통신망으로 전파하는 항공고시보를 말하며, 일반적으로는 항공고시보라 함은 제1종 항공고시보를 의미한다.

나. 제2종 항공고시보(CLASS 2 NOTAM) : 유선 통신망 이외의 방법(일반적으로 우편을 이용)으로 배포되는 항공고시보를 말한다.

다. 항공고시보실 : 항공고시보의 발행 대상이 되는 사항을 항공고시보 센터에 통보하고, 항공고시보 센터로부터 수신한 항공고시보를 항공업무 종사자에게 전파하는 업무를 담당하는 부서를 말한다.

라. 국제 항공고시보 취급소(NOF, International NOTAM Office) : 항공고시보의 국제적 교환업무를 담당하는 기관으로 외국의 국제 항공고시보 취급소로부터 각 국가의 NOTAM 및 관련 항공정보를 수집하고, 국내의 NOTAM 사항 중 국제적으로 발행할 사항에 대하여 국제적으로 전파할 책임이 있으며, 접수한 국제 NOTAM 및 관련 항공정보를 각 국가별로 정리하여 최신의 정보 상태로 관리한다. 우리나라의 국제 항공고시보 취급소는 대구에 위치한 항공교통본부 공역정보과 산하의 대구 항공정보실이다.

마. 설빙고시보(SNOWTAM, SNOW+NOTAM) : 이동지역 내에 눈, 얼음, 진창 또는 눈, 진창 및 얼음과 결합되어 괴어 있는 물로 인한 장애 상태의 존재 또는 제거에 관한 사항을 일정한 양식을 사용하여 통보하는 특별한 시리즈의 항공고시보를 말한다.

바. 화산재 고시보(ASHTAM, ASH+NOTAM) : 항공기 운항에 중대한 영향을 주는 화산 활동, 화산 분출 및 화산재 구름의 변화에 관한 사항을 일정한 양식에 따라 고시하는 특정 항공고시보 시리즈를 말한다.

2. 항공고시보 종류

가. 신규 항공고시보 : 새로운 내용을 수록한 항공고시보

나. 대체 항공고시보 : 이미 발송된 신규 또는 대체 항공고시보의 완전 대체판으로 작성된 항공고시보

다. 취소 항공고시보 : 이미 발송된 신규 또는 대체 항공고시보를 취소한다는 내용을 수록한 항공고시보

3. 항공고시보 작성 및 발송

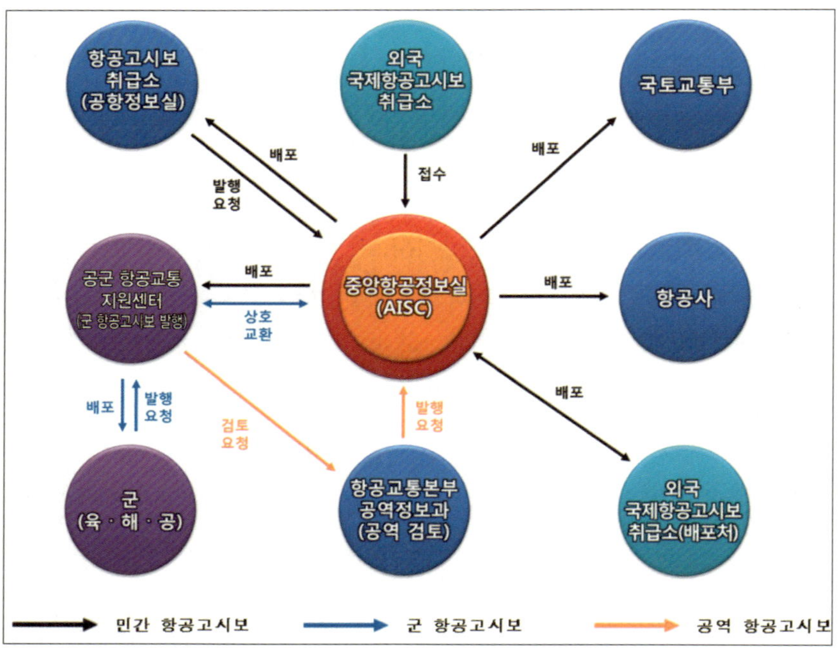

[그림 8-4] 항공고시보 전파망도

가. 항공고시보를 발행할 수 있는 사항

항공 정보업무기관은 다음 각 호의 사항을 포함하여 주요한 정보의 변경에 대하여 항공고시보를 발행하여야 한다.

1) 비행장(헬기장 포함) 또는 활주로의 설치, 폐쇄 또는 운용상 중요한 변경
2) 항공업무(AGA, AIS, ATS, CNS, MET, SAR 등)의 신설, 폐지 및 운영상 중요한 변경
3) 무선항행과 공지통신업무의 운영성능의 중요한 변경, 설치 및 철거
4) 비행장등화시설 중 주요 구성 요소의 운용중지 또는 복구
5) 기동지역내 중요한 결함 또는 장애의 발생 또는 제거
6) 항행에 중요한 장애물을 표시하는 항공장애등의 설치, 철거 또는 복구
7) 항행에 영향을 미치는 장애요소의 발생 (공고된 장소 이외에서의 장애물, 군사훈련, 시범비행, 비행경기, 낙하산 강하를 포함)
8) 비행금지구역, 비행제한구역, 위험구역의 설정, 폐지(발효 또는 해제포함) 또는 상태의 변경 등

나. 항공고시보를 발행할 수 없는 사항

항공정보업무기관은 비행장 또는 헬기장, 그 인근과 이러한 곳의 운용 상 태에 영향을 미치지 않는 다음 각 호의 사항에 대해서는 항공고시보로 발행하여서는 아니 된다.

1) 항공기의 안전이동에 영향을 미치지 않는 에이프런 및 유도로의 일상적인 보수작업
2) 다른 활주로를 이용하여 항공기를 안전하게 운항할 수 있거나 또는 필요한 경우 작업장비를 제거시킬 수 있는 활주로 표지작업
3) 항공기 안전운항에 영향을 미치지 않는 비행장(헬기장 포함) 주위의 일시적인 장애물
4) 항공기운항에 직접적으로 영향이 없는 비행장(헬기장 포함) 등화시설 등의 부분적인 고장 등

다. 항공고시보 발행

1) 항공정보업무기관은 3개월을 초과하지 않는 단기간의 일시적인 성격 또는 AIP에 포함되지만 즉시 배포가 필요한 운용상 중요한 영구적 변경사항에 대해서는 항공고시보로 발행하여야 하며, 인터넷(http://aim.koca.go.kr/xNotam/)에서도 검색이 가능하다.
2) 항공정보업무기관은 3개월을 초과하거나 장문의 내용 또는 다수의 그림을 포함하는 단기간의 정보는 AIP 보충판으로 발간하여야 한다.
3) 항공정보업무기관은 항공고시보로 발행된 AIP의 일시적인 변경사항이 의도하지 않게

3개월을 초과할 경우에는 신규 또는 대체 항공고시보로 발행하여야 한다.

4) 항공안전시설이나 장비의 갑작스런 운영중단이나 그 밖에 이에 준하는 사항이 발생한 경우에는 즉시 항공고시보를 발행한다.

5) 공역 설정 및 제한에 관한 사항은 긴급한 경우를 제외하고는 최소한 7일 이전에 항공고시보를 발행하여야 한다. 다만, 대규모 군사 훈련외의 훈련을 위하여 일시적으로 공역을 제한하는 경우에는 최소한 3일(72시간) 전까지 항공고시보를 발행하여야 한다. 또한, 훈련의 취소, 시간 축소 또는 공역의 규모 축소에 관한 사항은 가능한 한 24시간 전에 신속히 항공고시보를 발행하여야 한다.

4. 항공고시보 작성법

```
NOTAM NO. D0069/21

GG RKZZNAXX
150622 RKRRYNYX
(D0069/21 NOTAMN
Q)RKRR/QRRCA/IV/BO/W/000/500/3627N13012E033
A)RKRR B)2101242300 C)2101290900
D)2300-0900
E)RESTRICTED AREA RK R74 ACT
F)SFC G)FL500)
```

[그림 8-5] 항공고시보(NOTAM)의 예

가. 일반사항

모든 항공고시보는 가능한 한 간결하여야 하며, 수신자가 그 의미를 명확히 해석할 수 있는 문장으로 작성해야 한다. 각 항공고시보는 가능한 한 1개의 주제만이 서술되도록 작성하여야 한다. 여기에서 1개의 주제만 서술하여야 한다는 것은 1개 주어당 1개 술어(하나의 조건만을 기술하는 표현)만으로 문장을 작성함으로써 평이한 해석이 가능해야 한다는 의미이다.

[표 8-5] 항공고시보 전문

<table>
<tr><th colspan="2">내 용</th></tr>
<tr><td colspan="2">R-79 제한공역이 2001년 4월 3일, 7일, 12일 및 24일에는 매일 07:00부터 15:00까지 지표면에서부터 40,000ft까지 유효하고, 2001년 4월 19일 및 20일에는 매일 07:30부터 15:00까지 30,000ft까지 유효하다는 항공고시보를 발송할 경우 다음과 같이 2개의 전문으로 분리 작성하여야 한다.</td></tr>
<tr><td>전문 1(본문부만 포함)</td><td>전문 2(본문부만 포함)</td></tr>
<tr><td>A) RKRR
B) 0104030700
C) 0104241500
D) 0700/1500 03 07 12 24 APR
E) R-79 QRRCA
F) SFC
G) FL400
)</td><td>A) RKRR
B) 0104190730
C) 0104201500
D) 0730/1500 19 20 APR
E) R-79 QRRCA
F) SFC
G) FL300
)</td></tr>
</table>

나. 항공고시보 분류 및 전문 형식

1) 항공고시보 분류

항공고시보는 메시지 내용에 따라 신규 내용을 수록한 신규 항공고시보(NOTAMN)와 이미 발송된 신규 또는 대체 항공고시보의 완전 대체판으로 작성된 대체 항공고시보(NOTAMR)와 이미 발송된 신규 또는 대체 항공고시보를 취소한다는 내용을 수록한 취소 항공고시보(NOTAMC)로 분류한다. 단, 대체 또는 취소 항공고시보인 경우에는 대체 또는 취소될 원 항공고시보(이전에 발송된 신규 또는 대체 항공고시보)의 항공고시보 번호가 반드시 추가되어야 한다.

참 고

NOTAMN : 신규 NOTAM이라는 의미로 N(New)를 사용
NOTAMR : 대체 NOTAM이라는 의미로 R(Replace)를 사용
NOTAMC : 취소 NOTAM이라는 의미로 C(Cancel)를 사용

2) 항공고시보 일련번호

항공고시보 일련번호는 매년 1월 1일 00:00 UTC를 기준으로 다음 각 호의 시리즈 영문자(1자) 다음에 0001(4자리)부터 사용하고, 년도는 일련번호 다음에 '/' 후 당해 연도 네 자리 숫자 중 끝에서 두 자리를 사용한다.

- A : 국제배포용
- C : 국내배포용(공항 및 기타)
- D : 국내배포용(공역관련)
- G : GPS 관련 국제배포용
- H : GPS 관련 국내배포용

3) 항공고시보 전문 형식

모든 항공고시보는 12개 구성 요소 중 메시지의 종류(신규, 대체, 취소)에 따라 필수 항목만을 포함하는 형식으로 작성되며, 항목별 포함 순서는 엄격히 준수되어야 한다.

```
GG RKZZNAXX
100852 RKRRYNYX
(C2658/20 NOTAMN
Q)RKRR/QMHAS/IV/NBO/A/000/999/3702N12753E005
A)RKTI B)2008110630 C)2008110830
E)DEP END OF RWY 36R ARRESTING GEAR(BAK-14) U/S DUE TO WIP)
```

항목	내용
NOTAM번호	C2658/20신규
비행정보구역	인천비행정보구역(RKRR)
QCODE	활주로 제동장치(활주로) 이용할 수 없음(QMHAS)
비행방식	계기비행(IFR) 및 시계비행(VFR)
목적	즉각주의필요, PIB포함, 항공기운항
적용범위	비행장
고도	지표면 ~ 무한대
지리참조기준점(위치)	[북위]37도02분 [동경]127도53분
반경	5마일
A항목(지명)	중원 비행장(RKTI)
B항목(발효일시)	국제표준시 20년08월11일06시30분(한국표준시 20년08월11일15시30분)
C항목(종료일시)	국제표준시 20년08월11일08시30분(한국표준시 20년08월11일17시30분)
D항목(일정)	
E항목(NOTAM 본문)	DEP END OF RWY 36R ARRESTING GEAR(BAK-14) U/S DUE TO WIP
F항목(하한)	
G항목(상한)	

[그림 8-6] 민간 항공고시보 전문 예(공항 관련 국내용 신규)

```
GG RKZZNAXX
100431 RKRRYNYX
(D2407/20 NOTAMR D2303/20
Q)RKRR/QRRCA/IV/BO/W/000/005/3453N12857E004
A)RKRR B)2008100423 C)2008141300
D)10 0423-0900 2300-2359, 11 12 0000-0900 2300-2359, 13 0000-1300
2300-2359, 14 0000-1300
E)RESTRICTED AREA RK R100 ACT
F)SFC G)500FT AMSL)
```

항목	내용
NOTAM번호	D2407/20대체 D2303/20
비행정보구역	인천비행정보구역(RKRR)
QCODE	제한구역 활성화(QRRCA)
비행방식	계기비행(IFR) 및 시계비행(VFR)
목적	PIB포함, 항공기운항
적용범위	항행경고
고도	지표면 ~ 500FT
지리참조기준점(위치)	[북위]34도53분 [동경]128도57분
반경	4마일
A항목(지명)	인천비행정보구역(RKRR)
B항목(발효일시)	국제표준시 20년08월10일04시23분(한국표준시 20년08월10일13시23분)
C항목(종료일시)	국제표준시 20년08월14일13시00분(한국표준시 20년08월14일22시00분)

D항목(일정)	국제표준시(UTC)	한국표준시(KST)
	20년08월10일 04:23-09:00	20년08월10일 13:23-18:00
	20년08월10일 23:00-23:59	20년08월11일 08:00-08:59
	20년08월11일 00:00-09:00	20년08월11일 09:00-18:00
	20년08월11일 23:00-23:59	20년08월12일 08:00-08:59

항목	내용
E항목(NOTAM 본문)	RESTRICTED AREA RK R100 ACT
F항목(하한)	지표면(SFC)
G항목(상한)	500FT AMSL

[그림 8-7] 민간 항공고시보 전문 예(공역 관련 국내용 대체)

- 항공고시보를 발행하는 경우에는 다섯개 문자로 표현된 항공고시보 부호집합을 사용하여야 하며, 부호집합의 첫 번째 문자는 항상 문자 Q를 사용하여야 한다.
- 항공고시보를 발행하고자 할 때는 항공고시보의 둘째와 셋째문자는 관련 규정에서 정한 주제부호를, 넷째 및 다섯째 문자도 관련 규정에서 정한 주제의 상태를 나타내는 술어부호를 사용하여야 한다.

[표 8-6] NOTAM 코드와 의미(예)

NOTAM 코드-둘째와 셋째 문자			NOTAM 코드-넷째와 다섯째 문자		
코드	의미	약어	코드	의미	약어
LB	비행장 등대	abn	AC	정비를 위한 철거	withdrawn maint
LF	활주로등	redl	AD	주간에 이용 가능	avbl day ops
MR	활주로	rwy	AK	운용 재개	okay
MX	유도로	twy	AU	이용할 수 없는	not avbl
FA	비행장	ad	CA	활성화	act
AC	관제권	ctr	CH	변경된	changed
SA	공항정보방송시설	atis	CN	취소된	cnl
SP	접근관제업무	app	CO	운영하는	opr
CP	정밀 접근 레이다	par	HA	제동상태	ba is
IC	계기착륙시설	ils	HL	제설작업 완료	sn clr cmpl
NM	전방향표지시설	vor/dme	HV	작업완료	work cmpl
RM	군훈련공역	moa	LC	폐쇄	clsd
WE	훈련	exer	LP	금지된	prohibited to
OA	항공정보업무	ais	XX	평문	

- 항공고시보를 발행할 때는 나타내고자 하는 주제의 부호조합이 항공고시보 부호 목록표에 없는 경우에는 둘째 및 셋째문자와 넷째 및 다섯째 문자에 각각 "XX"를 사용하여야 한다.
- 항공고시보를 발행할 때 동시에 1가지 이상의 주제에 관한 정보를 표시하고자 하는 경우에는 가장 중요한 주제의 부호를 사용하여야 한다.

제3절 비행계획서 처리절차

1. 비행계획서 처리업무 절차

가. 비행계획서 제출

1) 출발 전 비행계획 제출

- 조종사는 항공기가 출발하기 120시간 전부터 1시간 전까지 출발 공항의 항공정보실에 비행계획서를 제출해야 한다. 다만 비행계획서를 항공기가 출발하기 24시간 이전에 제출하는 경우에는 비행 시작일을 비행계획서에 기입하여야 한다. 출발 공항에 항공정보실이나 항공교통관제기관이 없을 경우에는 그 공항을 관할하는 부서 또는 인접 항공교통관제기관에 무선 통신이나 기타 가능한 통신 수단을 이용하여 비행계획서를 제출하여야 하며, 비행계획서 제출 지연으로 발생하는 모든 책임은 조종사에게 있다.
- 공항 비행정보실 또는 비행계획서 접수 부서는 늦어도 항공기 출발 예정 시간 30분 전까지는 항공교통센터에 비행계획서를 통보해야 하며, 이러한 비행계획서 통보 지연으로 인해 발생하는 모든 문제는 출발 공항 비행정보실 또는 비행계획서 최초 접수부서에 그 책임이 있다.
- 출발 공항 비행정보실은 조종사가 제출한 비행계획서의 출발 시간이 IFR 항공기의 경우 30분, VFR 항공기의 경우 1시간 이상 지연되거나 지연이 예상되면 조종사로 하여금 비행계획서를 취소하도록 하고, 비행을 하고자 할 때는 다시 비행계획서를 제출하도록 해야 한다.

2) 이륙 후 비행계획 제출

출발 전 비행계획을 제출하지 못한 항공기는 비행 중에 인근 관제 기관에 공지 통신을 이용하여 직접 또는 간접(중계)으로 비행계획을 제출할 수 있다. 이때 비행계획을 접수한 관제 부서는 접수된 비행계획을 즉시 항공교통센터에 통보하여야 한다.

나. 비행 중 비행계획 변경

1) 계기비행을 시계비행으로 변경할 경우, 조종사가 계기비행을 취소하는 의미로 간주하며, 어떠한 경우라도 조종사가 계기비행계획 취소와 함께 시계비행계획으로 변경한다는 의사 표시가 명확하지 않으면 이를 허가할 수 없다. 비행계획 변경허가를 발부할 때는 조종사로부터 계기비행 취소 시간을 반드시 접수하여 기록하여야 한다.

2) 항공교통관제기관에서 비행로의 기상이 계기비행 기상상태임을 알고 있을 때 조종사가 비행계획을 변경하고자 하면 반드시 기상상태에 대한 조언을 하여야 한다. 비행계획 변경에 대한 정보를 접수한 항공교통관제기관은 해당 항공기의 비행과 관련된 항공교통관제기관에 비행계획의 변경 사항을 즉시 통보하여야 한다.

3) 시계비행에서 계기비행으로 변경할 경우, 비행계획서가 사전에 제출되어 있으면 관련 관제 기관과 공지 통신 교신만으로 가능하다. 비행계획서가 사전에 제출되지 않았을 경우에는 이륙 후 비행계획 제출에 따라 비행계획서를 제출하여야 한다.

다. 비행계획서 처리 및 통보

1) 비행계획서 처리

출발 공항의 비행정보실에 제출된 비행계획서 중 시계비행계획서 및 국외로 비행하는 계기비행계획서는 항공교통센터 비행정보실에서 접수되어 처리되고, 계기비행계획서는 항공교통센터 레이다 관제실에 접수되어 항공교통관제허가가 발부된다. 출발 공항과 항공정보실의 비행자료 단말기(FDT : Flight Data Terminal)가 고장났을 경우에는 유선 통신망을 이용하여 모든 비행계획서를 항공교통센터 비행정보실로 직접 통보한다.

2) 출발 시간 통보

출발 공항의 비행정보실은 항공기 출발 후 즉시 항공기의 출발 시간을 항공교통관제기구(접근관제소와 항공교통센터)에 통보하여야 한다. 출발 공항에 항공정보실이 없는 비행장이나 헬기장에서 출발하는 항공기에 대한 이륙 시간은 조종사가 이륙 시간을 보고하지 않을 경우 출발 예정 시간을 출발 시간으로 간주한다.

3) 도착 시간 통보

도착 공항의 항공정보실은 항공기의 도착 시간을 항공기 도착 후 즉시 항공교통센터에 통보하여야 한다. 도착 지연 항공기의 도착 시간은 지체 없이 통보해야 하며, 항공교통센터는 출발 공항 항공정보실에서 도착 시간을 요구하면 이를 통보한다. 착륙 공항의 항공정보실이나 항공교통관제기관이 없을 경우, 통보받은 관제 기관은 항공교통센터에 이를 통보하고 착륙 예정 시간을 착륙 시간으로 간주한다.

4) 비행계획 취소

항공기가 목적 공항에 착륙하였거나 중간 착륙 공항에서 비행계획서에 명시된 예정 체류 시간보다 1시간 이상 지연될 경우, 자동으로 비행계획이 종료(Clsoed)된 것으로 간주한다. 해당 공항에서 종료된 비행계획으로 비행하고자 할 때는 비행계획서를 다시 제출하도록 해야 한다.

2. 관제기구 간 비행계획 협조 절차

가. 항공교통센터(ATC)와 레이다 접근관제소(RAPCON) 간의 정보 협조

1) 레이다 접근관제소(RAPCON)는 관제 중인 항공기에 대한 항공교통 정보(Traffic Information)를 아래 내용을 포함하여 항공교통센터(ATC)에 신속히 제공한다.

- 레이다 접근관제소에서 이용하고 있는 체공픽스의 최저체공고도

- 픽스(Fix) 도착 시간이 도착 예정 시간보다 3분 이상 변경되었을 경우, 변경된 도착 예정 시간
- 계기비행 취소 항공기의 계기비행 취소 시간
- 실패접근 및 미도착 항공기에 대한 정보
- 항공기 이륙 시간

2) 항공교통센터(ATC)는 관제 중인 항공기에 대한 항공교통 정보(Traffic Information)를 아래 내용을 포함하여 레이다 접근관제소(RAPCON)에 신속히 제공한다.

- 항공기 호출부호, 항공기 기종, 출발 공항
- 도착 공항의 도착 예정 시간 및 고도와 이양 지점 도착 예정 시간(도착 항공기에 대한 정보는 늦어도 픽스 도착 예정 시간 15분 전에 통보하며 통보된 내용의 변동 사항이 발생하면 수시로 수정 조치한다.)

나. 레이다 접근관제소(RAPCON)와 공항 관제탑(TOWER) 간의 정보 협조

1) 관제탑(TOWER)에서 레이다 접근관제소(RAPCON)에 통보할 정보

- 이륙 시간
- 도착 항공기와 교신된 시간이나 항공기를 육안으로 식별했을 때, 그리고 착륙이 가능할 것인지의 여부
- 미도착 및 미보고 항공기에 대한 사항
- 실패접근 항공기에 대한 사항
- 접근관제소와 관계되는 국지 교통(Local Traffic) 사항

2) 레이다 접근관제소(RAPCON)에서 관제탑(TOWER)에 통보할 정보

- 도착 예정 시간과 비행고도를 도착 예정 시간 15분 전에 통보해야 한다.
- 관제탑에 이양된 항공기에 관한 사항
- 교통량의 복잡으로 인해 출발 지연이 예상되는 사항

3. 공항 코드(Airport Codes)

가. ICAO 지명부호는 공항코드(Airport Codes)라고도 불리며, 국제민간항공기구(ICAO)에서 전 세계 공항코드를 알파벳 네 글자로 표현한 것을 말하며, 이는 ICAO Doc 7910 “Location Indicators”에 명시되어 있다. 네 자리로 구성되는 ICAO 공항코드는 비행계

회서 상 출발·목적 공항을 표기하는데 주로 사용되는데 ICAO 공항코드는 알파벳에 지리적 규칙을 적용하고 있다.

나. 예를 들면 우리나라 인천공항의 ICAO 공항코드는 'RKSI'이며, 첫 번째 글자인 'R'은 North East Pacific(북동태평양)을 의미하고 'K'는 Korea(대한민국)을 의미하며 'S'는 수도권지역을 의미하고 마지막 'I'는 알파벳 순으로 붙인 글자로 인천을 의미한다. 참고로 일본은 같은 북동태평양 지역에 위치하므로 첫 번째 알파벳은 'R'이고, 두 번째 알파벳은 일본을 의미하는 'J'을 사용하여 나타내는데 도쿄의 ICAO 공항코드는 'RJTT'가 된다.

[표 8-7] 우리나라 공항들의 ICAO 공항코드 표기 규칙

부호	지 역	공 항
RKS?	서울, 인천, 경기도 등 수도권 지역	RKSI(인천), RKSS(김포), RKSM(서울)
RKN?	강원도 지역	RKNY(양양), RKNW(원주)
RKT?	대구/경북, 충청도 지역	RKTU(청주), RKTN(대구), RKTH(포항), RKTL(울진)
RKJ?	광주/전라도 지역	RKJJ(광주), RKJK(군산), RKJY(여수), RKJB(무안)
RKP?	제주, 부산/경남 지역	RKPC(제주), RKPK(김해), RKPS(사천) RKPU(울산), RKPD(정석)

다. 이와 반면에 국제항공운송기구(IATA)에서는 지역의 명칭을 함축하여 사용하는 국가 코드(두 자리 : KR, JP, CN 등), 도시 코드(세 자리 : SEL, ICN, TAE 등), 항공사 코드(세 자리 : KAL, AAR, JAL 등 항공사 구분, 두 자리 : KE, OZ 등 항공사 편명) 등을 사용하고 있다.

제4절 계기비행허가서 및 비행진행쪽지

1. 계기비행허가서(ATC Clearance)

계기비행허가서는 가능한 명확하고 간결해야 하고 표준방식으로 표현되어야 하는데, 그 내용은 다음과 같다.

가. 비행계획서 상의 항공기 식별부호

나. 허가 한계점

다. 비행로

라. 비행고도

마. 필요시 출발절차, 통신 및 허가의 시효 등에 관한 지시나 정보

[표 8-8] 계기비행허가서 비행진행쪽지(Strip)

1 2	3	6	8 10	9 11	13		
	4				14		
	5	7	12				

[표 8-9] 계기비행허가서 비행진행쪽지 항목별 정보 기록

구분	정보 기록
1.	항공기 식별 부호(Aircraft Call sign)
2.	항공기 종류(Type of Aircraft)
3.	비컨 코드(Beacon Code)
4.	이륙예정시간(ETD : Estimated Time of Departure)
5.	조종사 요구 비행고도
6.	목적 공항(Destination)
7.	방송 시간 : 지상관제사 또는 허가중계 관제사가 조종사에게 허가서를 중계한 시간

구분	정보 기록
8.	허가 한계점(Clearance Limit) : 허가 한계점은 적절한 보고지점, 비행장, 관제공역 경계의 명칭을 부여하여 묘사된다.
9.	표준계기출발절차(SID : Standard Instrument Departure) : 공항의 ATC 출발절차로, SID를 원하지 않을 때는 비행계획서의 비고란에 "No SID"를 명시한다.
10.	비행로(Route) : 필요하다고 판단되는 경우, 각 관제허가에 비행로가 상세히 포함되어야 한다. "Cleared Via Flight Planned Route"는 관련 비행경로에 대하여 명확하고 상세히 서술되어지고 관련 비행경로나 비행구간들이 비행계획에 제출된 것과 동일한 경우에 사용할 수 있다.
11.	고도(Altitude)
12.	출발 주파수(Departure Frequency)
13.	실제 이륙시간(ATD : Actual Time of Departure)
14.	접근관제소 관제사 약명 / 관제탑 관제사 약명

2. 비행진행쪽지(Strip)

가. 일반사항

1) 항공교통관제 업무에 필요한 허가 및 항공교통에 관한 최신 자료의 전시를 위하여 비행진행쪽지(Strip)를 사용하여야 하며, 수기로 기록한 자료의 판독 오류 방지를 위하여 표준 필기체 또는 인쇄체를 사용하여야 한다.

2) 관제 업무에 더 이상 필요치 않은 비행진행쪽지는 제거하고, 필요한 최신 자료만을 유지한다. 다음과 같이 교정, 수정 또는 정보를 사전에 준비한다.

- 어떤 항목도 지우거나 그 위에 다시 쓰면 안 된다. "상승 · 강하 및 유지 화살표", 위 · 아래 표식, 순항고도 및 오류 고도 정보를 취소하기 위해서는 "X"표를 사용하여야 한다. 같은 칸의 구(舊) 정보 바로 옆에 새로운 고도 정보를 즉시 기입하여야 한다. 그 밖의 다른 내용은 수평으로 줄을 긋고 새로운 정보를 같은 칸의 기존 내용 바로 옆에 써 준다.
- 항공기가 고도를 떠났다고(Mode C에 의하여 나타난 것도 포함) 보고하거나 그 고도를 떠난 것이 확인될 때까지 변경되는 고도에 줄을 그어서는 안 된다.

3) 수기로 작성되는 비행진행쪽지 자동자료처리장치의 기록 양식과 일치하도록 하여야 하며, 수기에 의한 비행 정보 기입 절차는 동시에 자동비행정보 처리 양식으로 운영 전환할 수 있도록 하여야 한다.

4) 고도 정보는 시설별 운영내규로 별도로 정한 경우, 1,000ft 단위 즉 5,000ft는 5로,

2,800ft는 2.8로 기록할 수 있다.

5) 수기로 작성한 비행진행쪽지 활자 부분의 'S'의 밑줄과 숫자 0의 사선은 표기가 없어서 오해를 불러일으킬 수 있는 이유가 있을 때만 필요하다. 숫자 0의 사선은 모든 기상자료에 필요하다.

나. 스트립 작성법

각 접근관제소/관제탑/비행정보실 등 관제시설에서는 시설 내 운영내규에 명시된 양식 및 절차대로 비행진행쪽지를 작성한다.

1) 도착 항공기 비행진행쪽지 작성

도착 항공기의 비행진행쪽지 각 란은 비행진행 정보와 일치되도록 표기하여야 한다. 시설 관리자는 오해의 소지가 없다면 생략항목 또는 2A, 8A, 8B, 9A, 9B, 9C 및 10~18번 란의 임의사용을 허가할 수 있으며, 이 경우 생략항목 또는 임의사용에 관한 사항은 시설별 운영내규에 따른다.

[표 8-10] 도착 항공기 비행진행쪽지(노란색)

<table>
<tr><td rowspan="3">1
2
3
4</td><td rowspan="3">2A</td><td>5</td><td rowspan="3">8
8A
8B</td><td rowspan="3">9
9A</td><td rowspan="3">9B
9C</td><td>10</td><td>11</td><td>12</td></tr>
<tr><td>6</td><td>13</td><td>14</td><td>15</td></tr>
<tr><td>7</td><td>16</td><td>17</td><td>18</td></tr>
</table>

2) 출발 항공기 비행진행쪽지 작성

출발 항공기의 비행진행쪽지 각 란은 비행진행 정보와 일치되도록 표기하여야 한다. 또한, 도착 항공기 비행진행쪽지와 작성법과 마찬가지로 생략항목 또는 임의사용에 관한 사항은 시설별 운영내규에 따른다.

[표 8-11] 출발 항공기 비행진행쪽지(녹색)

<table>
<tr><td rowspan="3">1
2
3
4</td><td rowspan="3">2A</td><td>5</td><td rowspan="3">8
8A
8B</td><td rowspan="3">9
9A</td><td rowspan="3">9B
9C</td><td>10</td><td>11</td><td>12</td></tr>
<tr><td>6</td><td>13</td><td>14</td><td>15</td></tr>
<tr><td>7</td><td>16</td><td>17</td><td>18</td></tr>
</table>

3) 통과 항공기 비행진행쪽지 작성

통과 항공기의 비행진행쪽지 각 란은 비행진행 정보와 일치되도록 표기하여야 한다. 또한, 도착 항공기 비행진행쪽지와 작성법과 마찬가지로 생략항목 또는 임의사용에 관한 사항은 시설별 운영내규에 따른다.

[표 8-12] 통과 항공기 비행진행쪽지(노란색)

<table>
<tr><td rowspan="3">1
2 2A
3
4</td><td>5</td><td rowspan="3">8
8A
8B</td><td rowspan="3">9 9B

9A 9C</td><td>10</td><td>11</td><td>12</td></tr>
<tr><td>6</td><td>13</td><td>14</td><td>15</td></tr>
<tr><td>7</td><td>16</td><td>17</td><td>18</td></tr>
</table>

제5절 항공로 지도

1. 용어의 정의

가. 항공교통업무 비행로(ATS Route)

항공교통업무제공을 위해 필요하며, 항공기의 원활한 소통을 목적으로 설정한 항로로, 조언 항로, 관제 항공로, 비관제 항공로 및 도착 비행로, 출발 비행로 등을 말한다.

나. 지역항법 비행로(RNAV Route)

지상 또는 위성 항행안전시설의 운용 범위 내에서 자체 탑재된 항법 장비의 성능 한계 내 또는 이들을 동시에 이용하여 원하는 어떠한 비행 경로로도 항공기의 운항을 가능하게 하는 능력을 갖춘 항공기가 사용하도록 설정된 ATS 비행로를 말한다.

다. 항공로(Enroute)

1) 항공로는 항공기, 경량항공기 또는 초경량비행장치의 항행에 적합하다고 지정한 지구의 표면상에 표시한 공간의 길을 말하는데, ICAO 부속서 11(Air Traffic Service)에서는 '회랑 형태로 설치한 관제구 또는 그 일부, 항공교통업무의 제공이 필요하여 설정한 길

(route)'로 정의하고 있다. 즉, 항공로는 항공기의 항행에 적합한 공중의 통로로 항공교통업무를 제공할 책임이 있는 공역을 말한다.

2) 항공로를 지정하기 위해서는 항공로의 방향, 구간별 거리, 최저 고도 등을 지정하는 복잡한 과정을 거쳐 항공로를 설계하고 비행 점검을 실시하여야 한다. 또는 항공로를 설정하기 위해서는 공역실무위원회의 안건으로 상정하여 심의 · 의결한 후, 공역위원회의 최종 심의 · 의결을 거친 후에 최종적으로 ICAO 아시아 · 태평양 지역 사무소와 협의를 거쳐 항공로의 명칭이 지정되어야만 항공로 설정이 완료된다. 명칭이 지정된 항공로는 관련 법률에 따라 항공정보간행물(AIP)에 고시함으로써 정식으로 사용된다.

2. 항공로 명칭 부여 기준

항공로의 명칭은 항공교통업무기준에 따라 그 명칭을 지정하게 된다. 기본적으로 항공로 명칭은 한 개의 알파벳 대문자와 1~3자리의 숫자(1~999까지)로 구성되며, 아래의 세부 기준에 따라 지정된다.

[표 8-13] 항공로 명칭(접두문자)

항공로 문자	구 분
A/B/G/R	지역 ATS 항공로망(Regional Networks of ATS routes)에 포함되는 항공로로서 RNAV 항공로가 아닌 것 (예, A586, G597, B576 등 국제 항공로)
L/M/N/P	지역 ATS 항공로망(Regional Networks of ATS routes)에 포함되는 RNAV 항공로 (예, L512 등 국제 RNAV 항공로)
H/J/V/W	지역 ATS 항공로망(Regional Networks of ATS routes)에 포함되지 않고 RNAV 항공로가 아닌 항공로 (예, V11, W61 등 국내 항공로)
Q/T/Y/Z	지역 ATS 항공로망(Regional Networks of ATS routes)에 포함되지 않는 RNAV 항공로 (예, Y711, Z51 등 국내 RNAV 항공로)

참 고

지역 ATS 항공로망(Regional Networks of ATS Routes)이란 전 세계를 운항하는 항공로를 구성하기 위해 ICAO의 각 지역사무소에서 구성한 지역 ATS Route를 말하는데, 국제항공로와 동일한 의미로 사용된다.

3. 항공로 설정 현황

가. 우리나라 항공로는 국제 항공로 11개, 국내 항공로 40개 등 총 51개가 있으며, 각 항공로의 폭은 약 8~50마일(15~90km)이며, 51개의 항공로 중 지상 항행안전시설을 이용하여 설정된 항공로는 18개이며, RNAV 항공로는 33개이며, 대부분 RNAV2 항공로이다.

참 고

RNAV는 지역항법(Regional NAVigation)의 약자로, 뒤의 숫자는 항행 정밀도를 의미한다. RNAV2는 총 비행시간의 95% 이상을 비행 경로 중심으로 좌 · 우 2마일 이내로 비행할 수 있는 항행 정밀도가 요구됨을 의미하며, RNAV2 항공로를 비행하고자 하는 경우에는 해당 항공기가 RNAV2 항공로를 비행하는데 필요한 성능을 충족하는 항법장비(DME/DME, DME/DME/IRU, GNSS)을 구비한 경우에만 비행이 가능하다.

나. 우리나라 항공로의 대부분은 지상 항행안전시설인 VORTAC을 이용하여 설정되어 있으며, TACAN을 이용하여 설정된 항공로는 1개(W45) 뿐이다.

다. 항공로의 폭은 ICAO 기준에 따라 중심선 좌 · 우 5마일(총 10마일)을 적용하고 있으며, 기준을 충족하지 못하는 항공로에 대해 설계 방식 및 장애물 검토 기준을 강화하여 중심선 좌 · 우 4마일(총 8마일)을 적용하는 경우도 있다. 대양 항공로(A593, B332, B467)는 중심선 좌 · 우 25마일(총 50마일)을 적용한다.

[표 8-14] 항공로 현황(총 51개)

구 분	국제 항공로(11개)	국내 항공로(40개)
VORTAC 항로 (항공교통업무 비행로 : 18개)	A582, A586, A593, A595, B332, B467, B576, G339, G585, G597	V11, V543. V547, V549, W45, W61, W62, W66
RNAV 항로 (지역항법 비행로 : 33개)	L512	Y233, Y253, Y437, Y579, Y644, Y655, Y657, Y659, Y677, Y685, Y697, Y711, Y722, Y744, Y781, Y782, Z50, Z51, Z52, Z53, Z54, Z55, Z56, Z57, Z63, Z81, Z82, Z83, Z84, Z85, Z86, Z91

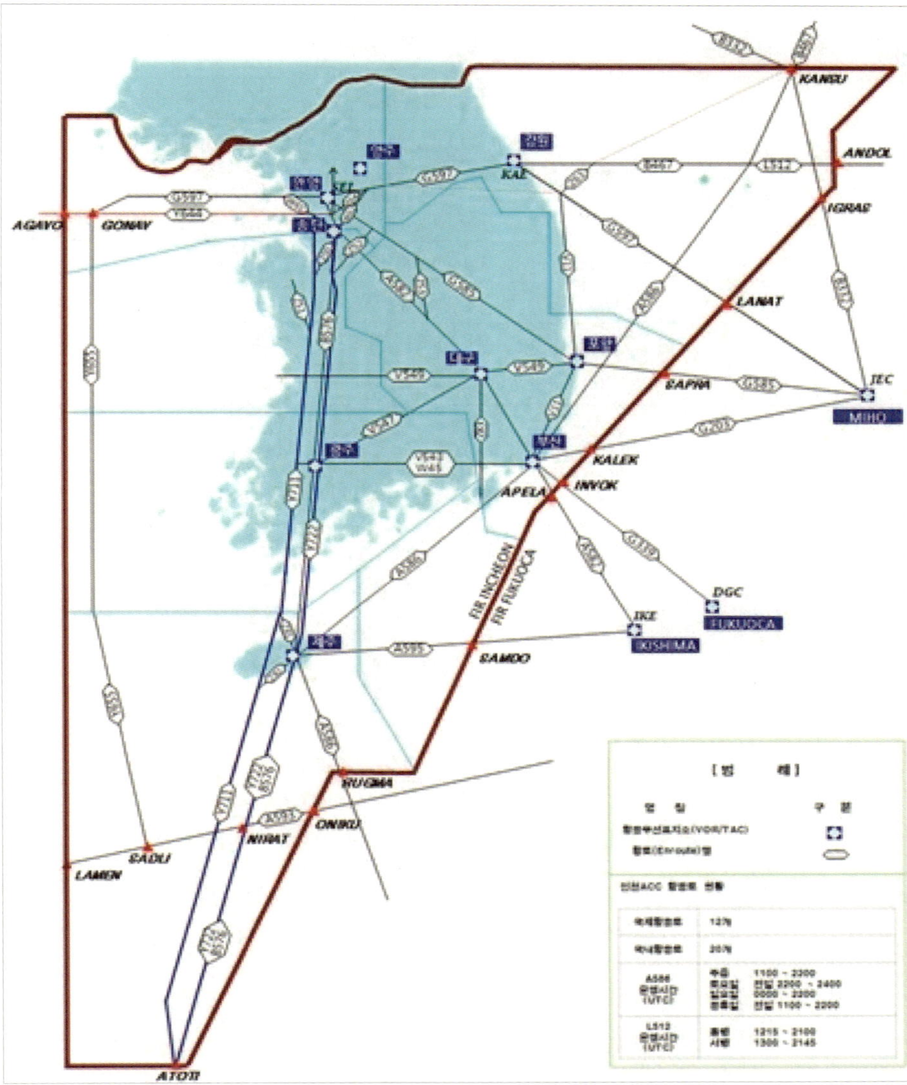

[그림 8-8] 항공로 설정 현황

4. 항공로 고도 배정 방법

항공로 비행 시 고도 배정은 크게 북쪽방향(0°~179°)으로 비행할 때와 남쪽방향(180°~359°)으로 비행할 때를 기준으로 VFR, IFR 비행방식에 따라 고도 29,000ft를 기준으로 하여 고도를 배정하며, 세부적인 내용은 다음 표와 같다.

[표 8-15] 항공로 고도 배정 방법

비행방향	비행방식	고 도
0°~179° (홀수 고도)	VFR	FL290 미만 : 1,000ft 홀수배 + 500ft(3,500ft부터)
		FL290 이상 : 30,000ft & 30,000ft + 4,000ft 배수
	IFR	FL290 미만 : 2,000ft 간격의 홀수 고도 배정
		FL290 이상 : 29,000ft & 29,000ft + 4,000ft 배수
180°~359° (짝수 고도)	VFR	FL290 미만 : 1,000ft 짝수배 + 500ft(4,500ft부터)
		FL290 이상 : 32,000ft & 32,000ft + 4,000ft 배수
	IFR	FL290 미만 : 2,000ft 간격의 짝수 고도 배정
		FL290 이상 : 31,000ft & 31,000ft + 4,000ft 배수

제9장 공항교통관제

제1절 일반사항

1. 업무 수행

관제사가 관측하였거나 인지한 교통상황 및 공항상태를 근거로 항공교통관제(ATC) 업무를 제공하여야 한다.

2. 사용 활주로의 이용

사용 중인 활주로 상에서 운행에 대한 일차적인 책임은 국지관제사에게 있다. 국지관제사는 해당 활주로 사용을 완전히 통제하여야 하며, 다음과 같이 적극적인 협조와 통제가 이루어져야 한다.

가. '사용 활주로'는 특정 시간에 공항에 이·착륙하려는 항공기의 유형에 따라 가장 적합하다고 공항 관제탑에 의해 판단된 활주로를 말한다.

나. 일반적으로 항공기 안전, 활주로 배치, 기상 상태 및 이용 가능한 계기접근절차 또는 항공교통상황으로 인하여 다른 방향의 활주로 사용이 더 적합한 경우가 아니라면 항공기는

바람 방향 쪽으로 이 · 착륙한다. 하지만 사용 활주로를 선택하는데 있어서 공항관제업무를 제공하는 기관은 지표 풍향 · 풍속 외에도 공항교통 장주, 활주로 길이 및 이용되는 접근 및 착륙 보조시설 등과 같은 다른 관련된 요인들도 고려하여야 한다.

다. 사용 활주로가 항공기 운항에 적합하다고 판단되지 않을 경우, 조종사는 다른 활주로 사용 허가를 요청하고, 상황이 허락할 때 허가하여야 한다.

라. 지상관제사는 항공기 또는 차량이 사용 활주로의 특정 지역을 이용하거나 횡단을 요청할 경우에는 이를 허가하기 전에 국지관제사로부터 허가를 얻어야 한다.

마. 국지관제사는 다른 관제사에게 사용 활주로 횡단을 허가할 때 'Cross'라는 용어를 사용하여 구두로 지시하여야 하며, 횡단하는 활주로와 활주로 상의 지점 · 교차로를 명시한다.

관제용어

"Cross (활주로) at (지점 · 교차로)."

3. 국지관제사와 지상관제사 간의 협조

국지관제사와 지상관제사는 공항 활주로 및 이동지역에서의 안전과 효율적인 사용을 위해 필요한 정보를 교환하여야 한다. 정보를 교환할 때는 구두, 비행진행쪽지(Strip), 서면 또는 자동 정보 전시기를 사용한다. 최소한 항공기 호출부호, 사용 활주로, 교차로, 유도로 정보를 다음과 같이 제공하여야 한다.

가. 지상관제사는 출발 항공기가 사용하기로 계획된 활주로와는 다른 활주로로 이동할 때, 이를 국지관제사에게 통보하여야 한다.

나. 지상관제사는 사전에 국지관제사와 협의하였거나 표준운영절차로 운영내규에 명시된 바에 따라 허가한 경우를 제외하고, 항공기에게 중간이륙을 위해 중간이륙 지점으로 지상 활주를 허가한 때는 그 사실을 국지관제사에게 통보하여야 한다. 표준운영절차에 특정 중간이륙 지점을 이용하여 출발을 요구할 경우, 항공기가 이륙을 위하여 활주로 상의 한 부분으로 활주할 때 지상관제사는 국지관제사에게 이를 통보하여야 한다.

다. 착륙 또는 이륙을 위해 사용 중인 활주로가 관제탑에서 보이지 않거나, 활주로를 사용 중인 항공기가 레이다에 전시되지 않을 경우, 국지관제사와 지상관제사는 항공기를 다른 관제사에게 이양하기 전에 항공기의 위치를 상호 간에 통보하여야 한다.

4. 활주로 상의 차량, 장비 또는 인원

가. 관제사는 출발 항공기가 이륙을 시작하기 전이나 도착 항공기가 착륙 활주로 시단(Threshold)을 통과하기 전에 자신이 인지하고 있는 모든 차량, 장비 또는 인원이 사용 중인 활주로에서 완전히 벗어나 있는가를 반드시 확인하여야 한다.

나. 관제탑과 직접적인 통신망을 가진 차량, 장비 및 인원에게는 필요 시 사용 활주로에 진입을 허가할 수 있다.

관제용어

"Proceed as requested ; 그리고 필요한 경우[추가 지시/정보]."

5. 위치확인

관제사는 지상활주 또는 이륙 허가를 발부하기 전에 항공기의 위치를 확인하여야 한다. 항공기의 위치는 관제사 및 조종사의 육안 관측 또는 ASDE(공항지상감시레이다)를 사용하여 확인할 수 있다.

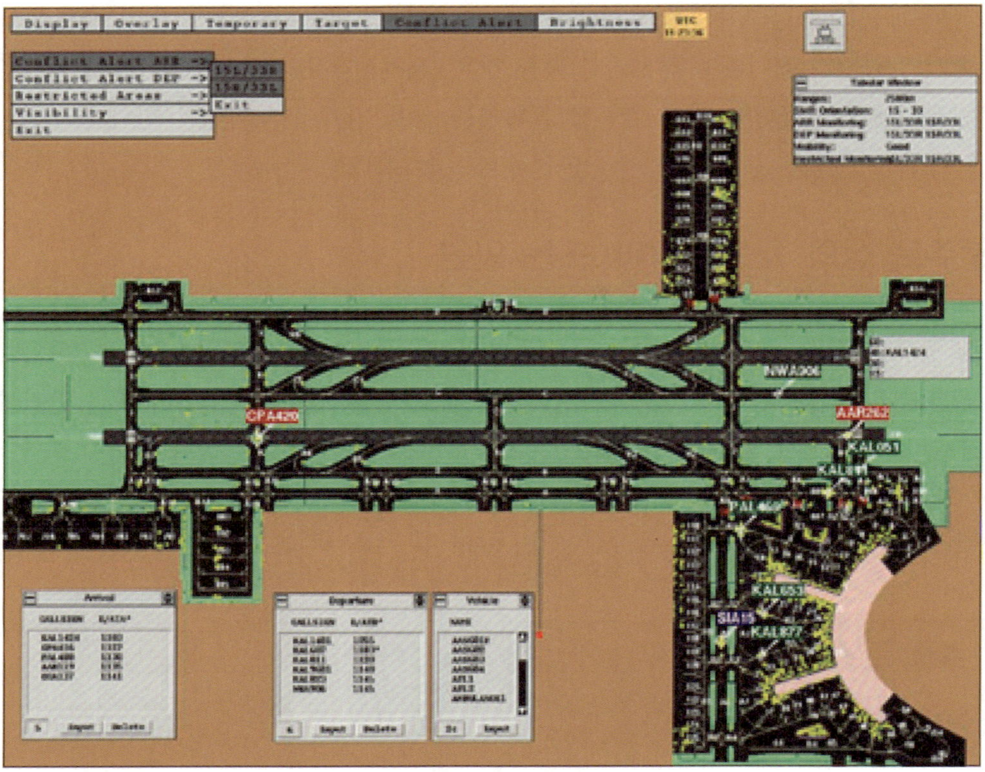

[그림 9-1] ASDE 화면

6. 관제탑 레이다 전시기의 이용

가. 공식 인가되지 않은 관제탑 레이다 전시기(BRITE)는 시각적으로 항공기의 위치를 탐색하거나 알려진 지리학적 위치에 대한 공간적 관계의 결정을 보조하기 위한 도구로 사용되어야 한다. 공식 인가되지 않은 관제탑 레이다 전시기를 이용하여 레이다 업무 및 교통조언을 제공하여서는 안 된다. 일반적인 정보는 'to your right(오른쪽에)' 또는 'ahead of you(전방에)'와 같이 쉽게 이해할 수 있는 방법으로 제공한다.

관제용어

"Follow the aircraft ahead of you passing the river at the stacks." "King air passing left to right."

참 고

BRITE(Bright Radar Indicator Tower Equipment) : 레이다 접근관제소(RAPCON 'ASR')의 항적 정보를 관제탑에 전시 · 활용할 수 있도록 한 장치로써 관제탑의 필수장비가 아니라 입항순서 조정, IFR/VFR 항적 분리, 항공기 위치파악 등을 위한 보조 장비이다.

나. 국지관제사는 공식 인가된 관제탑 레이다 전시기를 다음과 같은 목적으로 사용할 수 있다.

1) 항공기의 식별, 정확한 위치 확인 또는 다른 항공기에 대한 공간적 관계의 결정
2) 레이다 교통 정보 조언 제공
3) 레이다 식별 수단 또는 항행안전시설 조언 장비로 시계비행(VFR) 항공기를 위한 방향(Direction) 또는 권고 기수방향(Heading) 제공

관제용어

"[C/S] Proceed(방향) bound, (필요시 대체 지시 또는 정보).",
또는 "[C/S] Suggested heading(각도), (필요시 대체 지시)."

참 고

제공되는 방향 또는 기수방향은 성격상 순수한 권고 및 조언이라는 사실을 조종사가 인식하는 것이 중요하다. 이것은 조종사가 실제고 제공되지 않는 레이다 유도(또는 다른 관련된 레이다 업무)를 제공받고 있는 것으로 간주하게 되는 무의식적인 오인을 방지하기 위한 것이다.

4) 관제탑 책임구역인 공항교통구역(Surface area) 내에서 운항하는 항공기에 대한 정보 제공 및 지시 발부

관제용어

"Turn base leg now."

참 고

별도로 인가되지 않는 한, 관제탑 레이다 전시기는 활주로 상 또는 공항교통구역(Surface area) 내에서 운항하는 항공기에 대하여 국지관제사들이 책임을 완수할 수 있도록 국지관제사를 보조하기 위한 것이다. 국지관제사는 활주로와 국지지역을 시각적으로 탐색하기 위하여 대부분의 시간을 할애하여야 한다. 레이다 식별의 계속적인 유지는 국지관제사를 혼란하게 할 뿐만 아니라 비능률적인 요구조건이다. 따라서 위에서 명시한 레이다의 기능은 레이다 업무로 간주되지 않으므로, 조종사에게 "Radar Contact"을 통보할 필요가 없다.

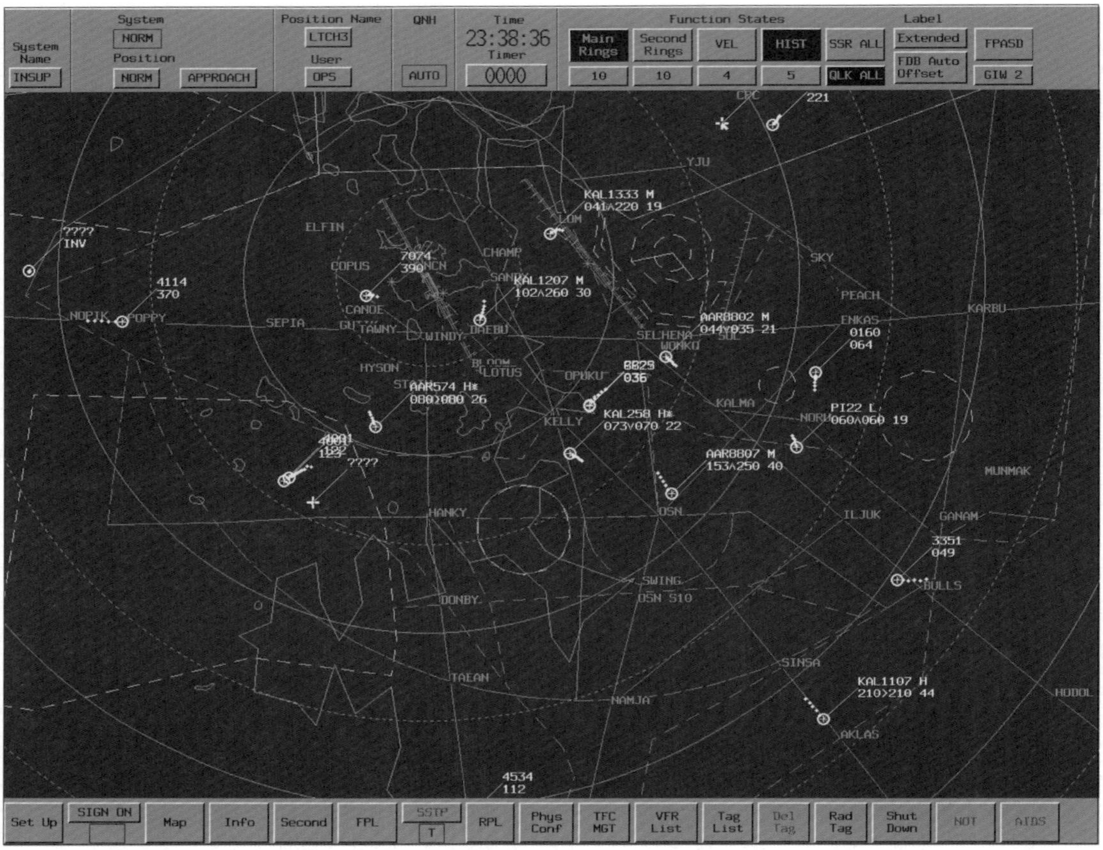

[그림 9-2] 관제탑 레이다 전시기(BRITE) 화면

제2절 공항상태

1. 착륙지역 상태(Landing area condition)

착륙지역의 안전에 영향을 미칠 어떠한 상태에 관해서 관제사가 직접 목격했거나 통보를 받은 경우에는 다음과 같이 처리한다.

가. 통보받은 정보를 해당 공항 운영자에게 통보한다.

나. 접수된 정보 및 통보자의 이름을 기록한다.

다. 인가된 공항 운영자 또는 국토교통부 종사자 이외의 출처로부터 접수된 정보는 반드시 확인하여야 한다.

2. 적시 정보

항공기의 안전운항에 필요한 공항상태의 정보는 조종사가 해당 정보를 활용할 수 있도록 적시에 발부되어야 하며, 필요에 따라 다음 사항을 포함하여야 한다.

가. 이동지역 내 또는 인접 지역의 건설 공사

나. 이동지역 내의 거친 표면

다. 얼음, 눈, 녹은 눈 또는 물로 일어나 활주로 제동상태

라. 이동지역 내에 주기된 항공기

마. 공항 등 시설의 전반적인 또는 부분적인 비정상 운용

바. 공항교통구역(Airport surface area)의 화산재 상태(젖거나 건조한 상태)

사. 기타 공항상태

관제용어

"Landing surface (활주로 상태)."
"Caution construction work (위치)."
"Caution (특정 이유) right/left/both sides of runway (활주로 번호)."

3. 폐쇄 또는 불안전한 활주로 정보

가. 폐쇄 또는 안전하지 않은 활주로에 이 · 착륙 또는 'Touch and go' 등을 요구하는 조종

사에게 활주로 폐쇄 또는 불안전한 활주로에 대한 정보를 통보하여야 한다.

나. 조종사가 계속 요구할 경우, 해당 활주로에 적용되는 항공고시보(NOTAM)의 해당 부분을 읽어 주고 허가가 발부될 수 없음을 통보하여야 한다.

다. 그럼에도 불구하고 조종사가 계속 접근을 요구하고, 관제사가 다른 항공기의 비행에 영향을 미치지 않는다고 판단되는 경우에는 조종사 요구를 허가하고, 그 비행에 대한 책임이 조종사에게 있음을 알려야 한다.

관제용어

"Runway (활주로 번호) closed/unsafe."
"Unable to issue departure clearance."
"Departure will be at your own risk."

4. 활주로 제동상태(Runway breaking action)

조종사나 공항 운영자로부터 접수한 활주로 제동상태의 강도를 다음과 같이 모든 항공기에게 통보한다.

가. 활주로 제동상태의 강도는 'Good', 'Fair(또는 Medium)', 'Poor', 'Nil(불량 또는 무제동상태 표시)' 또는 이들 단어의 복합어로 표현한다. 조종사 또는 공항 운영자가 기타의 용어로 제동상태를 통보할 경우에는 위의 용어로 분류하여 통보할 것을 요구하여야 한다.

관제용어

"Breaking action good/medium to good (장비 및 측정수치)."
"Breaking action reported by (항공기 기종) at (시간) good/medium/ poor."

나. 제동상태를 보고한 항공기 또는 차량의 종류를 명시한다.

관제용어

"Breaking action fair to poor, reported by a heavy DC-10."

다. 제동상태 보고가 활주로의 한 부분에 대해서만 접수되었을 때는 조종사가 이해하기 용이한 용어(first/last/half of the runway를 사용)로 통보할 수 있도록 조종사와 공항 운영자로부터 충분한 정보를 입수하여야 한다.

관제용어

"Breaking action poor first half of runway, reported by a MD-11'"

5. 활주로 선정(Runway selection)

가. 활주로의 선정방법

활주로 선정 절차가 별도로 수립되어 있는 경우를 제외하고, 풍속이 5노트 이상일 때 풍향과 가장 가까이 정대되는 활주로를 선택하여 사용하고, 풍속이 5노트 미만일 때는 무풍활주로를 사용하여야 한다. 단, 운영상 이점이 있을 때나 조종사가 요구할 때는 다른 활주로를 사용할 수 있다. 활주로 사용 계획이 수립된 공항에서는 소음의 영향이 가장 적다고 판단되는 활주로를 항공교통관제기관에서 배정하게 된다. 그러나 비행 안전상 배정 활주로보다 다른 활주로의 사용이 안전에 바람직하다고 판단될 경우 조종사는 그 사항을 항공교통관제기관에 요구하게 되며, 관제사는 조종사의 의사를 존중하여 그 요구를 허가하되 요구한 활주로가 소음 민감 지역과 관련된다는 사실을 조언하여야 한다.

나. 활주로 이용

단거리 이 · 착륙 활주로로 지정된 활주로는 조종사가 요구 시 또는 항공기 운영자 간 체결된 합의서에 의한 경우에만 허가할 수 있다. 조종사 요구 시는 단거리 이 · 착륙 활주로의 측정된 길이를 통보하여야 한다. 활주로의 사용을 허가할 때는 배풍(뒷바람) 요소(Tailwind components)가 있다면 풍향 · 풍속을 반드시 통보하여야 한다.

6. 시각 신호(Visual signals)

가. 빛총 신호(Light signals)

항공교통관제 빛총 신호는 무선 교신이 이루어지지 않을 때, 항공기 또는 차량의 이동, 장비 및 이동지역의 인원을 통제하기 위하여 사용한다.

[표 9-1] 빛총 신호(Light signals) 색의 의미

신호의 색상과 형태	의 미		
	지상 항공기	비행 중인 항공기	차량, 장비 및 인원의 이동
연속 녹색등 (Steady Green)	이륙을 허가한다.	착륙을 허가한다.	횡단, 진행, 전진을 허가한다.
점멸 녹색등 (Flashing Green)	지상활주를 허가한다.	착륙을 위해 귀환하라.(적당한 시간에 연속 녹색 신호가 뒤따른다.)	적용되지 않음.
연속 적색등 (Steady Red)	정지하라.	다른 항공기에게 진로를 양보하고 계속 선회하라.	정지하라.
점멸 적색등 (Flashing Red)	사용 중인 착륙지역 또는 활주로로부터 이탈하라.	공항이 불안전하다. - 착륙하지 마라.	활주로 또는 유도로로부터 이탈하라.
점멸 백색등 (Flashing White)	공항의 출발지점으로 귀환하라.	적용되지 않음.	공항의 출발지점으로 귀환하라.
교차되는 적색등과 녹색등 : 일반적인 경고 신호 - 최대한 주의를 기울인다.			

나. 경고 신호(Warning signals)

다음의 경우, 항공기 또는 차량 운행자에게 적절한 일반 경고 신호인 적색 및 녹색 신호를 교차하여 직접 발부한다(경고 신호는 금지 신호가 아니며, 상황이 허락하다면 또 다른 후속 빛총 신호를 발부).

1) 항공기가 수렴접근(Converging)하여 충돌 위험이 있을 때
2) 조종사가 인지하지 못할 기계적인 고장이 있다고 판단될 때
3) 조종사 또는 차량 운행자의 집중 경계가 요구되는 기타 다른 장애 요소가 있을 때(장애물, 비행장 표면의 연약 지반, 활주로상의 얼음 등)

다. 수신만 가능한 항공기의 인지(Receive-only acknowledge)

수신만 가능한 항공기에게 관제사의 지시에 대한 응답으로 항공기에게 다음과 같이 답할 것을 요구하여야 한다.

1) 고정익 항공기
- 주간
  - 지상 운행 중에는 보조익 또는 방향타를 움직인다.
  - 비행 중에는 날개를 좌우로 흔든다.
- 야간에는 항행등 또는 착륙등을 깜빡인다.

2) 헬리콥터
   - 주간
     - 호버링(Hovering)하는 동안에는 헬리콥터 방향을 관제시설로 향하도록 하고 착륙등을 깜빡이거나 날개 끝 경로면(Tip path plane)을 흔든다.
     - 비행 중에는 착륙등을 깜빡이거나 날개 끝 경로면을 흔든다.
   - 야간에는 착륙등 또는 탐색등을 깜빡인다.

3) 수신만 가능한 항공기에게 시각적인 방법으로 응답을 요구할 때는 다음의 관제용어를 사용하여야 한다.

관제용어

"Acknowledge by moving ailerons (or rudder)"

제3절 지상 이동 및 절차

1. 지상교통의 이동 허가

이동지역 내 항공기, 차량, 장비 및 인원에 대한 이동을 허가 또는 불허 시 무선 또는 빛총신호(Light signals)를 이용하여 발부한다.

가. 도착 항공기가 활주로 상에서 이동 중에 있거나 활주로 상으로 접근중이거나 이륙 항공기가 이륙 활주 중에 있을 때, "Line up and wait behind landing traffic" 또는 "Taxi/proceed across runway 36 behind departing/landing jetstar"와 같은 조건부 지시를 발부해서는 안 된다. 단, 이동지역 내에서 항공교통관제 허가 또는 지시에 의거하여 운항 중인 것으로 확인된 항공기를 뒤따르는 지시 및 당해 지시가 분명한 방법으로 발부되는 경우까지 금지시키는 것은 아니다.

나. 항공기 지상활주, 장비, 차량 및 인원의 이동에 관한 허가 발부 시 서두에 "Taxi", "Proceed" 또는 "Hold"를 사용하여야 하며, "Cleared"를 사용하여서는 안 된다. 차량,

장비 및 인원에 대해서는 서두에 "Proceed" 또는 "Hold"라는 용어를 사용하여야 한다.

다. 주기장에서 견인 차량에 의해 항공기를 후진시킬 때는 다음과 같이 지시한다.

관제용어

"(항공기 위치) Request push back ……(조종사 송신)"
"Push back approved."
"Stand by push back at own discretion expect (숫자) minutes delay due (reason)."

2. 지상활주 및 지상운행

간결하고 이해하기 쉬운 용어로 이동지역 내에서 항공기 또는 차량이 운행할 경로를 통보한다. 지상활주 허가는 이동할 특정 경로를 포함하여야 한다. 항공기에게 지상활주 허가가 발부되었을 때는 그 항공기가 정확한 활주로 배정을 받았는지를 확인하여야 한다. 이 때, 활주로 배정과 함께 조종사의 지상활주 지시 복창은 활주로 배정을 확인하는 것으로 간주될 수 있고, 이동지역 이외의 지역에 있는 항공기나 차량 이동에 대한 책임은 조종사, 항공기 운영자 또는 공항 운영자에게 있다.

가. 이동지역에서 운행하는 차량이나 지정된 이륙 활주로 이외의 어느 지점까지 지상활주 하려는 항공기에게 허가할 때 대기(Hold) 지시를 포함하지 않는 경우에는 지상활주 경로가 교차하는 모든 유도로와 활주로의 통과를 허가하는 것이다. 지상활주 경로를 따라 지정된 어느 지점에서 항공기나 차량을 대기시키고자 할 때는 경로를 통보하고 대기 지시를 발부한다.

관제용어

"Hold position. Hold for (이유), cross (runway/taxiway)."
또는 "Taxi/Continue taxing/proceed/via (route)'"
"Taxi/Continue taxing/Proceed straight ahead then via ramp to the hanger."
"Taxi/Continue taxing/Proceed on taxiway C, hold short of runway 27."

나. 항공기에게 지정된 이륙 활주로까지 Taxi 허가를 할 때, 지상활주 경로를 따라 이륙 활주로를 발부한다. 항공기가 활주로 진입 전 대기(Hold short of runway) 또는 지상활주 경로 상에 특정 지점에서의 대기가 필요할 때는 진입 전 대기(Hold short) 지시를 발부한다.

관제용어

"Runway (활주로 번호), taxi via (필요시 경로)."
"Runway (활주로 번호), taxi via (필요시 경로) (필요시 진입 전 대기 지시)."

다. 항공기가 지상활주 경로를 따라 활주로 진입 전 대기(Hold short of runway)가 필요할 때는 출발 활주로, 필요한 지상활주 지시, 진입 전 대기 제한사항을 발부하여야 한다.

관제용어

"Runway (활주로 번호), taxi via (경로), hold short of runway (활주로 번호)"
"Runway 36L, taxi via taxiway C, hold short of runway 27R."

라. 지상활주 중인 항공기 또는 이동하는 차량에 대한 신속한 이동 지시를 발부한다.

관제용어

"Taxi without delay (필요시 traffic)."
"Exit/Proceed/Cross (runway/taxiway) without delay."

제4절 이 · 착륙 간격 순서 조정

1. 순서 및 간격 기준의 적용

이 · 착륙하는 항공기 간에 적절한 간격을 유지하도록 하기 위하여 이 · 착륙하는 항공기에게 공중 또는 지상에서 적절한 조작을 하게 하고, 이 · 착륙 운항 순서를 배정하여야 한다.

관제용어

"Cleared for take off."
"Cleared for take off or hold short/hold in position/taxi off the runway (traffic) extend downwind."
"Make short approach."
"Go around/Cleared to land/Cleared : touch and go, stop and go, low approach, cleared for the option, option approved."
이륙 허가를 시행하지 않은 경우
"Take off immediately or vacate runway."
"Take off immediately or hold short of runway."

2. Touch and go, Stop and go 또는 Low approach

'Touch and go', 'Stop and go' 또는 'Low approach'를 실시하는 항공기는 활주로 접지, 완전한 정지 또는 활주로 경계 통과 시까지는 착륙 항공기로 간주하며, 그 이후에는 이륙 항공기로 간주한다.

제5절 출발절차 및 분리

1. 출발 정보

관제사는 출발하는 항공기에게 필요한 적절한 최신의 정보를 제공한다.

가. 조종사가 해당 ATIS 코드를 언급하는 경우, ATIS에 포함된 출발 정보의 통보는 생략할 수 있다.

나. 출발 정보에 포함시켜야 하는 사항은 다음과 같으며, 조종사가 'Have the numbers'를 통보한 경우에는 생략 가능하다.

1) 사용 활주로

2) 풍향 풍속기, 윈드쉬어 탐지 시스템 또는 자동 기상 관측 장비로 관측된 지상풍

참 고

쉬어(Shear)란 절단, 차단, 전단이라는 뜻으로 윈드쉬어(Windshear, W/S)란 순간적으로 바람이 차단되는 현상, 즉 전단풍을 말하는데 '풍향과 풍속이 단시간에 변화는 현상'을 의미한다. 일종의 난기류로 비행기의 위층과 아래층에서 바람의 방향과 속도에 큰 차이가 나타나면서 상층부에서 갑자기 '초강력 돌풍'이 발생하는 현상으로, 산악지대에서 간혹 일어난다. 제주도의 경우 강풍을 동반한 기압골이 한라산을 만나서 일단 갈라졌다가 다시 합류하는 과정에서 제주공항 인근에 이런 자연현상이 나타났다는 것이다. 윈드쉬어는 고도 수백미터이하 지표면 부근에서 일어나는 것이 가장 위험하다. 항공기는 착륙 직전이라도 상당한 속도로 내리기 때문에 미묘한 풍향의 변화가 큰 사고를 부를 수도 있다. 항공기에는 윈드쉬어를 감지하는 레이다가 장착되어 있어 이를 감지하게 되면 곧바로 조종실에 경고음이

울리면서 조종사는 신속하게 재이륙(Go around)을 해야 한다. 윈드쉬어는 대체로 전선(Frontal), 뇌우(Thunderstorm), 기온의 역전(Low Level Temperature Inversion)현상을 동반하는 경우가 많은데 높은 하늘에서도 발생한다. 비행기가 상승(또는 강하)하고 있을 때 제트기류 부근에서 일어나는 것을 VWS(Vertical W/S), 순항 중 전선을 통과하는 과정에서 일어나는 것을 HWS(Horizontal W/S)라고 하는데 이들은 그다지 큰 위험성이 없으나, 착륙 직전에 풍향, 풍속이 크게 바뀌는 LLWS(Low level W/S)는 비행에 상당한 위험을 초래할 수 있다.

3) 고도계 수정치

다. 조종사 요구 시 시간

라. 가능한 경우 공식 운고(Ceiling) 및 시정을 이륙 전에 다음과 같은 출발 항공기에게 통보한다.

1) 시계비행(VFR) 기상 상태 미만일 때, 시계비행 항공기
2) 시계비행 기상상태 또는 가장 높은 이륙 최저치 중 더 높은 최저치 미만일 때, 계기비행 항공기

마. 필요 시, 지상활주 정보, 조종사가 별도로 요구하지 않는 한 지상활주 유도로 정보는 발부할 필요가 없다.

바. 활주로 제동상태 조언(Breaking action advisories)이 유효한 경우에는 조종사 또는 공항 운영자로부터 통보받은 사용 활주로의 제동상태를 통보한다.

2. 출발 관제 지시(Departure control instructions)

레이다 업무를 제공받은 출발 계기비행(IFR) 항공기, 특별시계비행(SVFR) 항공기, 시계비행(VFR) 항공기에게 다음 사항을 통보하여야 한다.

가. 이륙 전

1) 해당 출발 관제 주파수와 비컨 코드를 배정한다. 표준 계기출발절차가 배당되었거나 배당될 예정이고 표준 계기출발절차에 출발 관제 주파수가 명시되어 있다면 출발 관제 주

파수는 생략할 수 있다.

관제용어

"Departure frequency (주파수), squawk (코드)."

참 고

비컨 코드(Beacon code)는 2차 레이다의 응답 장치에 의하여 송신된 특정 응답 펄스군에 할당되는 4자리의 숫자 코드로 흔히 squawk code라고도 한다. 항공교통관제사는 관제 중인 항공기의 조종사에게 특정 비컨 코드를 입력할 것을 요구하고, 이를 통해 레이다에서 항공기를 쉽게 식별할 수 있다.

2) 출발하는 모든 계기비행 군용 프로펠러 항공기 또는 터보 제트(수송기 · 화물기 제외) 항공기에게 출발 관제 주파수로 변경하도록 지시하여야 한다. 국지관제사가 출발 관제 주파수에 대한 송신 차단(Override) 기능을 갖고 있는 경우에는 긴급한 지시는 당해 주파수를 사용하여야 한다. 국지관제사가 출발 관제 주파수에 대한 송신 차단 기능을 갖고 있지 않은 경우에는 긴급한 지시는 비상 주파수를 사용한다.

관제용어

"Change to departure."

참 고

비상 주파수는 항공기가 비상 상황에 처했거나 위급한 상황에서 사용하는 주파수로 UHF 243.0㎒, VHF 121.5㎒의 두 가지가 있으며, 통상 'Guard' 또는 'Guard frequency'라고도 한다. 항공교통관제기구는 반드시 비상 주파수를 경청하여야 하며, 반대로 항공기도 안전과 비상 상황에 대한 공지 등을 받기 위하여 비상 주파수를 반드시 경청하여야 한다.

나. 이륙 후

1) 국지관제사와 더 이상 교신이 필요하지 않을 때나 민간 항공기, 군용 수송기, 화물기가 활주로 종단으로부터 대략 ½마일을 통과할 때는 출발 관제 주파수로 변경할 것을 지시한다.

2) 군용 터보 프롭, 터보 제트 항공기(수송기 및 화물기 제외)는 지상 2,500ft 이상의 고도에 도달하기 전에 무선 주파수 또는 레이다 비컨 코드 변경을 지시해서는 안 된다.

3. 이륙 위치에서의 대기(LUAW : Line Up And Wait)

가. 이륙 위치에서 대기(LUAW)는 항공기가 지체 없이 출발하도록 하기 위하여 이륙 위치로 이동한 후 대기하도록 하는 것이다. 교통 상황으로 인하여 항공기에게 이륙 허가를 발부할 수 없는 경우에 아래 '마'에 따라 제한되는 경우를 제외하고, 이륙 위치에서 대기(LUAW)를 허가하여야 하며, 이 항공기에게는 교통 정보를 제공하여야 한다. 동일 활주로에서 착륙을 했거나 이륙 중인 항공기로 대기 중인 항공기가 각각의 항공기를 명확하게 시각적으로 확인할 수 있을 때는 교통 정보는 생략할 수 있다. 'Behind landing traffic', 'After landing traffic'과 같은 조건부 문구를 사용해서는 안 된다.

나. 둘 이상의 활주로를 운영 중일 때는 활주로 번호를 먼저 발부한다.

관제용어

"Runway (활주로 번호), Line up and wait."
또는 단일 활주로를 사용하는 경우
"Line up and wait be ready for immediate departure."

다. 이륙 위치에서 대기 중에 이륙 위치로 지상활주 하거나 이륙 위치로 지상활주 하도록 허가받은 항공기가 있는 경우, 동일 활주로 상에서 'Full stop, touch and go, stop and go, option' 또는 'Unrestricted low app'를 요구하는 항공기에게 허가를 발부해서는 안 된다. 만일 항공기에게 동일 활주로 상으로 'Full stop, touch and go, stop and go, option' 또는 'Unrestricted low app'가 허가되었다면, 다른 항공기를 이륙 대기 위치로 지상활주 하도록 허가해서는 안 된다.

관제용어

"Runway (활주로 번호), continue, traffic holding in position."
또는 단일 활주로 운영 시
"Continue, traffic holding in position."

라. 항공기에게 이륙 위치에 진입 후 대기를 허가한 경우에는 동일 활주로에 최종 접근 중인 6마일 이내의 가장 가까운 항공기에 대한 정보를 통보하여야 한다. 또한 접근 중인 항공기가 다른 주파수로 관제를 받고 있을 때는 해당 항공기에게 진입 대기하는 항공기에 관한 정보를 통보하여야 한다.

관제용어

"Korean air 1620, runway 18, line up and wait. Traffic a Boeing 737, six mile final."
또는 단일 활주로 사용 시
"Korean air 1620, runway 18, position and hold. Traffic a Boeing 737, six mile final."

마. 항공기에게 이륙 위치에 진입 후 대기를 허가한 경우, 접근중인 항공기가 다른 주파수로 관제를 받고 있을 때, 접근 항공기에게 진입 대기하는 항공기에 대한 정보를 제공한다.

바. 공항지상감시레이다(ASDE)로 항공기의 위치를 확인할 수 없거나 해당 활주로가 출발용으로만 사용되지 않을 때, 관제탑으로부터 출발 지점의 육안 확인이 불가능한 경우에는 항공기를 이륙 위치에 진입 후에는 대기를 허가해서는 안 된다.

4. 동일 활주로상 분리(Same runway separation)

동일 활주로 상에서 선행 이·착륙하는 항공기로부터 이륙하는 항공기를 분리하기 위하여 다음의 분리가 취해질 때까지 뒤따라 출발하는 항공기가 이륙 활주(Take off roll)를 시도하지 않도록 하여야 한다.

가. 먼저 출발한 항공기가 이륙하여 활주로 종단을 통과하였거나 충돌 회피를 위한 선회를 완료한 경우에는 관제사가 적절한 지상 표지를 참고하여 거리를 측정할 수 있고, 두 항공기 간 다음의 최저 거리가 유지될 때, 선행 항공기가 이륙 후에 뒤따라 출발하는 항공기를 활주시킬 수 있다.

1) CAT Ⅰ 항공기 간 : 3,000ft
2) CAT Ⅱ 항공기가 CAT Ⅰ 항공기에 앞서 비행할 때 : 3,000ft
3) 뒤따르는 항공기 또는 둘 다 CAT Ⅱ 항공기일 때 : 4,500ft
4) 둘 중의 하나가 CAT Ⅲ 항공기일 때 : 6,000ft

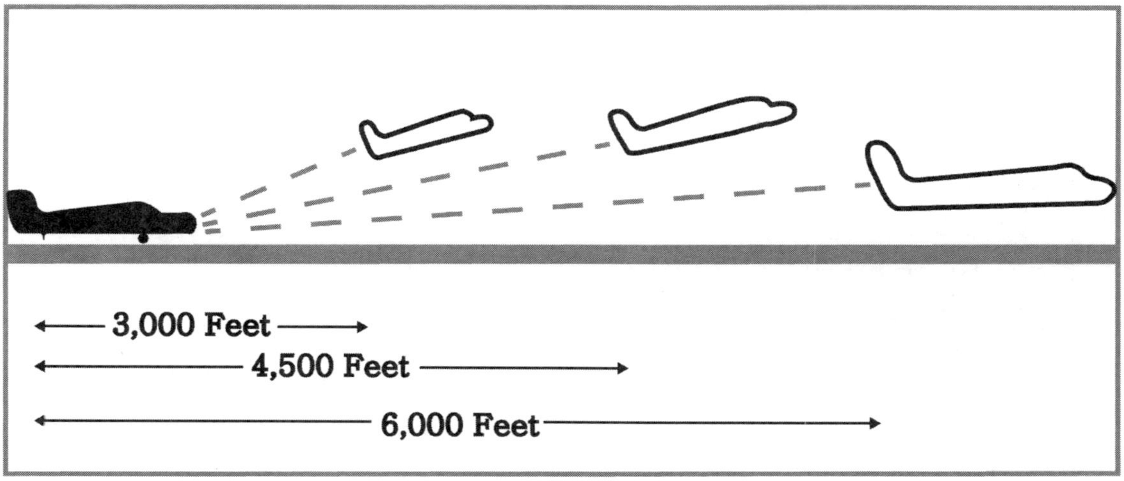

[그림 9-3] 동일 활주로 분리 II

> **참 고**
>
> 동일 활주로상 항공기 분리를 위한 항공기 범주는 다음과 같다.
>
> 1. 민간 전용공항
>   가. CAT Ⅰ : 단발엔진의 프로펠러를 장착한 최대 이륙중량 2,000㎏(4,400lbs) 미만 항공기
>   나. CAT Ⅱ : 단발 및 쌍발엔진의 프로펠러를 장착한 최대 이륙중량 2,000㎏(4,400lbs) 이상 7,000㎏(15,400lbs) 미만 항공기
>   다. CAT Ⅲ : 7,000㎏(15,400lbs) 이상 모든 항공기
> 2. 군 공항
>   가. CAT Ⅰ : 단발엔진의 프로펠러를 장착한 12,500lbs(5,670kg) 이하 경량급 항공기와 모든 헬리콥터
>   나. CAT Ⅱ : 쌍발엔진의 프로펠러를 장착한 12,500lbs(5,670kg) 이하 경량급 항공기
>   다. CAT Ⅲ : 기타 모든 항공기

나. 앞서 착륙하는 항공기가 활주로를 개방 후에 뒤따라 이륙하는 항공기를 이륙 활주시킬 수 있다.

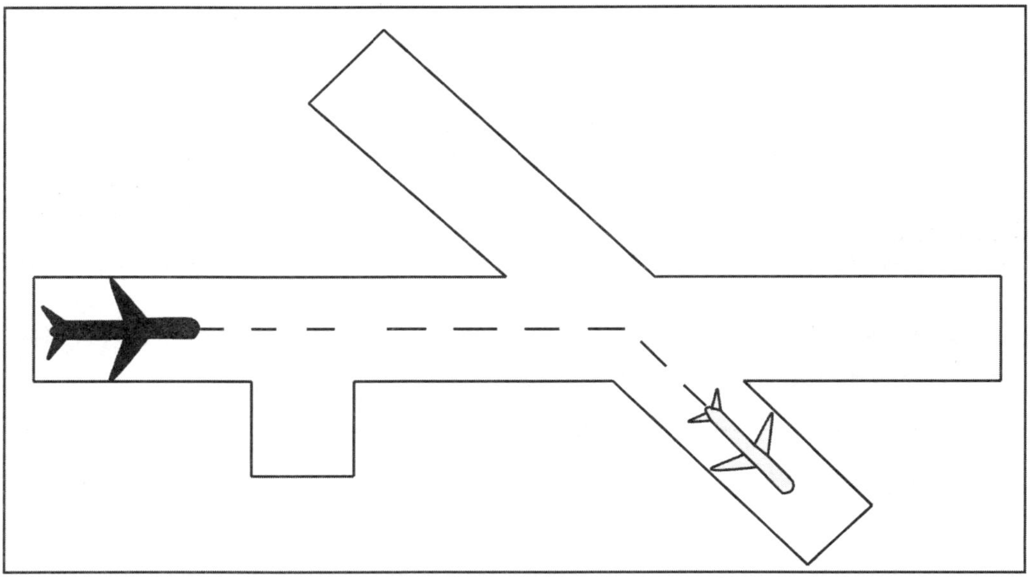

[그림 9-4] 앞서 착륙하는 항공기의 활주로 개방

다. 사용 활주로가 동일 활주로 또는 2,500ft(760m) 미만의 간격으로 분리된 평행 활주로일 때, 대형 제트 항공기(B757)가 출발 후, 이륙하는 VFR/IFR 항공기는 2분간 분리를 해야 한다.

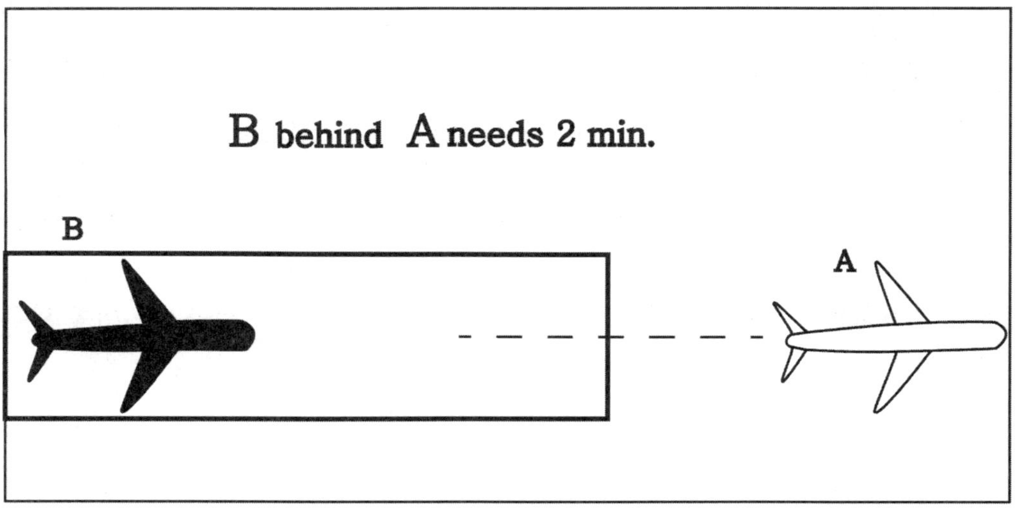

[그림 9-5] 동일 활주로의 2분 분리

참 고

B757(Boeing757)은 미국 보잉에서 3발기인 B727을 대체하기 위해 개발한 협동체형 쌍발 제트 여객기이다. B727에 비해 엔진의 개수가 줄어들어 상대적으로 연비가 향상되었으나 B727이 이 · 착륙하는 지방 공항에서도 이 · 착륙이 가능하게 엔진 출력을 높였기 때문에 타 쌍발기들에 비해서는 상대적으로 연비가 좋지 않으며, 좌석 폭이 좁은 협동체(1열 통로) 항공기라 여행자들에게 선호되지 않았기 때문에 일찍 단종 되었다. 주로 델타 항공을 비롯한 미국 항공사들 위주로 많이 팔렸다. 미국 내 국내선 등 중거리 노선에 투입하기 위해 많이 도입하였으며, 항속거리를 늘려서 대륙 횡단이 가능한 기종과 화물기 기종도 존재하고 있다. 대한민국 항공사들은 이 기종을 운용하지 않았다. 아시아나항공이 B757-200을 주문하였으나, 1993년에 여객기가 추락하는 사건이 발생하여 주문을 취소하고 다른 항공기로 대체하였다. 동북 아시아권에서는 중국의 몇몇 항공사들이 이 기종을 운용했다.

5. 중간이륙을 위한 항적 난기류 분리

중간이륙을 위한 항적 난기류(Wake turbulence) 분리 기준은 다음과 같다.

가. 동일 활주로(동일 또는 반대 방향 이륙) 상에서 선행 이륙하는 중형 항공기를 뒤따라 중간이륙 하는 소형 항공기는 중형 항공기가 이륙한 후 최소한 3분이 경과할 때까지 이륙 활주시켜서는 안 된다.

나. 3분 분리를 제공하기 위하여 대기가 필요할 때, 해당 항공기에게 다음과 같이 통보한다.

관제용어

| "Hold for wake turbulence."

6. 이륙 허가

가. 이륙 허가를 발부할 때는 활주로 번호를 우선 언급하고, 이어서 이륙 허가를 발부한다.

관제용어

| "Runway (활주로 번호), cleared for take off."

나. 항공기에게 이륙을 허가할 때, 동일 활주로 상에 최종 접근로 6마일 이내의 가장 가까운

항공기에 대한 정보를 제공한다. 접근하는 항공기가 다른 주파수를 사용하는 경우에 이 정보를 출발하는 항공기에게 제공한다.

다. 항공기에게 지상풍 및 이륙 허가를 발부한다.

관제용어

"Runway (활주로 번호), wind (방향, 속도), cleared for take off."

7. 이륙 허가의 취소

관제사가 필요하다고 판단될 때 이미 발부한 이륙 허가를 취소하고 조종사에게 그 이유를 알려야 한다. 항공기가 이륙 활주를 시작한 경우에는 안전상의 문제가 있을 때만 이륙허가를 취소한다.

관제용어

"Cancel take off clearance (이유)."

제6절 도착절차 및 분리

1. 도착 정보

도착 항공기에게 필요한 최신 착륙 정보를 제공하여야 한다. 조종사가 관련 ATIS 코드를 언급한 경우에 해당 ATIS에 포함된 착륙 정보는 생략이 가능하며, 조종사가 'Have numbers' 라고 말하면 활주로, 풍향·풍속 및 고도계 수정치는 생략할 수 있다. 착륙 정보는 다음 사항을 포함하여 발부하여야 한다.

가. 특정 교통 장주 정보(좌선회 장주 사용 시는 생략해도 무방함.)

관제용어

"Enter left/right base.", "Straight-in.", "Make straight-in.",
"Straight-in approved.", "Right traffic.",
"Make right traffic.", "Right traffic approved, continue."

나. 사용 활주로

다. 지상풍

라. 고도계 수정치

마. 착륙 허가

바. 시계비행 최저치 이하의 기상 상태인 경우에는 운고(Ceiling) 및 시정치

사. 가능한 경우에 저고도 윈드쉬어 조언

2. 관제탑에서의 접근 정보 통보

가. 관제탑은 당해 공항의 계기 관제권을 행사하는 관제 기관에 다음 사항을 통보하여야 한다. 지역별 상황에 따라 합의서 또는 운영내규로 생략이 가능한 것으로 명기된 항목은 통보할 필요가 없다.

1) 도착항공기에게 시각(Visual) 접근을 허가할 경우
2) 항공기 착륙시간
3) 계기비행계획서의 취소 사항
4) 실패접근, 미보고 또는 도착지연 항공기에 관한 정보
5) 사용 활주로
6) 필요한 기상 정보

3. 동일 활주로 상에서의 분리 기준

가. 다음의 조건 중 하나가 충족될 때까지 도착 항공기가 착륙 활주로 시단을 통과하지 않도

록 하여, 도착 항공기와 동일 활주로를 사용하는 다른 항공기 간의 분리를 하여야 한다.

1) 다른 항공기가 이미 착륙해서 활주로를 개방한 때 일출과 일몰 사이에 관제사가 적절한 지형을 참고해서 거리를 확인할 수 있고, 다른 항공기가 이미 착륙한 경우에는 착륙 활주로 시단으로부터 다음의 최소 거리가 확보될 때 활주로를 개방할 필요는 없다.

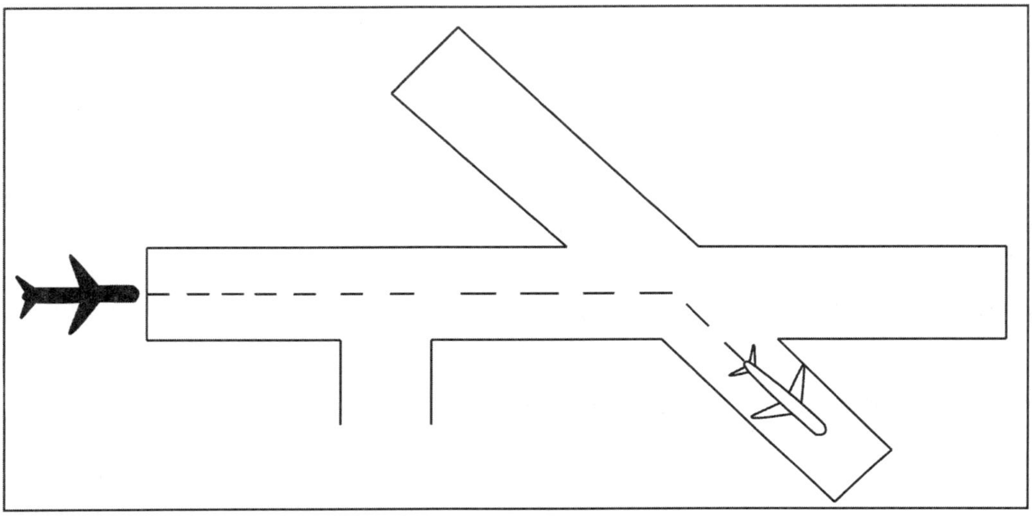

[그림 9-6] 동일 활주로 분리(착륙 시)

• CAT Ⅰ 항공기가 CAT Ⅰ 항공기나 CAT Ⅱ 항공기 뒤를 따라 착륙할 때 : 3,000ft

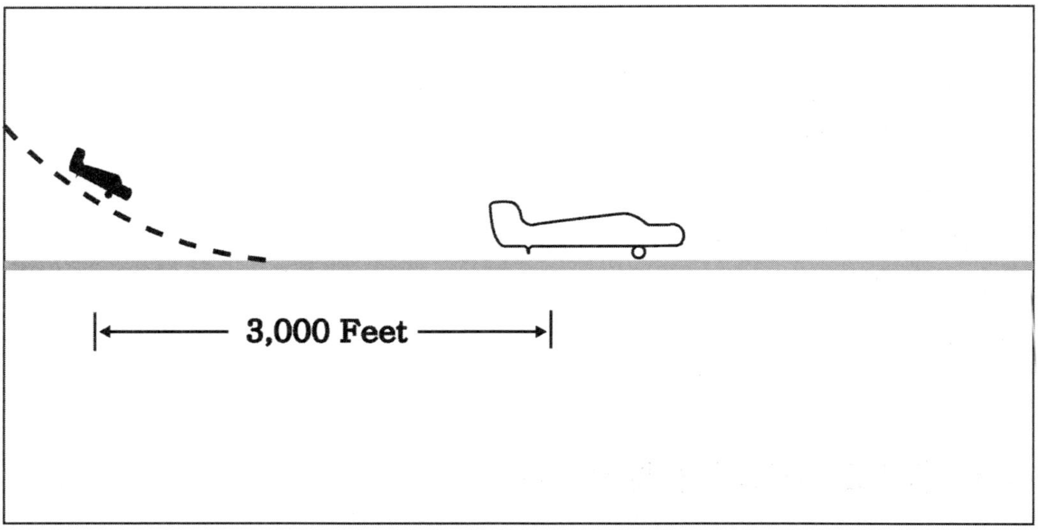

[그림 9-7] 동일 활주로 분리 Ⅰ

- CAT Ⅱ 항공기가 CAT Ⅰ 항공기나 CAT Ⅱ 항공기 뒤를 따라 착륙할 때 : 4,500ft

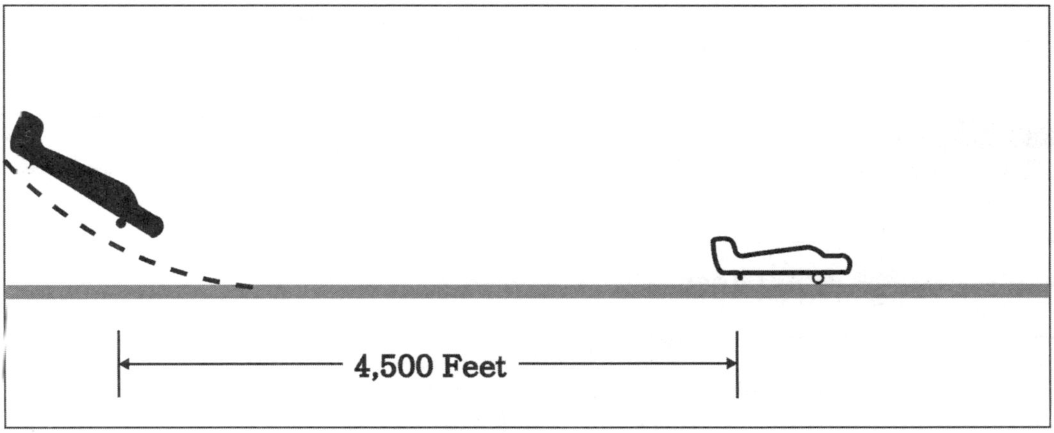

[그림 9-8] 동일 활주로 분리 II

2) 다른 항공기가 출발하여 활주로 종단을 통과한 때 관제사가 적절한 지형을 참고하여 거리를 확인할 수 있고, 다른 항공기가 이미 이륙하였고, 착륙 활주로 시단으로부터 다음 최저거리가 확보될 때는 이륙 항공기에게 활주로 종단을 통과시킬 필요는 없다.
   - CAT Ⅰ 항공기가 CAT Ⅰ 항공기나 CAT Ⅱ 항공기 뒤를 따라 착륙할 때 : 3,000ft
   - CAT Ⅱ 항공기가 CAT Ⅰ 항공기나 CAT Ⅱ 항공기 뒤를 따라 착륙할 때 : 4,500ft
   - 양쪽 항공기 중 한 항공기가 CAT Ⅲ 항공기일 때 : 6,000ft

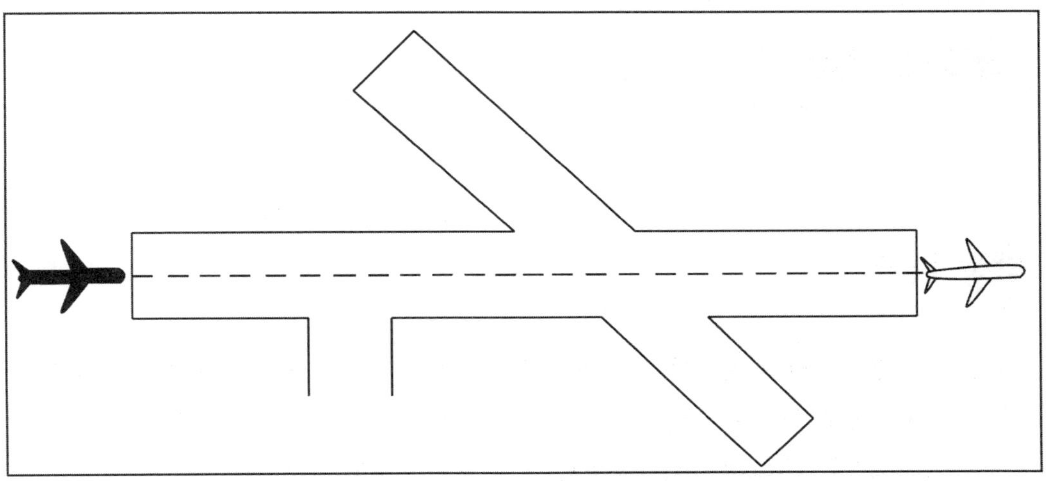

[그림 9-9] 동일 활주로 분리(이륙 시)

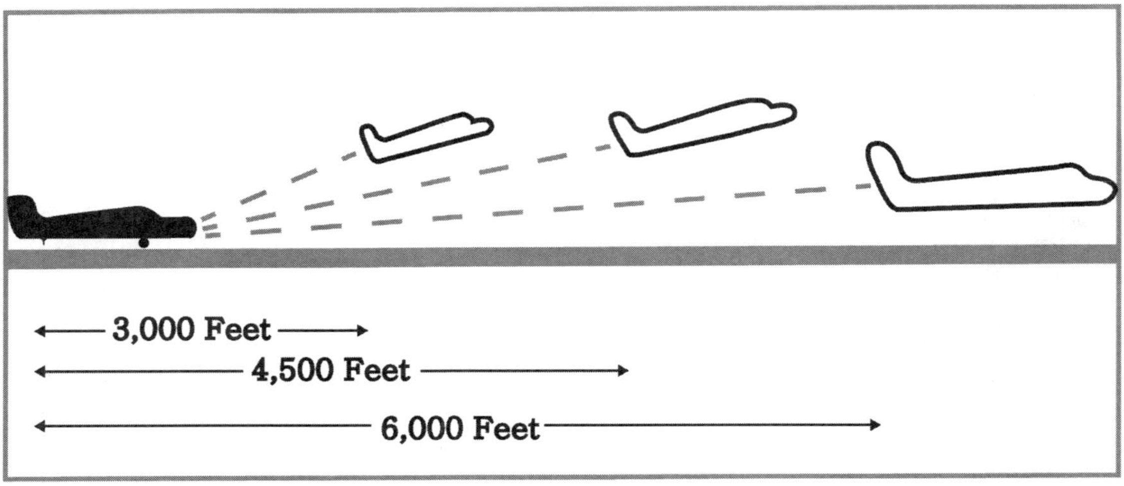

[그림 9-10] 동일 활주로 분리 III

나. 항적 난기류(Wake turbulence) 주의 정보와 항공기의 위치, 고도(알고 있는 경우), 비행 방향을 통보하여야 한다.

1) 2,500ft(760m) 미만으로 떨어진 평행 활주로나 동일 활주로 상에서 출발하거나 도착하는 항공기에게 대형 제트 항공기(B757)에 대한 항적 난기류 주의 정보와 항공기의 위치, 고도, 비행 방향을 통보하여야 한다.

2) 2,500ft(760m) 미만으로 떨어진 평행 활주로나 동일 활주로 상에서 출발하거나 도착하는 중형 항공기 뒤를 따라 도착하는 소형 항공기에게 중형 항공기에 대한 항적 난기류 주의 정보와 항공기의 위치, 고도, 비행 방향을 통보하여야 한다.

관제용어

"Runway 27L cleared to land, caution wake turbulence. Heavy B747 departing runway 27R."

4. 착륙 허가

가. 착륙 허가를 발부한다. 단, 둘 이상의 활주로를 사용 중이거나 폐쇄 활주로로 계기접근을 할 때, 착륙 활주로를 재 강조하여 통보한다. 만일 착륙 활주로가 변경되었다면 관제사는 착륙 허가 앞에 'Change to runway'라고 발부하여야 한다.

관제용어

"Cleared to land."
또는 "Runway (활주로 번호) cleared to land."
또는 "Change to runway (활주로 번호) cleared to land."

나. 항공기에게 착륙, 'Touch and go', 'Stop and go', 'Low approach' 등의 허가 발부시 지상풍과 함께 활주로 번호를 발부하여야 한다.

관제용어

"Runway (활주로 번호), wind (지상풍 방향 및 풍속), cleared to land."

다. 육안 확인이 되지 않는 항공기에 대한 착륙 허가는 육안 확인이 가능한 지점에서 도착 항공기가 위치 보고를 하였으나 육안 확인이 되지 않았을 때, 착륙 허가와 함께 당해 항공기가 확인되지 않고 있음을 조언하고, 착륙할 활주로를 재 발부하여야 한다. 공식 인가된 관제탑 레이다 전시기 상의 항공기 관측은 육안 관측 기준을 충족한다.

관제용어

"Not in sight, Runway (활주로 번호), cleared to land."

5. 예측 분리

선행 항공기가 위치 확인이 가능하고 선행 항공기가 착륙 활주로 시단을 통과할 때나 규정된 활주로 분리가 확보된 것으로 판단될 경우에는 착륙 순서에 의거하여 뒤따라서 접근하는 항공기에 대한 착륙 허가 발부를 지체할 필요는 없다. 사전에 정보가 발부되지 않았을 때는 뒤따르는 항공기에게 교통정보를 제공하여야 하며, 적절하게 항공기를 대기 지점에 대기시키거나 착륙 항공기가 도착하기 전에 출발시킨다.

관제용어

"Asiana 245 cleared to land, number two following Korean air B727 two mile final, traffic will be depart prior to your arrival."

6. 활주로 개방

가. 항공기가 착륙한 후 적당한 시기(활주로 개방 또는 지상활주 지시는 항공기가 접지 전

또는 접지 직후에 발부하여서는 안 됨.)에 활주로를 개방할 장소를 지시하고, 교통 상황에 따라 항공기에게 유도로 또는 활주로 진입 전 대기 지점에서 대기하도록 조언하여야 한다.

관제용어

"Turn left/right (taxiway/runway)."
또는 "If able, turn left/right (taxiway/runway)."
그리고 필요시 "Hold short of (runway)."

나. 다음과 같은 경우 국지관제사는 지상활주를 지시하여야 한다.

1) 항공기가 지상관제 주파수로 변경하기 전에 항공교통관제 지시의 준수가 요구될 때
2) 항공기가 착륙 활주로 개방을 위하여 사용 활주로 진입이 요구될 때

관제용어

"Korean air 1042, turn right next taxiway, cross runway 21, contact ground point seven."

다. 조종사로부터 복창을 받지 않은 경우에는 활주로 진입 대기 지시 복창을 요구하여야 한다.

관제용어

"Asiana 492, turn left at taxiway C hold short fo runway 27R."
"Asiana 492, turn left at C hold short fo runway 27R."
"Asiana 492, Roger."(조종사 송신)
"Asiana 492, read back hold instruction."

제7절 교통장주

1. 교통장주로의 진입(Entry of Traffic Pattern)

교통장주로의 진입을 위한 허가는 현 교통장주를 따라 착륙 지역에 접근하고 있으나 아직 착륙 허가가 발부되지 않은 교통 상태에서 항공기가 요구할 때마다 항공기에 발부한다.

가. 주변 상황과 교통 상태에 따라 항공기는 교통장주의 어느 한 위치에서 합류하는 것이 허

가될 수 있다. 계기접근으로 도착하는 항공기는 착륙 활주로에서 시각 기동(Visual maneuvering)이 요구되지 않는 한 직선으로 착륙하도록 허가한다.

나. 교통장주 진입 허가 요청은 다른 항공기의 교통장주 진입 계획을 고려하여 충분한 시간 전에 이루어져야 한다. 우측 교통장주인 경우에는 특별히 방향 지시를 발부한다.

다. 교통장주의 선회 방향이 다양한 공항에서 최근에 선회 방향이 변경되었다면, 교통장주 방향을 알려 주는 것이 바람직할 수 있지만 좌측 교통장주를 사용할 때는 좌측 선회 방향을 말할 필요는 없다.

라. 교통장주에 진입한 항공기의 조종사는 그 지역의 절차에 따라 정해진 지점에서 보고를 해야 한다.

2. 폐쇄 장주/축소 장주(Closed pattern)

연속적인 운용을 위한 조종사의 폐쇄 장주(Closed traffic) 사용 요구에 대하여 국지 교통 상황에 따라서 허가 또는 거부할 수 있다.

관제용어

"Left / right (요구 시) closed traffic approved."
"Report (요구 위치)."
또는 "Unable Closed traffic (요구되는 추가 정보)."

3. 원형 장주/타원형 장주(Overhead pattern)

가. 장주 고도 및 선회 방향이 표준 장주이거나 조종사가 비표준 절차에 익숙함을 관제사가 알고 있을 때는 장주 고도나 선회 방향 또는 둘 다 생략할 수 있다.

관제용어

"Pattern altitude (고도), right turns."

나. 첫 접근 지점에서의 보고 요구

관제용어

"Report initial."

다. Break 정보 및 조종사 보고 요구 : 비표준 장주이면 Break 지점만 명시한다. 교통 상황 또는 기타 필요 시 조종사에게 Break 지점에서 보고를 요구한다.

관제용어

"Break at (명확한 지점), report break."

라. 원형 접근 장주는 항공기가 운영상 필요성이 있는 공항에 수립되며, 원형 접근 장주를 진입하는 항공기는 시계비행(VFR) 항공기로 첫 접근 부분의 'Initial point'에 도착 시 계기비행(IFR) 계획서는 취소된다. 표준 원형 접근 장주가 수립되어 있으나 원형 접근을 허가할 수 없다면, 항공기에 통상적인 장방형 장주(Rectangular pattern)로 진입하도록 허가할 수도 있다.

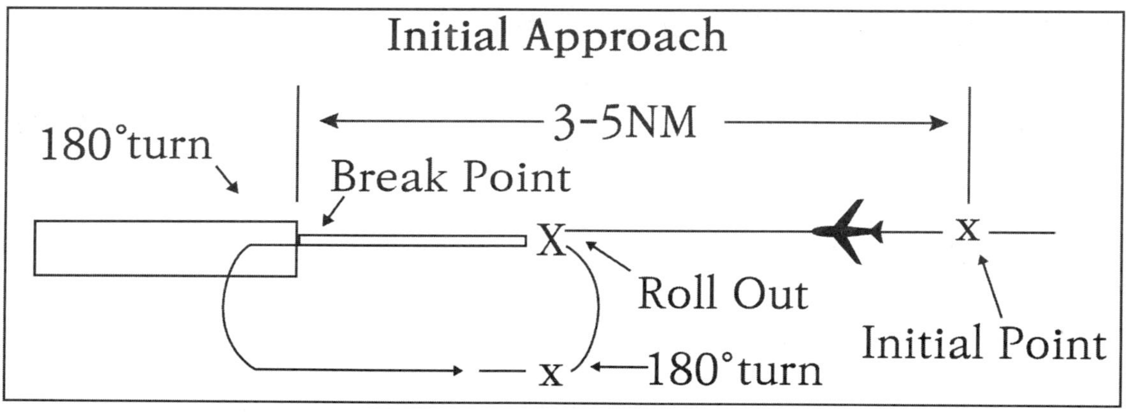

[그림 9-11] 원형 접근(Overhead Maneuver)

관제용어

"Air force 368, Runway 6, wind 070 8, pattern altitude 6,000, report Initial."
"Air force 368, break midfield, report break."
"Air force 368, cleared to land."
"AK 22, runway 31, wind 330 14, right turn, report initial."

> **참 고**
>
> 장방형 장주(Rectangular pattern)는 민간 훈련기, 군 수송기 등이 비행장에 착륙하고자 하는 경우나 타원형 장주 또는 원형 장주(Overhead pattern)를 사용할 수 없는 경우에 사용하는 장주로 비행장 주위의 공역에서 착륙에 필요한 고도강하, 항공기간의 분리 및 착륙 순서의 결정 등을 허가하기 위하여 설정된 비행로로 다음 그림과 같은 형태로 구성되어 있다.

4. 가상 엔진 정지 접근/비상착륙 장주/준(準)비상 접근 훈련 (Simulated Flame Out(SFO) Approaches/Emergency Landing Pattern (ELP) Operation/Practice Precautionary Approches)

> **참 고**
>
> 준(準)비상 접근 훈련/가상 엔진 정지 접근/비상착륙 장주는 특정 항공기에게만 인가된다. 그러나 준(準)비상 접근 훈련은 엔진 고장의 가능성이 있다고 간주되는 모든 항공기가 실시할 수 있다. 준(準)비상 접근 훈련 기동 구역/고도는 가상 엔진 정지 접근/비상착륙 장주 기동 구역/고도와 일치하지 않을 수 있다. 가상 엔진 정지 접근/비상착륙 장주는 일반적으로 높은 강하율을 요구한다. 따라서 항공기 전방 및 하방 시정은 매우 제한된다. 항공기가 가상 엔진 정지 접근/비상착륙 장주 접근을 위한 장주 조정은 가상 엔진 정지 접근 및 비상착륙 장주 훈련 효과에 영향을 준다.

가. 운영 내규(국지 절차) 또는 군 당국과 관련 항공교통관제기관 간 다음 내용에 관한 합의서가 있는 경우 군 항공기에게 가상 엔진 정지 비행/준(準)비상 접근 훈련을 허가할 수 있다.

> **참 고**
>
> '준(準)비상(Precautionary)'이라 항공기가 비상상황(Emergency)에까지 이르지는 않았으나, 계속 될 경우 비상상황에 도달할 수도 있는 상황을 의미한다.

1) 협조, 시행, 비행 승인 절차
2) 시설 상호 간 서면 합의된 교통 정보의 교환 또는 발부에 관한 사항
3) 절차 상에 가상 엔진 정지(SFO)/비상착륙 장주(ELP)가 종료되거나/종료되지 않을 지점 언급

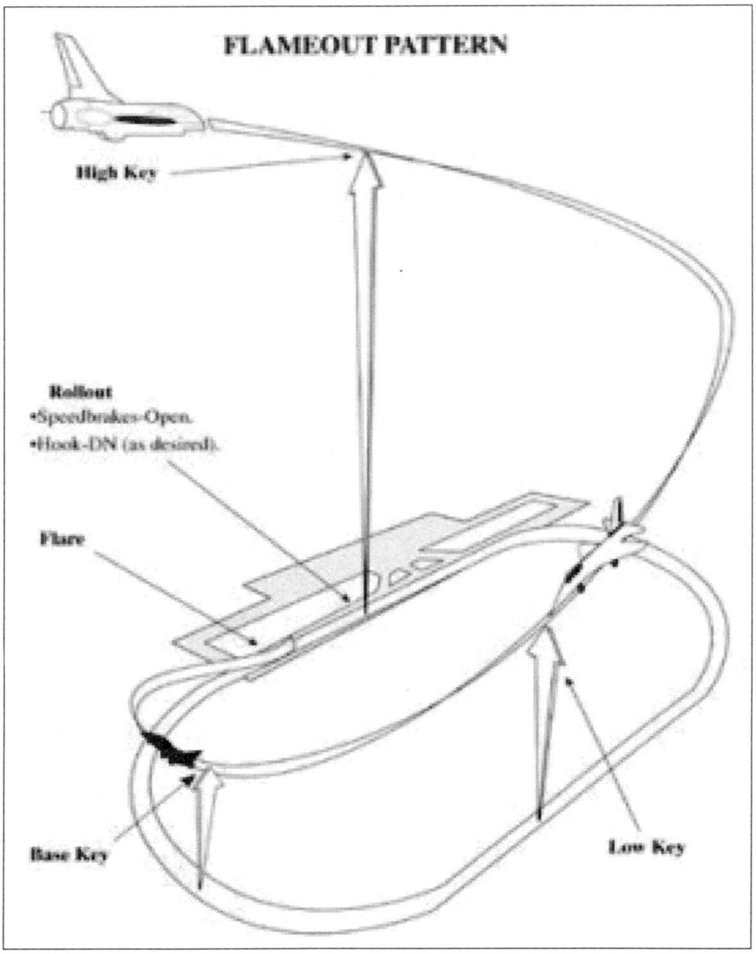

[그림 9-12] 가상 엔진 정지 접근 장주

나. 원형(Overhead) 가상 엔진 정지(SFO) 접근/비상착륙 장주(ELP) 접근

1) 진입 지점에서 보고 요구

관제용어

"Report high/low key(적절하게 선택)."

2) 로우키(Low key)에서 보고 요구

관제용어

"Report low key."

3) 로우키(Low key)에서 저고도 접근 허가나 대체 지시를 발부한다.

제8절 헬리콥터 운영절차

1. 지상활주 및 지상 이동

바퀴가 달린 헬리콥터 또는 수직 이·착륙 항공기(VTOL : Vertical Take- off and Landing)가 지상활주 필요 시 다음의 사항이 적용된다.

가. 바퀴 달린 헬리콥터가 지상에서 활주할 필요가 있을 때는 '제3절 지상 이동 및 절차 2. 지상활주 및 지상운행'의 관제 용어를 사용한다.

나. 헬리콥터/수직 이착륙 항공기가 20노트 미만의 속도로 지표면 효과가 있는 지역에서 이동을 요구하거나 이동이 필요한 경우 '제3절 지상 이동 및 절차 2. 지상활주 및 지상운행'의 관제용어로 적절히 보완된 다음의 관제용어를 사용한다.

관제용어

"Hover-taxi('제3절 지상 이동 및 절차 2. 지상활주 및 지상운행'의 용어로 적절히 보완된 용어). Caution(먼지, 눈보라, 지상 부스러기, 경항공기 활주, 사람 등)."

참 고

지표면 효과 : 회전익 항공기나 수직 이·착륙기가 지면 근처를 운항할 때, 회전익의 공기 흐름에 대한 지표면의 간섭으로 인해 발생하는 상승효과로 대부분의 회전익 항공기에서 회전익 효율은 회전날개 직경의 높이에 대한 지표면 효과로 증가하며, 지면 효과라고도 한다.

참 고

Hover-taxi는 연료 소모율이 높으며, 대형 및 중형 헬리콥터 일수록 지표면 효과로 인하여 발생하는 하향 난기류(Down wash turbulence)가 현저히 증가한다.

다. 헬리콥터가 통상 100ft AGL 미만에서 20노트 이상의 속도로 한 지점에서 다른 지점으로 신속한 이동이 요구되거나 필요할 때는 '제3절 지상 이동 및 절차 2. 지상활주 및 지상운행'의 관제용어와 적절히 보완된 다음의 관제용어를 사용한다.

관제용어

"Air-taxi, via (요구된 방향 또는 지정된 경로) to (위치, 헬리포트, 헬리패드, 운영/이동구역, 사용/비사용 활주로), avoid (항공기/차량/사람)."
필요 시 "Remain at or below (고도), caution (항적 난기류 또는 다른 이유)."
"Land and contact tower 또는 Hold for (이유 : 이륙허가, 투하, 착륙/활주 항공기 등)."

참 고

Air-taxi(공중활주)는 지상 상황이 허락할 때 공항에서의 헬리콥터가 선호하는 운항 방식이다. 공중활주는 조종사가 20노트 이상의 속도로 지표 위를 공중활주(Hover taxi) 또는 비행하여 진행하는 것을 허가하는 것이다. 그 밖에 필요 시 또는 지시받지 않았다면 조종사는 100ft AGL 이하를 유지하며, 운항 시 안전 고도와 운항 속도를 선택할 전적인 책임이 있다.

2. 헬리콥터 이륙 허가

가. 필요 시, 부가적인 지시와 함께 사용 활주로 이외의 이동지역으로부터 이륙 허가를 발부하거나, 사용 활주로로부터 다양한 방향으로 이륙 허가를 발부한다. 가능한 경우 언제든지 연장된 공중활주(Extended hover-taxi/air-taxi) 운항 대신에 이륙 허가를 발부한다.

나. 이동지역 이외의 지역(Non-movement areas), 헬리콥터 사용이 인가되지 않은 지역, 또는 공항 밖의 지역, 그리고 관제사가 당해 운항이 합당할 것으로 판단되는 경우, 위 '가'의 이륙 허가 대신 다음 관제용어를 사용한다.

관제용어

"Departure from (요구된 지점) will be at your own risk (추가적인 지시), use caution (필요 시 적절한 주의사항)."

다. 조종사가 동의하지 않는 한, 배풍이 5노트를 초과할 때, 이륙 허가를 발부하여서는 안 된다. 주어진 지점에서 주어진 방향으로의 조종사 이륙 요청은 동의에 해당된다.

3. 헬리콥터 출발 분리

다음 조건 중 한 가지가 이루어질 때까지 이륙을 유보시켜, 다른 헬리콥터로부터 출발하는 헬리콥터를 분리시켜야 한다. 단, 공항 경계선(Boundary) 내에서 공중활주(Air-taxi) 운행을 실시하는 헬리콥터는 지상활주하는 항공기로 간주한다.

가. 먼저 출발한 헬리콥터가 이륙 구역을 이탈할 경우(헬리콥터 출발 분리 Ⅰ 참조)

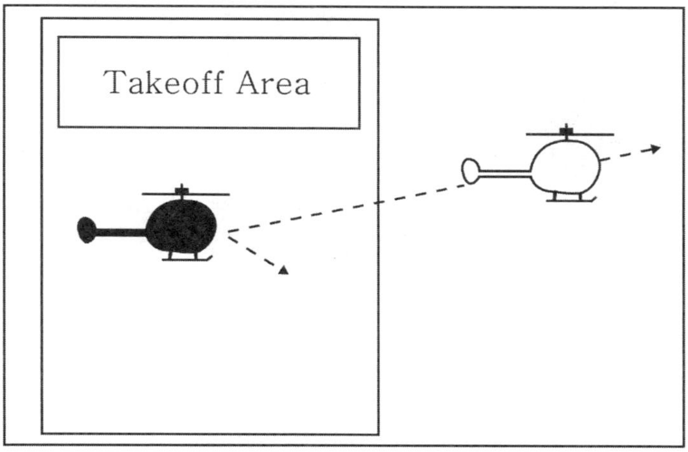

[그림 9-13] 헬리콥터 출발 분리 Ⅰ

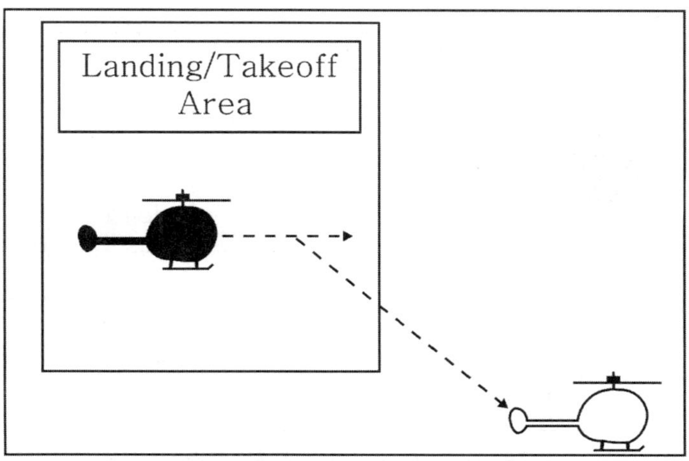

[그림 9-14] 헬리콥터 출발 분리 Ⅱ

나. 선행 도착 헬리콥터가 착륙 구역을 활주 완료할 경우(헬리콥터 출발 분리 Ⅱ 참조)

4. 헬리콥터 도착 분리

다음 조건이 충족될 때까지 도착하는 헬리콥터의 착륙을 유보시켜, 다른 헬리콥터와 도착하는 헬리콥터 간에 분리를 취한다.

가. 선행 도착 헬리콥터가 착륙하여 정지하였거나 착륙 지역을 이탈 완료한 때(헬리콥터 도착 분리 Ⅰ, Ⅱ 참조)

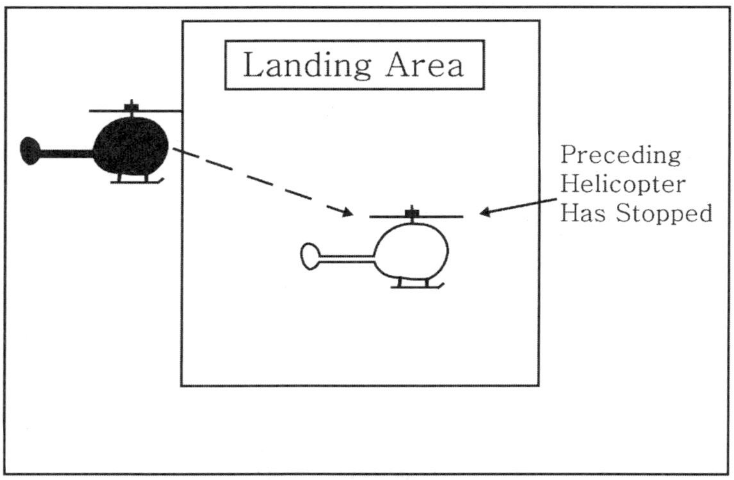

[그림 9-15] 헬리콥터 도착 분리 Ⅰ

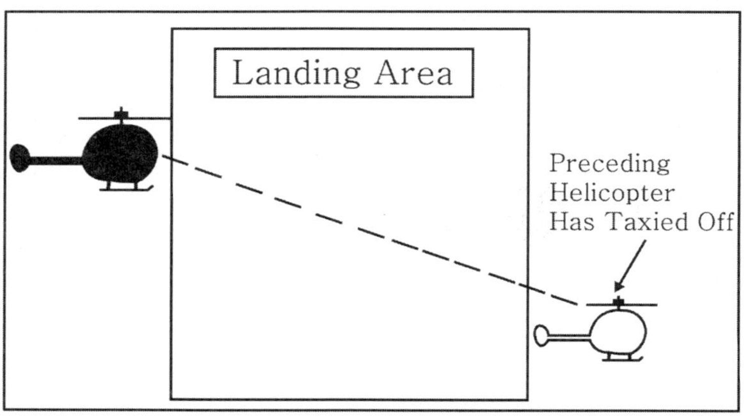

[그림 9-16] 헬리콥터 도착 분리 Ⅱ

나. 선행 출발 헬리콥터가 이륙 후 착륙 구역을 이탈한 후(헬리콥터 도착 분리 Ⅲ 참조)

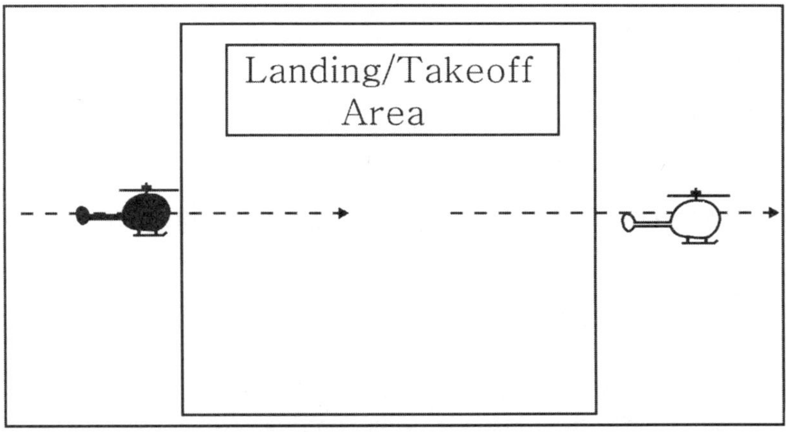

[그림 9-17] 헬리콥터 도착 분리 Ⅲ

5. 동시 착륙 또는 이륙

착륙 또는 이륙 지점이 200ft 이상 떨어져 있고 비행로가 겹치지 않는 경우, 헬리콥터 동시 착륙 또는 이륙을 허가한다. 최소한 200ft 확인을 위하여 지상 표지물을 참고하거나, 한 헬리콥터에게 다른 헬리콥터와 200ft 간격을 유지할 것을 지시한다.

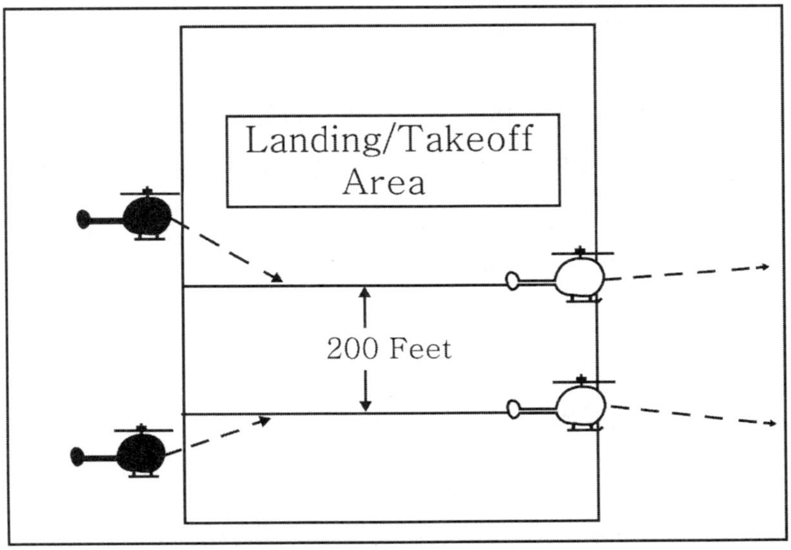

[그림 9-18] 헬리콥터 동시 착륙 또는 이륙

6. 헬리콥터 착륙 허가

가. 필요 시, 부가적인 지시와 함께 사용 활주로 이외의 이동지역으로 이동하는 헬리콥터에 착륙 허가를 발부하거나, 다양한 방향에서 사용 활주로 상의 지점으로 착륙 허가를 발부한다. 가능한 언제라도 공중활주(Hover-taxi/Air-taxi) 대신에 착륙 허가를 발부한다.

관제용어

"Make approach straight-in/circling left/right turn to (위치, 활주로, 유도로, 헬리패드, 횡단 지역) arrival/arrival route (번호, 이름 또는 코드)."
"Hold short of (사용 활주로, 활주로 중앙 연장선, 기타)"
"Remain (방향/거리 : 예 700ft, 1½마일) of/from (활주로, 활주로 중심선, 다른 헬리콥터/항공기)."
"Caution (동력선, 등화 표시가 없는 장애물, 항적 난기류 등), cleared to land."
"Remain (방향/거리 : 예 700ft, 1½마일) from (활주로, 활주로 중심선, 다른 헬리콥터/항공기)."

나. 이동지역 이외의 지역(Non-movement areas), 헬리콥터 사용이 인가되지 않은 지역, 또는 공항 밖의 지역, 그리고 관제사가 당해 착륙이 합당할 것으로 판단되는 경우, 위 '가'의 이륙 허가 대신 다음 관제용어를 사용한다.

관제용어

"Landing will be at your own risk (추가적인 지시), use caution (필요 시 적절한 주의사항)."
"Landing at (요구된 지점) will be at your own risk (필요 시, 추가적인 지시), use caution (필요 시 적절한 주의사항)."

다. 조종사가 동의하지 않는 한, 배풍이 5노트를 초과할 때, 착륙 허가를 발부하여서는 안 된다. 주어진 지점에서 주어진 방향으로의 조종사 이륙 요청은 동의에 해당된다.

제10장 레이다관제

제1절 일반사항

1. 레이다 이용

가. 레이다 관제 업무는 관제사가 레이다 상태 및 장비 성능이 관제 업무 수행에 적합하다고 판단할 때만 제공한다. 근무 하번 브리핑 중 또는 관제석을 배정받은 후 가능한 한 빨리 전시기의 수용도 및 정확성 조정에 대한 장비 점검을 하여야 한다. 재점검은 주기적인 감시를 통하여 실시한다.

나. 관제사의 레이다 이용은 1차 또는 2차 레이다 시스템으로부터 얻은 레이다 정보를 이용한다. A등급 공역과 A등급 공역이 아닌 공역이 혼합된 곳에서는 1차 레이다의 포착 범위 밖에서 2차 레이다에 의해서 부가적인 포착 범위가 제공될 수 있을 때 2차 레이다는 전시 자료로만 이용한다. 1차 레이다를 일시적으로 사용할 수 없거나 고장일 때 조종사에게 조언한다.

관제용어

"Primary radar unavailable (describe location). Radar service available on transponder equipped aircraft only."

다. 비컨 간격의 정확성

1) 비컨 간격의 정확성 확인은 동일 항공기의 1차 표적과 비컨의 상호 일치 확인 여부와 동일 항공기의 비컨과 1차 레이다 표적이 일치하지 않을 경우에는 이동된 비컨과 해당 레이다 시스템의 특정 거리 및 방위와의 상호 간의 일치 여부를 확인하여 비컨 표적을 분리 목적으로 사용할 수 있다.
2) 비컨 간격의 정확성을 확인할 수 없을 경우 관제사는 비컨 표적을 교통 정보 발부용으로만 사용할 수 있다.

라. 체공 및 이탈 조언

1) 관제사는 항공기가 체공 시, 관제사의 레이다 전시기 상에 도시된 외곽 픽스 체공장주 공역 또는 외곽 픽스 체공장주 공역의 어떠한 부분에 대해서도 레이다 감시 업무를 수행하여야 한다. 또 그 공역 밖으로 이탈하는 항적에 대해서도 탐색을 하여야 하며, 공역 바깥에서 이탈 항적이 발견되는 경우에는 허가된 공역 내로 복귀하도록 조언한다.
2) 항공기의 위치 및 경로가 보호된 공역으로부터 이탈할 것으로 관측될 때는 항공기에게 조언하며, 필요할 때는 당해 항공기가 인가된 보호 공역으로 복귀할 수 있도록 돕는다.

마. 위치 보고

관제사는 필요할 때 항공기에게 특정 픽스 상공에서의 도착 보고 또는 도착 예정 보고를 요구할 수 있다. 항공기가 항공교통관제기관으로부터 "Radar contact lost" 또는 "Radar service terminated"를 통보할 때, 통상 위치 보고를 하여야 한다. 필요할 때는 항공로 또는 픽스를 고려한 항공기 위치를 통보한다.

관제용어

"Over/passing (픽스)."
"(마일 수) Miles from (픽스)."
"(마일 수) Miles (방향) of (픽스, 항공로, 위치)."

바. 레이다 업무 종료

1) 레이다 업무 종료 시 항공기에게 통보한다.

관제용어

"Radar service terminated (Nonradar routing if required)."

2) 다음의 경우, 자동으로 레이다 업무가 종료되며, 항공기에게 통보할 필요가 없다.
   • B등급 및 C등급 공역 또는 기본 레이다 업무가 제공되는 지역 내를 제외한 지역 내를

비행하는 항공기가 계기비행 계획을 취소한 경우

- 계기접근, 시각접근(Visual approach), Contact approach를 하는 항공기가 착륙하였거나 조언 주파수로 변경할 것을 지시받은 경우
- 활주로 끝으로부터 ½마일 이내까지 레이다 포착이 되지 않았을 경우, 관제탑이 운영되는 공항의 도착 항공기에게 레이다 업무가 종료되었음을 통보하여야 한다.
- Terminal : B등급 및 C등급 공역 또는 기본 레이다 업무가 제공되는 지역 내 관제탑이 운영되는 공항으로 레이다 업무를 제공받는 도착 시계비행 항공기가 착륙하였거나 다른 모든 공항으로 레이다 업무를 제공받은 경우와 관제탑 또는 조언 주파수로 변경할 것을 지시받은 경우
- Terminal : 항공기가 레이다 접근을 완료한 경우

제2절 비컨 체계

1. 일반사항

가. Mode 3/A는 항공교통관제용으로서 군 · 민 공용 모드로 선정되어 있다. 레이다 비컨 코드 배정은 Mode 3/A 코드 비컨 트랜스폰더를 탑재한 항공기에 한정한다.

나. 합의서 또는 운영내규 상에 별도로 명시하지 않는 한 관제사가 항공교통관제업무를 제공하는 상황에 따른 레이다 비컨 코드는 이륙 항공기, 항공로 상을 운항하는 항공기 및 착륙 항공기에게 적절한 코드를 배정한다.

관제용어

"Squawk 3/A (Code)." 또는 "Squawk (Code)."

다. 관제사는 배정된 코드로 운용하는 항공기에게 목적지로부터 약 15마일에 있으며, 관제사가 트랜스폰더의 운용이 더 이상 필요로 하지 않을 때와 표적이 많은 지역에서 지역 장애물을 감소시킬 필요가 있거나 '원형화 현상(Ring around)' 또는 다른 유사 현상을 감소시킬 필요가 있을 때, 트랜스폰더를 대기 또는 저감도 위치로 변경할 것을 지시할 수 있

다. 관제사는 더 이상 트랜스폰더를 대기 또는 저감도 위치로 변경이 필요하지 않을 때는 가능한 한 신속히 정상 감도 위치로 환원하도록 항공기에게 지시하여야 한다.

관제용어

"Squawk standby." 또는 "Squawk low/normal."

라. 비상 코드 배정

1) 조종사가 비상을 선언하고 당해 항공기가 레이다 식별이 되지 않았을 때는 코드 7700를 배정하며, 비상 항공기에게 다음과 같이 관제용어를 사용하여 코드를 배정하여야 한다.

관제용어

"Squawk mayday on 7700."

2) 무선 및 레이다 포착이 이루어진 후, 단좌 터보 제트기 및 단좌 헬리콥터의 조종사는 비상 시 트랜스폰더 조작이 불가능할 수 있다. 이 밖의 항공기에게는 코드 7700에서 상황에 적절한 다른 코드로 변경을 요구할 수 있다.

마. 피랍 항공기(Hijacked aircraft)

관제사는 Mode 3/A 코드 7500, 설명할 수 없는 비컨 코드의 소멸, 비행방향 또는 고도의 변경, 통신 두절이 관측되었을 때 이러한 사실을 지체 없이 감독 관제사에게 알리고 다음과 같이 조치를 취하여야 한다.

1) 피랍을 확인하기 위하여 조종사에게 질문을 함으로써 코드 7500의 수신을 확인하고 인지하고 있음을 알린다. 항공기가 불법 간섭을 받고 있지 않은 경우에는 조종사는 질문에 대하여 불법 간섭을 받고 있는 것이 아님을 명확하게 응답하여야 한다. 간섭을 받고 있는 것으로 응답하거나 응답이 없는 경우에는 조종사에게 더 이상 추가 질문을 삼가고 항공기의 요구에 응하여야 한다.

관제용어

"(항공기 호출부호) (시설 명칭) Verify Squawking 7500."

2) 항공기를 추적하여야 하며, 항공기와의 교신이 이루어지지 않은 경우에는 항공기의 송신이나 응답을 요구하지 말고 정상적인 관제이양(hand off) 절차를 사용한다.

바. 통신 두절(Communication failure)

양방향 무선통신 두절 시 가능한 한 다음 조치를 취하여야 한다.

1) 관할 구역 내의 항공기와 무선통신이 두절된 경우에는 재교신의 유지를 위하여 가능한 한 모든 방법을 사용하여 허가 방송을 하여야 한다. 방법으로는 비상 주파수, 음성기능이 있는 항행안전시설 및 당해 항공사 운영 주파수 등이 있다.

2) 허가에 대한 인지 여부 및 질문에 대한 답변 여부를 확인하기 위하여 항공기에게 트랜스폰더를 이용하도록 하거나 선회 지시를 함으로써 무선통신의 재 유지를 시도하여야 하며, 트랜스폰더를 이용하여 다음 사항을 요구하여야 한다.
   - 모드 3/A 'Ident'에 대한 응답
   - 코드 7600의 조정을 요구하거나 이미 7600로 조정한 경우에는 다른 코드 지정
   - 표적이 사라지는 것이 관제 지시에 의한 것임을 확인하기 위하여 충분한 시간 동안 "Stand by"로 교체

관제용어

"Reply not received, (적절한 지시)."
"(조치 결과) Observed, (필요시, 추가 지시 또는 정보)."

3) 관할 구역 내에서 비행하는 무선통신 두절 항공기에 관한 정보를 비행로를 따라 통과하게 될 모든 항공교통관제기관에 통보하여야 한다.

사. 시계비행 항공기 코드 배정

1) 계기비행 계획을 취소하고 레이다 조언을 요청하지 않은 계기비행 항공기와 레이다 조언 업무가 종료된 시계비행 항공기에게 시계비행 코드로 변경할 것을 지시하여야 한다.

관제용어

"Squawk VFR." 또는 "Squawk 1200."

2) 항공기가 시계비행에서 계기비행으로 전환 시에는 MSAW 경보를 제공하는 Mode C가 장착된 항공기에게 비컨 코드를 배정하여야 한다.

2. 비컨 코드의 상실 및 고장 · 기능 장애

가. 배정한 비컨 코드가 시현되지 않는다는 사실을 사용 가능한 트랜스폰더를 장착한 항공기에게 알려야 한다.

관제용어

"Reset transponder, squawk (적절한 코드)."
또는 "Reset squawk [(mode)] (code)."

나. 항공기 탑재 트랜스폰더의 고장 또는 기능 장애가 있을 때는 항공기에게 통보하여야 하며, 시설 내의 다른 관제석 또는 다른 관제 시설에 통보하여야 한다.

관제용어

"Your transponder appears inoperative/malfunctioning, reset, squawk (적절한 코드)."

3. Mode C

참 고

Mode C : 항공교통관제 레이다 비컨시스템을 구성하는 항공기에 탑재된 응답기와 지상 질문기간에 송·수신되는 특정 펄스 간격의 무선신호에 배정된 문자 또는 숫자로, Mode C는 고도정보를 제공해 준다.

가. 관제사는 시설 간 관제 이양, 초기 항적 설정으로부터의 항적 설정, 비정상적인 Mode C 판독 후, Mode C 고도 판독이 적절한지 여부를 확인하여야 한다. 전시되는 Mode C 고도 정보의 정확성을 판단하는 허용 오차는 ±300ft이며, RVSM이 적용되는 공역에서는 ±200ft이다. 그러나 고도 판독의 확인이 불가능한 경우에는 분리를 목적으로 Mode C 고도 정보를 사용할 수 없다.

관제용어

"Say altitude." 또는 "Say flight level."

참 고

RVSM(Reduced Vertical Separation Minimum, 수직분리 최저치 축소) : 2,000ft씩 수직분리를 통해 비행기간의 간격분리를 해오던 기존의 방식으로는 늘어나는 항공기들의 운항을 감당할 수가 없어서, 안전한 설비 및 규칙을 가지고 일정 고도에 한하여서는(FL290~FL410) 1,000ft 수직분리를 축소하는 것을 말한다. 기존보다 타이트하게 공역을 운용하기 때문에 정확한 장치 및 확실한 상호 규칙이 있어야만 안전을 보장할 수 있기 때문에 다음과 같은 항공기 시스템이 장착되고 정상 작동되어야 한다.
1. 두 개의 독립적 고도 측정 장치

2. 한 개의 SSR 고도 보고 기능을 보유한 Transponder
3. 한 개의 고도 경보장치
4. 한 개의 자동 고도 통제장치

나. 고도 확인

1) 다음의 경우를 제외하고 최초 교신 시 배정된 고도를 확인하도록 조종사에게 요구하여야 한다.
   - 조종사가 배정된 고도를 언급한 경우
   - 상승 · 강하하는 항공기에게 새로운 고도를 배정한 경우
   - Mode C 판독이 정확하고, 항공기가 배정된 고도에 위치하고 있다고 표시될 경우

2) 관제사가 항공기의 트랜스폰더 자동 고도 보고 기능을 작동시키거나 작동 중지시키기를 원할 때는 다음의 관제용어를 사용하여 항공기에게 통보한다.

관제용어

"Squawk altitude, squawk C."
또는 "Stop altitude squawk."

다. 비컨 종료

항공기 트랜스폰더 작동 중단이 요구될 때는 항공기에게 통보한다.

관제용어

"Stop squawk."

제3절 레이다 식별 및 이양

1. 레이다 식별

가. 항공교통관제기관에서 첫 식별이 이루어졌을 때와 레이다 포착 상실 또는 레이다 업무 종료에 뒤이어 레이다 식별이 다시 이루어졌을 때는 레이다 포착 사실을 항공기에게 통

보한다.

관제용어

"Radar contact (필요시 위치)."

나. 레이다 식별이 상실되었을 때, 항공기에게 다음과 같이 통보한다.

관제용어

"Radar contact lost (필요시 대체 지시)."

다. 1차 레이다 식별 방법

다음 방법 중 한 가지 방법을 사용하여 1차 레이다 또는 레이다 비컨 표적을 식별한다.

1) 이륙 활주로 종단 1마일 이내에서 출발 항공기의 표적을 관찰함으로써 항공기를 식별할 수 있다.

2) 식별 선회 또는 30° 이상의 선회를 이용하여 목표물을 관찰한다.

라. 2차 레이다 식별 방법

1) 표적의 식별을 위하여 Mode 3/A 레이다 비컨만을 사용할 경우 다음 방법 중 한 가지 방법을 사용한다.

- 항공기에게 트랜스폰더의 'Ident' 작동을 요구하고 전시되는 표적을 관찰한다.

관제용어

"Ident." 또는 "Squawk (코드) and ident."

- 항공기에게 트랜스폰더의 위치를 'stand by' 위치로 변경을 요구한다. 표적의 상실이 'stand by' 위치에 놓여진 결과라는 것을 확인하기 위해 충분한 탐색 시간 동안 표적이 나타나지 않는 것을 관찰한 후에 항공기에게 트랜스폰더를 정상으로 복귀할 것을 요구하고 표적의 재 시현을 관찰한다.

관제용어

"Squawk stand by." 그 후 "Squawk normal."

2) 표적의 근접, 관찰된 행위의 중복 또는 기타 다른 상황으로 인하여 표적에 대한 식별이 의심스러운 경우에는 한 가지 이상의 식별 방법을 통하여 항공기를 식별한다. 어떤 사유로 인하여 식별이 의심스러운 경우에는 지체 없이 다른 방법으로 재 식별을 위한 조치를 취하거나 레이다 업무를 종료하여야 한다.

2. 레이다 식별의 이양

가. 항공기에게 레이다 업무를 계속해서 제공하고 항공교통의 안전, 질서 및 신속한 흐름을 촉진하기 위해 관제사 간 항공기의 레이다 식별을 이양할 필요가 있다. 기관 간 및 기관 내의 레이다 식별 이양은 운용상 불가능한 지역을 제외하고, 레이다 감시 전 지역 내에서 수행한다.

나. 용어(Terms)

1) 관제 이양(Hand off)
인수 관제사의 공역에 진입하는 항공기의 무선 통신 이양 시 인계 관제사와 인수 관제사 간 항공기의 레이다 식별의 이양을 위하여 취하는 조치

2) 레이다 포착(Radar contact)
항공기가 식별되었고 인수 관제사의 공역으로 항공기의 진입이 허가되었음을 인계 관제사에게 통보하기 위하여 사용되는 용어

3) Point out
관제 중인 항공기가 다른 관제사의 공역 · 보호 공역으로 진입하고자 할 때, 무선 통신 이양을 하지 않고 레이다 식별만을 제공하는 물리적 또는 자동화된 행위

4) Point out approved
협의된 바에 따라 통신 이양 또는 자동화 시스템에 의한 응신 없이 인수 관제사의 공역에 진입할 항공기가 식별되었고, 진입을 허가함을 인계 관제사에게 통보하기 위하여 사용되는 용어

다. 레이다 이양 방법

1) 항공기의 레이다 이양 방법은 인수 관제사의 전시기에 나타난 표적을 물리적인 방법으로 지적을 하거나 지상 음성 통신 또는 자동 장치를 사용하여 레이다 식별을 이양한다.

2) ‘Hand off’, ‘Point out’을 하거나 ‘Traffic restriction’ 사항들을 발부할 때는 다음 용어를 사용하여 인수 관제사에게 정보를 통보하여야 한다.

관제용어

“Hand off/Point out/Traffic (항공기 위치) (항공기 호출부호).”

3) 인수 관제사는 ‘Hand off’, ‘Point out’ 또는 교통 제한 사항을 받은 경우에 인계 관제

사에게 다음과 같이 응답한다.

관제용어

"(항공기 호출부호) (제한사항, 필요시) Radar contact."
또는 "(항공기 호출부호) (제한사항, 필요시) Point out approved/Traffic observed/unable (필요시 적절한 정보)."

라. 인계 관제사의 관제권 이양

1) 인계 관제사는 인수 관제사에게 위임된 공역에 항공기가 진입하기 전에 레이다 이양을 완료하여야 한다. 합의서 또는 운영내규에 명시되어 있지 않으며 이양이 최초로 시작되는 동안 또는 이양을 받아들인 후 항공기의 비행로, 고도 또는 자료란 정보를 변경하기 전에 인수 관제사에게 구두로 허가를 획득하여야 한다.

2) 인계 관제사는 통신을 이양하기 전에 다음의 사항을 확인하여야 한다.
- 인접 공역에 대한 잠재적 침범 가능성 및 관할 공역 내의 항공기 간 충돌 가능성을 해소하여야 한다.
- 인수 관제사의 관할 구역 내로 항공기가 진입하기 전에 항공기가 통과할 관할 구역의 모든 관제사와 필요한 협의를 완료하여야 한다.
- 분리하기 위하여 발부되는 제한 사항을 인수 관제사에게 전달한다. 특별히 협의하지 않으면 인수 관제사에 의해 발부된 제한 사항을 따라야 한다.

마. 인수 관제사의 관제권 인수

1) 인수 관제사는 표적의 위치가 인계 관제사에 의해 제공된 위치와 서로 일치하는지 또는 레이다 이양을 수락하기 전에 자동 자료란과 이양될 표적 간 적절한 연관이 있는지를 확인하여야 한다. 레이다 이양을 수락하기 전 관할 책임 구역에 안전하게 진입할 항공기를 위해 필요한 제한 사항을 발부하여야 하며, 별도로 협의되지 않으면 인계 관제사가 발부한 제한 사항을 준수하여야 한다.

2) 다른 관제사의 관할 구역 내 항공기의 비행기수, 비행로, 속도, 고도 및 비컨 코드 변경 관제 지시를 직접 발부하기 전, 합의서 또는 운영내규에 별도로 명시하지 않으면 이러한 지시의 영향을 받는 아래 명시된 관할 구역 관제사와 협의하여야 한다.
- 관제 지시가 발부될 관할 구역의 관제사
- 항공기가 통과하게 될 관할 구역의 관련된 관제사

3) 다른 관제사로부터 레이다 이양을 받은 후 항공기의 위치를 조언함으로써 1차 항적의 레이다 식별을 완료하여야 하며, 또한 레이다 이양 중에 코드 변경, 'Ident'에 의한 응

답 또는 'Stand by' Squawk을 관찰함으로써 레이다 식별을 확인하여야 한다.

4) 레이다 식별을 이양 받은 후 인계 관제사의 관할 구역 내에 수직 한계선을 통해 항공기의 상승, 강하를 지연시킬 것을 결정한 경우에는 인계 관제사에게 가능한 한 빨리 이를 통보한다.

바. Point out

1) 인계 관제사

- 인수 관제사의 위임된 공역에 항공기 진입을 허가하기 전에 구두 허가를 받아야 한다. Point out이 승인된 후, 항공기의 비행로, 고도 또는 Data block 정보를 변경하기 전에 인수 관제사의 허가를 받아야 한다.
- 별도로 협의하지 않으면, 인수 관제사가 통보한 제한 사항을 준수하여야 한다. 인수 관제사가 동의하지 않거나 합의서에 명시하지 않으면 비행 자료의 수정 사항 및 협의 내용을 포함하여 계속되는 레이다 이양 및 통신 이양의 책임이 있다.

2) 인수 관제사

- Point out을 승인하기 전에 표적의 위치가 인계 관제사에 의해 제공된 위치와 일치하는지 또는 컴퓨터 Data block과 이양될 표적 간 연관성을 확인하여야 한다.
- Point out 중인 항공기와 분리 책임을 가진 다른 항공기 간의 분리를 유지하여야 할 책임이 있다. 관할 책임 구역 내의 다른 항공기와 분리하기 위하여 필요한 제한 사항을 발부하여야 한다.

제4절 수직분리 최저치 및 비행고도 배정

1. 수직 분리 최저치

항공교통관제의 계기비행 항공기 간 수직 분리 최저치는 FL290 이하에서는 1,000ft 분리를 적용하며, FL290 초과 시에는 2,000ft 분리를 적용한다. 또 FL600 초과 고도에서 운항하는 군용 항공기 간에는 5,000ft 분리를 적용한다.

2. 비행 방향에 따른 비행고도 배정

다음 표에 의하여 항공기의 비행고도를 배정하여야 한다.

[표 10-1] 비행고도 배정

항공기가 운항 중인 공역	자침 비행 진로	배정해야 할 고도	예시 고도
지표로부터 3,000ft 미만	모든 진로	모든 고도	
FL 290 미만	0°~179°	2,000ft 간격의 홀수 해발고도 또는 비행고도	3,000ft, 5,000ft, FL250, FL270
	180°~359°	2,000ft 간격의 짝수 해발고도 또는 비행고도	4,000ft, 6,000ft, FL240, FL260
FL 290 이상	0°~179°	FL290에서 시작하여 4,000ft 간격의 홀수 비행고도	FL290, FL330, FL370
	180°~359°	FL310에서 시작하여 4,000ft 간격의 홀수 비행고도	FL310, FL350, FL390
일방 통행로 (Composite system인 경우는 제외)	모든 진로	FL290 미만 해발고도 또는 비행고도 FL290 이상 모든 홀수 비행고도	FL270, FL280. FL310, FL330
공역유보(ALTRV) 구역 내	모든 진로	모든 해발고도 또는 비행고도	
공중급유 구역 내	모든 진로	요구한 고도 유보 모든 해발고도 또는 비행고도	050B080 FL180B220 FL280B310 ※ B : Block
RVSM 또는 RVSM 전이공역 내 항공기	모든 진로	모든 비행고도 (Any designated cardinal altitude)	FL290, FL300, FL310, FL320, FL330, FL340

제5절 레이다 분리 및 유도

1. 레이다 분리(Radar Separation)

가. 관제사는 FL450 이하의 임의 비행 경로 상에서 비행하는 모든 RNAV 항공기에게 레이다 분리를 제공하여야 한다. 레이다 분리는 다음의 항공기 간에 적용한다.

1) 레이다 식별이 된 항공기 간

2) 이륙하는 항공기가 이륙 활주로 종단 1마일 이내에서 레이다 식별이 될 때, 이륙 항공기와 다른 레이다 식별된 항공기 간

나. 최저치

다음의 최저치에 따라 항공기를 분리한다.

1) 단일 센서(Single sensor) ASR 또는 디지털 국지 자동 시스템(Digital Terminal Automation System)

- 안테나로부터 40마일 미만일 때 : 3마일
- 안테나로부터 40마일 이상일 때 : 5마일

2) 항적 난기류(Wake turbulence) 적용

- 정후방에 있거나 정후방에 있으면서 하방 1,000ft 미만의 고도를 유지하는 항공기 및 계기 접근 항공기를 뒤따르는 항공기에게 다음의 분리를 적용하여야 한다.
  - 대형기(H) 뒤의 대형기(H) : 4마일
  - B757 뒤의 중형기(M) · 대형기(H) : 4마일
  - B757 뒤의 소형기(L) : 5마일
  - 대형기(H) 뒤의 소형기(L) · 중형기(M) : 5마일

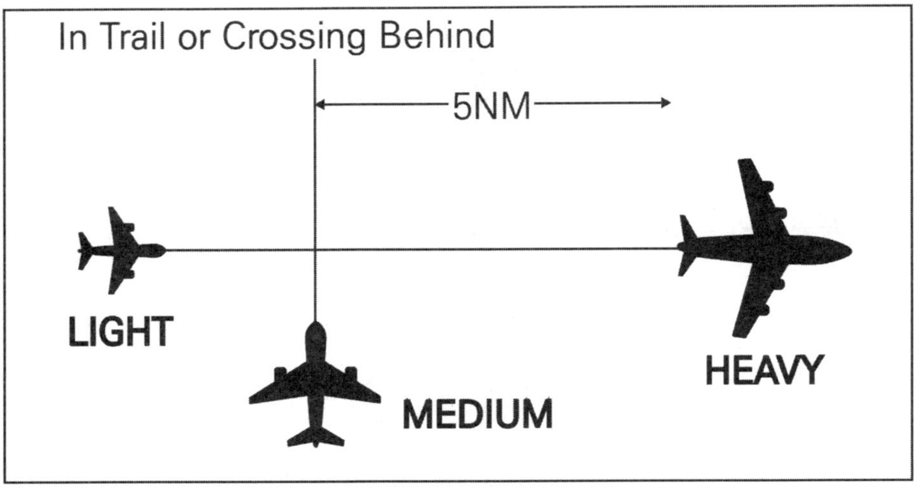

[그림 10-1] 크기에 따른 항공기 분리

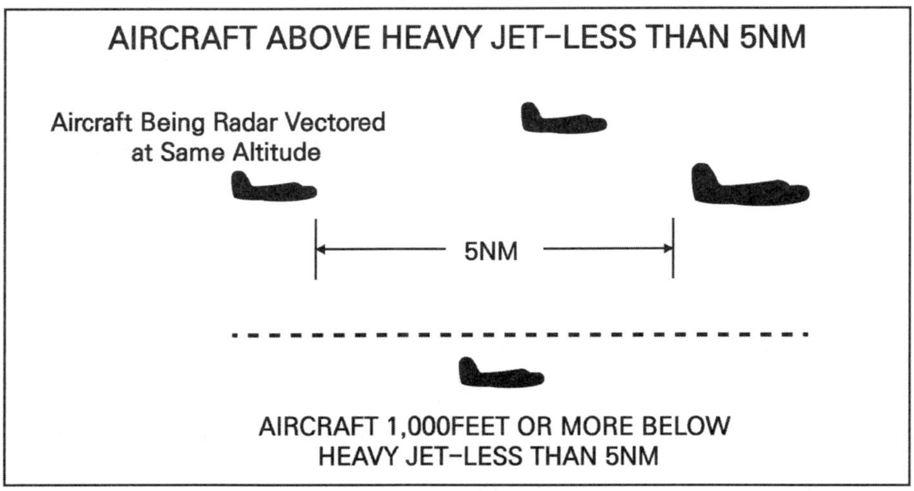

[그림 10-2] 항공기 분리

- 항적 난기류 분리 적용 시 평행 활주로 간의 간격이 2,500ft(760m) 미만일 경우에는 항적 난기류 가능성으로 인하여 단일 활주로로 간주하여야 한다.

다. 수직 분리

횡적으로 분리되지 않은 항공기는 다음 중 한 가지 방법을 사용하여 수직 분리를 할 수 있다.

1) 유효한 Mode C 고도 정보가 감시되고, 적용 가능한 분리 최저치가 항상 유지된다면 항공기에게 고도를 배정하여야 한다.

2) 먼저 상승 · 강하 허가가 발부되고, 고도를 비행하는 항공기가 그 고도를 떠났다고 보고하거나 떠나는 것이 확인된 이후에만 항공기에게 그 고도를 배정한다.

라. 기타 레이다 분리

1) 편대비행을 위한 추가 분리
- 편대비행을 위한 추가 분리는 표준 편대비행 항공기와 다른 항공기 간에는 해당 레이다 분리 최저치에 1마일을 추가하여 분리한다.
- 두 표준 편대비행 항공기 간에는 해당 레이다 분리 최저치에 2마일을 추가한다.

2) 장애물로부터 분리
- 항공로 관제 레이다를 제외하고, 레이다 스코프 상에 나타나는 현저한 장애물로부터 항공기를 다음과 같이 분리한다.
  - 안테나로부터 40마일 미만에 있을 때 : 3마일
  - 안테나로부터 40마일 이상에 있을 때 : 5마일

3) 인접 공역
- 관련 관제사 간 협의되지 않은 경우에는 레이다 관제를 받는 항공기는 레이다 분리가 적용되는 인접 공역 경계선으로부터 다음 최소 간격 이상으로 분리를 하여야 한다.
  - 안테나로부터 40마일 미만에 있을 때 : 1½마일
  - 안테나로부터 40마일 이상에 있을 때 : 2½마일
- 레이다 관제를 받는 항공기들은 레이다 분리를 적용하지 않는 인접 공역 경계선으로부터 다음 최소 간격 이상으로 분리를 취하여야 한다.
  - 안테나로부터 40마일 미만에 있을 때 : 3마일
  - 안테나로부터 40마일 이상에 있을 때 : 5마일

4) 스코프 가장자리
- 레이다 스코프 전시 화면의 가장자리에 나타나는 어떤 항공기의 고도를 통과하여 상승 · 강하하는 레이다 관제를 받는 항공기를 비레이다 분리가 될 때까지 다음의 최저치 이상으로 분리한다.
  - 안테나로부터 40마일 미만에 있을 때 : 스코프 가장자리로부터 3마일
  - 안테나로부터 40마일 이상에 있을 때 : 스코프 가장자리로부터 5마일

5) 비컨 표적 이격 허용치

1차 표적, 인접 공역, 장애물로부터 비컨 표적을 적절히 분리하기 위하여 이미 설정되어 있는 비컨 표적이 이격되어 전시될 경우에는 그에 따른 이격 허용치로 해당 최소

간격에 1마일을 가산하여야 한다. 비컨 표적 이격의 최대 허용 범위는 0.5마일이다.

2. 레이다 유도(Radar Vectoring)

가. 일반사항

1) 관제 공역 내에서 비행하는 항공기에게 교통 분리, 안전, 소음 감소 또는 운영상 이득이 있거나 조종사가 요구할 때는 레이다 유도를 할 수 있다.

2) 레이다 접근, 특별시계비행, 시계비행 또는 최저고도 미만에서의 레이다 유도에 의거하여 허가된 경우를 제외하고 최저 레이다 유도고도 또는 최저 계기비행 고도 이상에서 레이다 유도를 한다.

3) 관제사는 별도 협의하지 않으면 관할 구역 내에서 비행하는 항공기에 대하여 레이다 유도를 해야 하며, 레이다 포착 범위 내에서 자체 항법에 의한 비행을 하는 항공기에 대해서는 그들이 자체 항법으로 복귀하는 것을 돕기 위하여 레이다 유도를 한다. B, C, D 또는 E등급 공역의 공항교통구역 내에서 비행하는 특별시계비행 항공기에게만 레이다 유도를 한다.

나. 레이다 유도 방법

1) 항공기의 선회 방향, 필요시 비행 자침 기수 방향을 발부하여 항공기를 레이다 유도한다.

관제용어

"Turn left/right heading (각도)."
"Fly heading (각도)."
"Fly present heading."
"Depart (픽스) heading (각도)."
"Continue heading (각도)."
"Continue present heading."
"Leave (특정 지점) heading (각도)."

2) 레이다 유도를 시작할 때는 목적을 조종사에게 통보하여야 한다.

관제용어

"Vector to (픽스 또는 항공로)."
"Vector to intercept (항행안전시설의 명칭) (특정 · 해당)."
"Radial vector for spacing."

3) 레이다 유도 이유를 통보할 필요가 있을 때는 다음의 용어를 사용한다.

관제용어

"Due traffic."
"For delay."
"For downwind (base/final)."
"Vector to final approach course."
또는 조종사가 접근 형태를 알지 못하는 경우
"Vector to (접근 형태) final approach course."

다. 최저고도 미만에서의 레이다 유도

3마일 이상의 분리 최저치가 요구되는 지역에서의 항공로 관제 자동화 시스템 관제 상황인 경우를 제외하고, 레이다 전시기에 나타나는 현저한 장애물로부터 해당 항공기를 다음에 정한 바와 같이 충분히 분리시킬 수 있다면, 레이다 안테나로부터 40마일 이내에서 그 항공기가 계기비행 최저고도에 도달하기 전이라도 이륙 계기비행 항공기 또는 실패접근 하는 항공기를 레이다 유도할 수 있다.

1) 비행로가 장애물로부터 3마일 이상 떨어져 있고, 항공기가 장애물보다 최소 1,000ft 이상 되는 고도로 상승하고 있다면, 그 항공기가 장애물 상공을 떠난다고 보고를 할 때까지 그 장애물로부터 최소한 3마일 이상 떨어져 비행하도록 레이다 유도를 한다.
2) 비행로가 장애물로부터 3마일 미만에 있고 항공기가 그 장애물 높이보다 최소 1,000ft 이상의 고도로 상승하고 있다면, 그 항공기가 장애물로부터 최소 3마일의 간격이 될 때까지 또는 그 항공기가 장애물 상공을 떠난다고 보고할 때까지 장애물로부터 횡적 분리가 증가하도록 레이다 유도를 하여야 한다.

제6절 속도조절

1. 일반사항

항공기 간에 필요한 공간의 확보 · 유지를 위한 속도조절 지시는 최소한으로 하여야 하며, 속도조절 지시를 할 때는 감속 · 증속을 번갈아 가며 요구하는 것은 피해야 한다. 앞서 지시한 속도조절이 더 이상 필요하지 않을 때는 조종사에게 정상 속도로 복귀할 것을 지시한다.

가. 속도조절을 지시할 때, 다음 사항을 고려하여야 한다.
1) 속도조절은 항공기의 형태, 비행고도 및 속도 등이 속도조절을 하는 데 소요되는 시간과 거리를 결정한다.
2) 속도조절을 지시할 때, 동일 방향으로 앞서 가는 항공기를 뒤따르는 상황인 경우에는 뒤따라가는 항공기에게 먼저 감속을 지시하거나 앞서 가는 항공기에게 먼저 증속을 지시한다.
3) 두 항공기 간의 간격이 지속적으로 유지되도록 필요한 때 특정 속도 유지를 지시한다.

나. 다음 항공기에게는 속도조절을 지시해서는 안 된다.
1) FL390 이상의 고도에서 조종사 동의가 없는 경우
2) 발간된 고고도 계기 접근절차를 수행 중인 항공기
3) 체공장주에 있는 항공기
4) 최종 접근 진로 상에 최종 접근픽스 또는 활주로로부터 5마일 되는 지점 중 활주로로부터 가까운 지점에 있는 항공기

다. 접근 허가는 앞서 발부한 모든 속도조절 지시의 취소를 의미한다.

라. 속도조절 시 관제사는 10노트 단위의 지시대기속도(IAS)를 발부하여야 하며, 속도조절 지시를 실행하는 조종사는 지시한 속도에서 ±10노트 또는 마하 0.02 이내의 속도를 유지하여야 한다.

참 고

IAS(Indicated Air Speed, 지시대기속도) : 대기속도의 한 종류이다.
대기속도(Airspeed)란 비행기가 공중을 비행하는 실제 체감 속도를 의미하는 것으로 비행거리에 관계없이 비행기 주변을 스쳐 지나가는 공기의 속도로 피토튜브를 통해 측정된 속도를 말한다. 이 속도는 비행기의 양력, 실속 등의 계산을 위해 필수적인 데이터다. 이와 관련되는 개념으로 지면속도(Ground)가 있다. 극단적인 예를 들어 시속 100킬로미터 맞바람을 맞아가며 시속 800킬로미터 속도로 비행하면 이 비행기의 대기속도는 시속 800킬로미터지만 지상에서 보면 비행기는 날고는 있지만 앞으로 전진하는 속도인 지면속도는 시속 700킬로미터가 된다.
대기속도는 지시대기속도(IAS), 보정대기속도(CAS), 등가대기속도(EAS), 진대기속도(TAS) 등으로 구분된다.

1. 지시대기속도(IAS : Indicated Air Speed)란 가장 일반적으로 피토 정압식 속도계의 눈금을 읽어낸 속도로 피토튜브 설치 위치오차, 계기오차 및 기체 자세의 변화에 의해 생기는 속도 오차는 수정되지 않은 값이다. 이 속도는 공기와 공기 밀도의 변화에 변하지 않는다. 지시속도는 항공기의 성능을 결정하는 기본 단위로 사용되고, 일반의 비행 조작에 이 · 착륙 속도, 최대속도, 상승속도, 순항속도, 실속속도가 지시속도를 기준으로 표시되어 이용된다. 이 속도는 항공기에 설치된 대기속도계의 지시를 그대로 나타낸 대기속도로 오차를 수정하기 전의 속도이므로 항법이나 기체구조의 강도계산 등에는 사용하지 않는다.
2. 보정대기속도(CAS : Calibrated Airspeed)는 지시대기속도(IAS)의 대기속도 계통의 오차(플랩이나 랜딩기어의 올리고 내림, 중량에 의한 기체의 자세 등의 설치 위치 오차, 계기오차)를 보정한 속도이지만 오차를 완벽하게 수정한 값은 아니다. 다만 기술적으로 최대한 수정한 값으로 순항속도에서 오차값이 최소화가 되어 정확한 속도값이 된다. 이 속도는 주로 성능표시에 사용되어 비행규정(Airplne flight manual)에 있어서 최소속도의 규정(이륙 및 착륙 속도)에 이용 된다.
3. 등가대기속도(EAS : Equivalent Airspeed)는 보정대기속도(CAS)에 비행하고 있는 위치의 고도, 비행 속도에 대한 공기의 단열 압축성 흐름을 해면상 표준상태의 속도에 환산하여 수정한 수정 속도이다. 비행기의 비행고도와 속도가 낮을 경우는 압축성의 영향은 무시할 수 있지만, 고도 20,000ft 이상, 지시대기속도 180knot 이상의 속도에서는 항공기 전면의 공기는 압축되는 현상이 발생하게 된다. 이 압축성 공기는 비정상적으로 높은 지시대기속도를 나타내게 되므로 등가대기속도는 보정대기속도 보다 낮게 된다. 이와 같은 압축성 공기에 의한 오차는 기체 구조의 강도에 영향을 주므로 항공기 조종사에게 가장 중요하며 비행 컴퓨터에 의해 자동적으로 수정되게 되어 보정대기속도(CAS)=등가대기속도(EAS)가 된다. 또 해면상 표준대기상태에서는 CAS=EAS=TAS가 된다. 이 속도에 동압이 관련되므로 설계나 기체구조의 강도계산에 이용되는 설계 대기속도이다.
4. 진대기속도(TAS : True Airspeed)는 항공기가 공기 속을 지나가는 실제속도이다. 공기의 밀도에 따라 달라지는 계기지시속도(IAS)를 보정한 것이 진대기속도(TAS)이며 대기의 압력, 기온의 변화에 따라 보정대기속도(CAS)에 공기밀도비의 수정한 속도다. 대기와의 상대속도로 특정고도에서의 공기밀도비의 역수인 제곱근(n√a)을 곱하여 공기밀도에 대한 오차를 수정한 등가 대기속도(EAS)로 해면상에서의 공기 밀도비가 1.0이므로 진대기속도가 등가 대기속도(EAS)이다. 운항컴퓨터와 같은 장비를 이용하지 않으면 운항 중 조종사가 직접 계산할 수 있는 속도는 아니다. 저속기로 압축성의 영향이 무시할 수 있을 경우, CAS(보정대기속도)에 공기밀도비의 수정을 더해서 얻을 수 있다. 이 속도는 고도, 기온변화에 따라 변하기 때문에 항공기의 항법에 활용된다. 지면속도는 이전에는 도플러 레이다에 의해 알 수 있었지만, 현재는 관성항법장치(INS)에 의해 매우 정확한 지면속도를 얻을 수 있다.

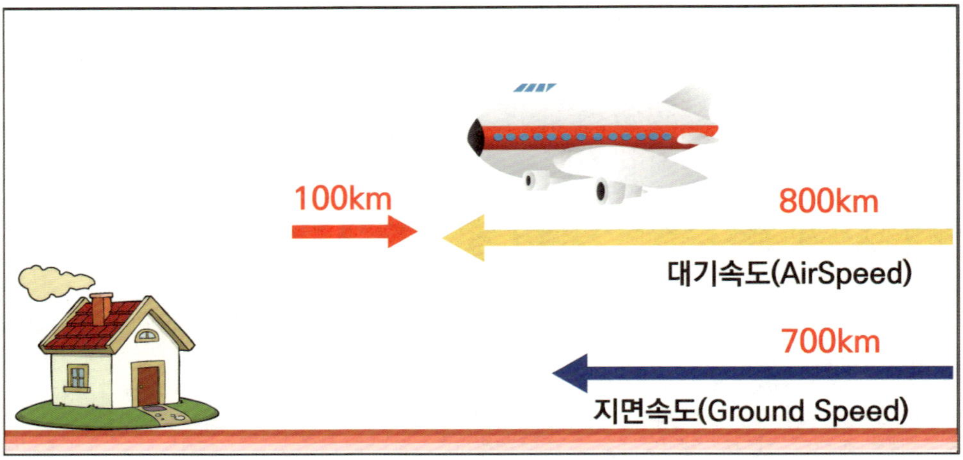

[그림 10-3] 대기속도와 지면속도

마. 최종 접근과 중간 접근 진로 상에 있는 항공기에는 ±20노트(±40km/h) 이하로 적은 범위의 속도조절만 요구할 수 있다.

2. 속도조절 용어

관제사는 항공기에게 속도조절을 지시할 때는 다음과 같이 지시한다.

가. 현재 속도를 유지하도록 한다.

관제용어

"Maintain present speed."

나. 특정 속도 또는 그보다 더 빠르거나 느린 속도를 유지하도록 한다.

관제용어

"Maintain (지정속도) knots or greater."

다. 가능한 한 최고 또는 최저 속도를 유지하도록 한다.

관제용어

"Maintain maximum forward speed."
"Maintain slowest practical speed."

참 고

항공기에게 최고 또는 최저 속도를 지시하는 용어는 주로 항공기 비행 순서를 배정할 때 사용하는 용어이다.

라. 지정된 속도까지 또는 특정 수치의 노트(knots)로 증속이나 감속하도록 한다.

관제용어

"Increase/Reduce speed to (노트 단위의 특정 속도)."
"Increase/Reduce speed (노트 수) knots."

마. 속도 감속 및 강하를 동시에 하는 것은 대단히 어려우며, 특히 터보 제트 항공기의 경우는 더욱 그러하다. 먼저 수행되어야 할 조치를 명시하는 것은 조종사가 관제사 의도 또는 우선권에 대한 의문 사항을 해소시킨다. 또 감속 지시와 강하 허가를 동시에 발부할 때는 먼저 조치하여야 할 사항을 먼저 지시하여야 한다.

관제용어

"Reduce speed (노트 수)/to (특정 속도) knots."
"Then descend and maintain (고도)."

3. 최저치

속도 배정 시 다음의 권고 최저치를 이용하여 발부하여야 한다.

가. FL280~10,000ft 사이의 고도로 비행하는 항공기에게는 250노트를 지시하고, 운영상 이점이 있는 경우에는 권고 최저치보다 낮은 속도를 적용할 수 있다.

나. 10,000ft 미만의 고도로 비행하는 도착 항공기는 다음의 속도를 준수하여야 한다.

1) 터보 제트 항공기

- 210노트를 최저 속도로 한다. 단, 해당 항공기가 착륙 공항의 활주로 시단으로부터 비행 거리 20마일 이내에 있는 동안에는 170노트를 최저 속도로 한다.

2) 왕복 기관 및 터보프롭 항공기

- 200노트를 최저 속도로 한다. 단, 해당 항공기가 착륙 공항의 활주로 시단으로부터 비행 거리 20마일 이내에 있는 동안에는 150노트를 최저 속도로 한다.

3) 출발 항공기인 경우에는 터보 제트 항공기는 230노트를 최저 속도로 하고, 왕복 기관 및 터보프롭 항공기는 150노트를 최저 속도로 한다. 헬리콥터는 60노트를 최저 속도로 한다.

4. 속도조절의 종료

속도조절이 더 이상 필요하지 않을 때는 조종사에게 정상 속도로 복귀하도록 지시한다.

관제용어

"Resume normal speed."

제7절 레이다 출발 및 접근 허가 절차

1. 레이다 출발절차

가. 연속 또는 동시 출발

1) 출발 항공기가 이륙 후 레이다 유도되는 경우, 해당 항공기 출발 전에 최초 이륙 방향을 발부하여야 한다.

관제용어

"Fly runway heading, turn left/right, heading (각도)."

2) 항공기 레이다 식별이 이륙 활주로 종단 또는 헬리패드로부터 1마일 이내에서 이루어지고, 비행로가 15° 이상의 각도로 분기되는 경우, 다음과 같은 최저 분리 기준에 따라 동일 공항·헬리패드 또는 인접 공항·헬리패드로부터 출발하는 항공기를 분리한다.

- 동일 활주로 · 헬리패드에서 이륙하는 항공기간 또는 두 활주로의 간격이 2,500ft (760m) 미만인 평행 활주로 · 헬리패드 이륙 진로로 이륙하는 항공기 간에는 이륙 직후 진로가 서로 분기되는 경우, 두 항공기 또는 헬리콥터 간에는 1마일 분리를 적용한다.

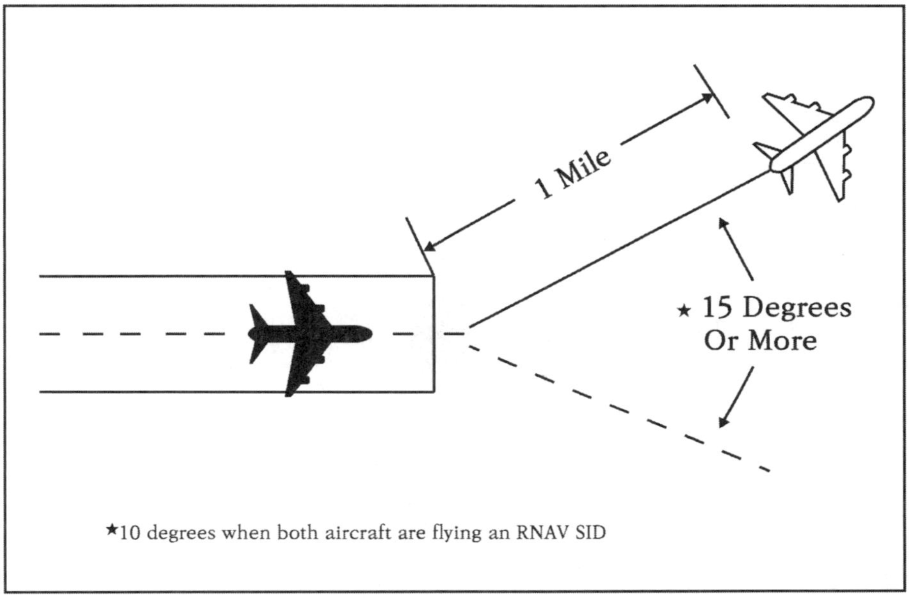

[그림 10-4] 연속적인 출발

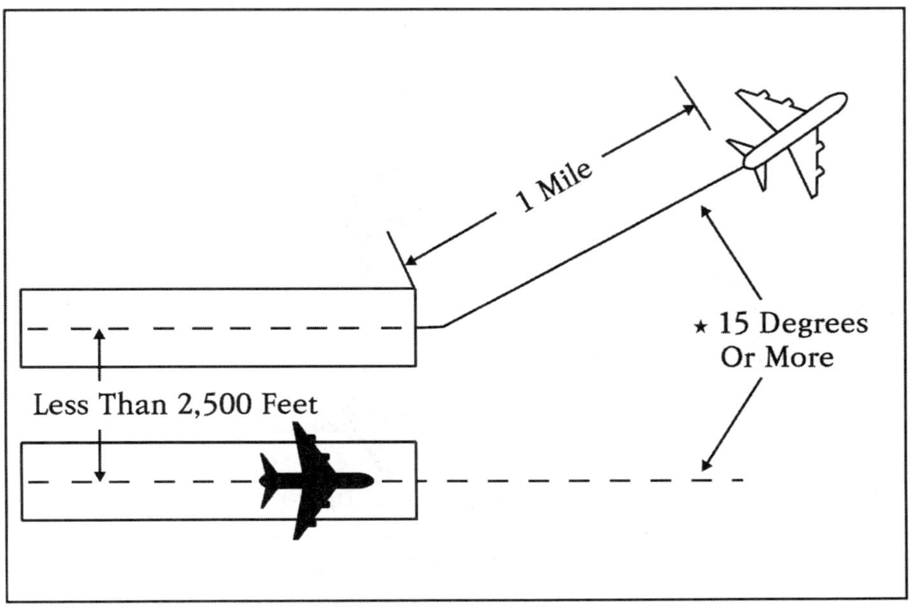

[그림 10-5] 동시 출발(항공기)

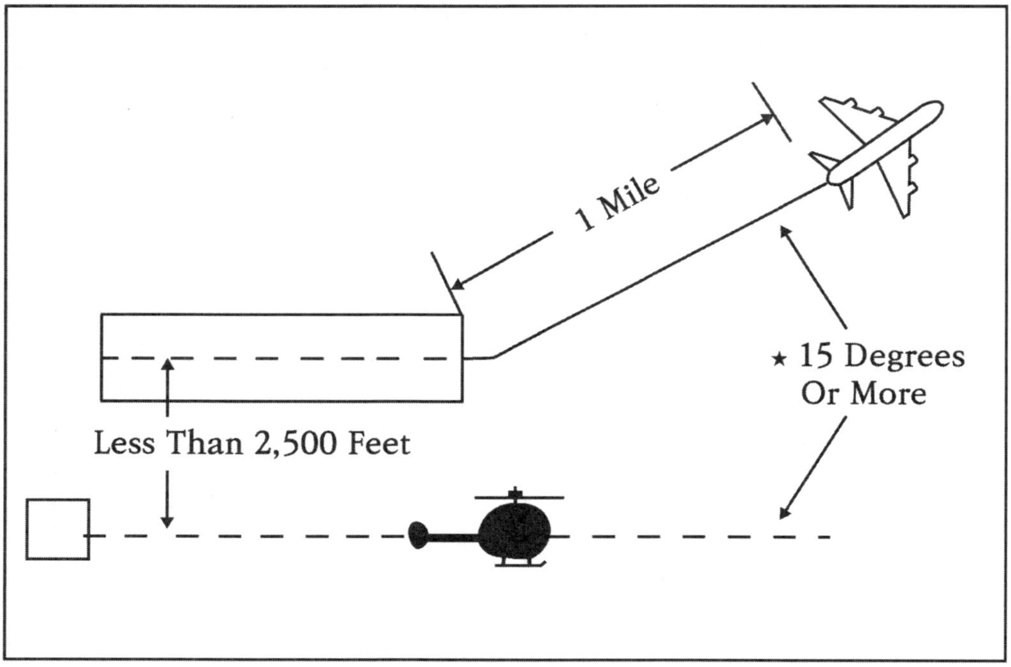

[그림 10-6] 동시 출발(헬리콥터)

- 평행 활주로나 헬리콥터 이륙 진로로부터 동일 방향으로 이륙하는 항공기 간에는 활주로 중앙선이나 이륙 진로 사이의 간격이 최소 2,500ft(760m) 이상이고, 두 이륙 진로가 이륙 즉시 15° 이상 갈라지는 경우에는 두 항공기에게 동시 이륙을 허가한다.

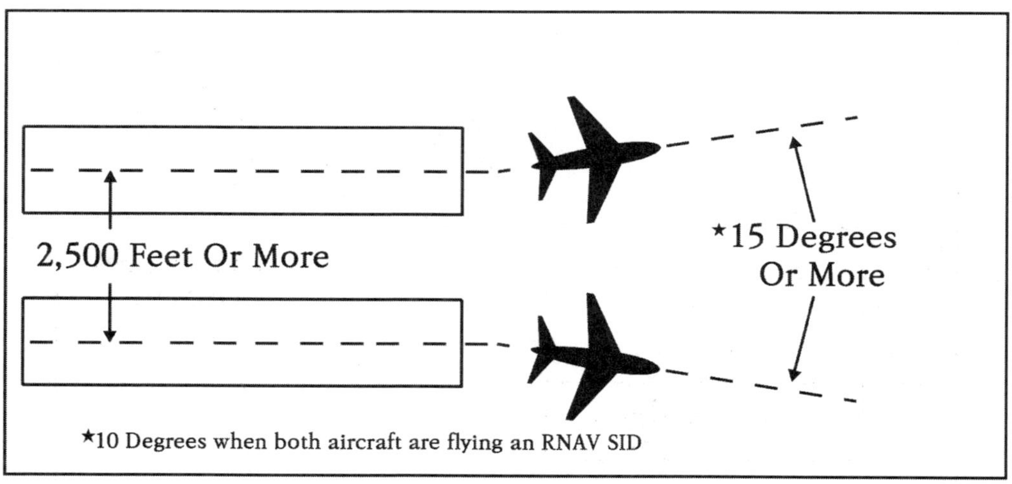

[그림 10-7] 평행 활주로 출발

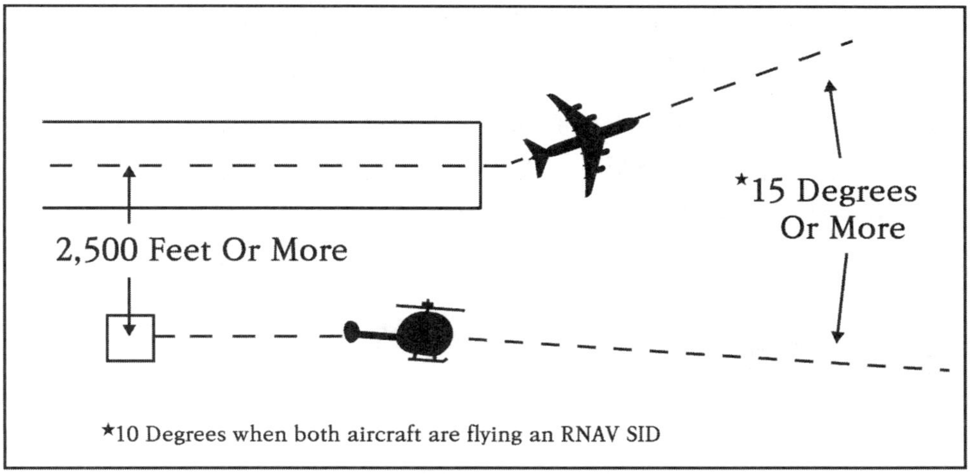

[그림 10-8] 평행 헬리콥터 출발 진로

나. 이륙 및 도착

1) '평행 또는 교차되지 않는 분기 활주로 상의 출발 및 도착'에 규정된 경우를 제외하고, 이륙 후 1분 이내에 최소 3마일(안테나로부터 40마일 이상인 곳에서는 5마일) 이상 분리될 수 없다면, 최종 접근로 상에 있는 도착 항공기로부터 이륙 항공기를 최소 2마일 거리 간격으로 분리를 하여야 한다. 이 분리 기준은 도착 항공기가 활주로로부터 2마일 이내로 근접하지 않는 한 이륙 항공기 출발을 허용한 절차이며, 이륙 항공기가 이륙 활주를 시작할 때 적용한다.

참 고

'평행 또는 교차되지 않는 분기 활주로 상의 출발 및 도착'은 두 활주로 중 한 활주로 상에서 이륙하는 항공기와 그와 다른 평행 활주로 또는 교차되지 않고 분기된 활주로 상으로 최종 접근하는 항공기 간의 분리를 의미하는 것으로 두 항공기 간 정상적인 분리가 취해질 때 까지 이륙 항공기의 이륙 경로가 접근 항공기의 실패접근 진로로부터 곧바로 30° 이상 분기되고, 몇 가지 조건이 충족될 경우에 한 해 두 항공기의 동시 이 · 착륙을 허가하는 절차이다. 이 절차는 본 교재에서 다루고자 하는 범위를 초과하기 때문에 생략하기로 한다.

다. 운상 시계비행(VFR-On-Top)

1) 계기비행 계획을 가진 항공기의 조종사가 운상 시계비행 허가를 요청할 때, '운상 시계비행 상태'를 유지하며 비행하도록 허가할 수 있다.

관제용어

"Maintain VFR On Top."

2) 운상 시계비행 허가를 발부 받았을 때, 항공기는 비행규칙에 정한 시계비행 고도 준수, 시계비행 시정 및 구름으로부터 회피 거리를 유지하여야 하며, 다른 항공기를 육안으로 확인한 후 회피할 수 있도록 사주 경계에 주의를 기울여야 할 책임이 있다. 관제사는 표준 계기비행 분리가 적용되지는 않으나 운상 시계비행을 하는 항공기에게 교통 정보와 안전 경보를 계속해서 제공하여야 한다.

2. 접근 허가 절차

가. 접근 허가

1) 항공기에게 접근 허가를 발부할 때, '표준' 또는 '특수' 계기접근 절차만을 허가하여야 한다. 조종사에게 한 가지 특정 절차 수행만을 요구할 때는 계기접근 허가 발부 시 비행정보간행물에 등록된 절차의 명칭을 포함하여야 한다.

관제용어

"Cleared (접근 형태) approach."
"Cleared straight in (접근 형태) approach."

2) ILS 시설의 활공로 또는 활공각 시설이 고장일 때는 ILS 접근 항공기에게 접근 허가를 발부할 때 이 사실을 조언한다.

관제용어

"Cleared (접근 형태) approach, glide slope/glide path unusable."

3) 신속한 주파수 변경은 항공기로 하여금 적시에 국지 공항 교통 정보를 통보받을 수 있도록 해 준다.

나. 선회 접근 및 측면 이동 접근

1) 선회 접근은 관제탑이 운영되고 있는 공항에 착륙하는 항공기에게만 선회 접근 지시가 발부될 수 있다. 계기접근 방향과 일치하지 않는 다른 활주로에 착륙시키려면 접근 허가를 발부할 때 사용 활주로 방향으로 선회하라는 지시를 포함하여야 한다.
2) 공항 또는 활주로를 중심으로 선회 조작을 위한 방향이 필요하면, 그 방향(8방위)을 통보하면서 적절한 좌·우측 'Base/Downwind leg'를 명시하여야 한다. 또한 표준 계기접근 절차에 선회 접근이 인가된 곳에서는 선회 접근 구역 이내에서 최저 강하고도에

300ft의 기본 최저 장애물 회피고도가 제공되어야 한다. 그리고 항공기가 선회 접근 장애물 회피 기준의 요구를 충족하는 활주로로부터 선회 접근 구역을 초과하여 비행하게 하는 'Extended downwind leg'와 같은 허가를 발부해서는 안 된다.

관제용어

"Circle (8방위 지점 방향) of the airport/runway for a left/right base/ downwind to runway (활주로 번호)."

다. 고도 배정

일정 고도 이하 또는 이상과 같이 고도가 배정된 경우, 당해 고도는 MVA, MSA, MIA 기준을 충족해야 한다. 모든 시계비행 항공기에게 최초로 교신할 때나 그 이후에 가능한 한 빨리 시계비행을 유지할 것을 지시하여야 한다. 선회를 포함한 실패접근의 경우에는 달리 허가되지 않는 한 조종사는 선회를 시작하기 전에 실패접근 지점까지 비행한다.

참 고

MSA(Minimum Safe Altitude, 최저안전고도) : 공인된 절차상 항법시설로부터 특정된 거리이내에서 비상시 사용을 위하여 장애물로부터 최소 1,000ft 이상의 회피가 제공되는 접근도면상에 명시된 고도를 말한다.

라. 실패접근

대체 지시가 발부되지 않는 한 계기비행 항공기는 자동적으로 계기접근 절차 도면에 도시된 실패접근이 허가된다. 그러나 시계비행 항공기는 자동적으로 실패접근 절차를 실시할 수 있도록 허가되지 않는다. 시계비행 항공기의 실패접근 허가는 별도의 조종사 요구 및 관제사 허가에 의해 발부될 수 있다. 실패접근이 허가된 경우에는 실패접근 중에 분리를 계속해서 제공하여야 한다.

제8절 레이다 도착 관제 및 접근

1. 레이다 도착 관제

가. 최종 접근 진로로의 레이다 유도

관제사는 시각 접근을 위한 레이다 유도의 경우를 제외하고, 도착 항공기를 최종 접근 진로로 교차하도록 레이다 유도를 하여야 한다.

1) 항공기가 'Approach gate'에 도달하기 전에 다음 모든 사항을 알려 주어야 한다.

- 최종 접근 진로 상에 있는 픽스를 기준으로 항공기의 위치를 알려야 한다.
- 레이다 접근을 하고 있는 경우를 제외하고 접근 허가를 발부하여야 한다.

> **참 고**
>
> Approach gate : 항공기를 최종 접근 진로로 레이다 유도하기 위한 기준점으로서 항공교통관제업무에서 사용되는 가상지점으로 Approach gate는 최종 접근 지점으로부터 1마일 바깥 그리고 활주로 말단으로부터 5마일을 초과하여야 한다.

2) 정밀 접근 시에는 활공로 보다 높거나 또는 접근절차 도면에 명시된 최저 활공로 교차고도 보다 낮지 않은 고도로 최종 접근 진로에 진입하도록 유도한다. 비정밀 접근인 경우에는 발간된 절차에 따라 정상 강하가 가능한 고도에서 최종 접근 진로에 진입하도록 유도하여야 한다.

나. 최종 접근 진로로의 진입

1) 교차 각도 기준을 초과하지 않는 최종 접근 진로와 교차할 수 있도록 비행기수를 발부하여야 한다.

[표 10-2] 접근 진로 교차 각도

최종 접근 진로 교차지점으로부터 Approach gate까지의 거리(마일)	2마일 미만 또는 3중 ILS 동시 접근 운용시	2마일 이상
최대 허용 교차각	20°	30° (헬리콥터인 경우 45°)

2) 첫 진로 교차 후 항공기가 'Approach gate' 바깥쪽에 있는 경우에는 위 1)의 표에 따라 적용하며, 필요할 때 해당 항공기가 다른 접근을 하도록 레이다 유도를 한다. 첫 진로 교차 후, 항공기가 'Approach gate' 안쪽에 있는 경우에는 해당 조종사에게 항공기의 위치를 통보하고 조종사의 의도를 묻는다.

관제용어

"(거리) Mile(s) from the airport, (거리) mile(s) right/left of course, say intentions."

다. 최종 접근 진로를 통과하는 레이다 유도

항공기가 최종 접근 진로를 가로질러 레이다 유도되는 경우에는 해당 조종사에게 그 사실과 이유를 통보하여야 한다. 관제사가 항공기에게 교차 사실과 이유를 통보할 수 없는 경우에는 접근 허가가 앞서서 발부되지 않는 한 해당 조종사는 최종 접근 진로의 선회접근이 예상되지 않는다.

관제용어

"Expect vectors across final for (목적)."

2. 레이다 접근

가. 접근 정보

1) 관제사는 항공기가 레이다에 접근할 때 표준 또는 특별 계기접근 절차에 따라 레이다 접근을 제공하여야 하며, 다음의 경우에는 항공기에게 레이다 접근을 제공할 수 있다.
   - 조종사 요구 시
   - 기상 상태에 관계없이 조난 항공기
   - 교통의 신속한 처리

2) 관제사는 레이다에 접근할 항공기에게 접근에 필요한 다음과 같은 정보를 통보하여야 한다.
   - 고도계 수정치
   - 착륙 공항의 운고가 1,000ft 또는 당해 공항의 가장 높은 선회접근 최저치 중 더 높은 수치 미만 또는 시정이 3마일 미만일 때의 운고 및 시정
   - 특별 기상 관측 내용
   - 인지된 주요 공항상태에 관한 정보

• 통신 두절 시의 조종사 절차

3) 최종 접근을 시작하기 전에 접근 항공기에게 다음 정보를 알려주어야 한다.

• 접근 형태, 활주로, 공항, 헬리패드 및 접근이 이루어질 지점 등을 항공기에게 통보하여야 한다. 인접 공항으로 접근이 이루어질 경우에는 해당 공항의 명칭도 알려 주어야 한다.

관제용어

"This will be a (접근 종류) approach to runway (활주로 번호), (공항 명칭) airport."

• 감시 접근의 경우에는 해당 활주로, 공항, 헬리포트를 기준으로 한 실패접근 지점의 위치를 통보하여야 한다.

관제용어

"Missed approach point is (거리) mile(s) from runway."

• 위치 통보
접근 항공기가 최종 접근을 시작하기 전에 당해 항공기의 위치를 최소한 1회 통보하여야 한다.

관제용어

"(마일 수) Miles (방향) of (공항 명칭) airport."

• 실패접근
항공기가 착륙을 위한 최종 강하를 시작하기 전이고, 최종 접근 중 부분적으로 계기비행 기상상태에 조우할 것으로 보고되는 경우에는 레이다 접근 절차용으로 수립된 실패접근 절차를 발부하여야 한다.

관제용어

"Your missed approach procedure is (실패접근 절차)."

나. 자이로 고장 시의 접근

1) 항공기가 No-gyro surveillance 또는 No-gyro PAR 접근할 때, 항공기를 레이다 유도하기 전에 접근 종류를 통보하여야 한다.

관제용어

"This will be a No-gyro surveillance/PAR approach."

2) 선회를 시작할 때와 선회를 종료하여야 할 때 항공기에게 선회를 시작 또는 종료할 것을 지시한다.

관제용어

"Turn left/right."
"Stop turn."

3) 항공기가 최종 접근 진로 상으로 선회를 완료한 후나 'Approach gate' 도착 전에 반표준 선회를 지시하여야 한다.

관제용어

"Make half-standard rate turns."

참 고

반표준 선회란 초당 1.5°의 각도로 회전하는 수준으로 선회하는 것을 말한다.

다. 통신 두절

1) 접근 항공기가 최종 접근 진로로 유도되는 1분 동안 통신 두절 시 또는 감시 최종 접근 시 15초, 정밀 최종 접근 시 5초 동안 통신이 두절될 때 다음과 같이 조치할 것을 조언하여야 한다.

- 예비 주파수나 관제탑 주파수로 교신을 시도할 것.
- 가능하면 시계비행 규칙에 따라 비행할 것.
- 허가되어 있는 비레이다 접근 절차를 따라 비행하거나 이용하고 있는 레이다 접근 절차 상에 설정되어 있는 통신 두절 시의 절차에 따라 비행할 것.

관제용어

"If no transmission are received for (시간 간격) in the pattern or 5/15 seconds on final approach. Attempt contact on (주파수), and proceed VFR. If unable proceed with (비레이다 접근). Maintain (고도) until established on/over fix/NAVAID/approach procedure."

2) 최종 접근 진로 상의 통신 두절 지시가 변경되었거나 장주 상에서의 절차와 상이하거나 장주 관제사가 발부하지 않은 경우에 최종관제사가 발부하여야 한다. 기상 상태나 기타 이유로 조종사가 통신 두절 절차를 수용할 수 없음을 통보할 때는 해당 조종사의 의도

를 확인하여야 한다.

라. 저고도 통과 접근 및 접지 후 이륙

항공기가 'Low approach(L/A)' 또는 'Touch and go(T/G)'를 할 때, 해당 항공기가 최종 강하를 하기 전에 L/A 또는 T/G를 완료한 후에 비행하여야 할 적절한 출발 지시를 발부하여야 한다. 이 경우, 해당 항공기에게 시계비행 상태를 유지하면서 관제탑과 교신할 것을 지시하는 경우를 제외하고, 상승 지시는 특정 비행기수 방향과 유지하여야 할 비행고도를 포함하여야 한다.

관제용어

"After completing L/A(T/G) climb and maintain (고도), turn right(left) heading (비행기수 방향)/fly runway heading."

마. 체공 항공기

1) 지연

항공기에게 지연이 예상될 때는 항공기가 허가 한계점에 도착하기 5분 전에 접근 허가 및 체공 지시를 발부하여야 한다. 교통 상황이 체공 픽스로부터 5분 이내에 있는 항공기가 체공하여야 할 상황인 경우에는 지체 없이 발부하여야 한다. 도착 지연이 30분이 되거나 될 것으로 예상될 때는 항로 및 국지 내에서는 항공기가 관할 구역에 진입 후, 가능한 한 빨리 모든 지연 정보를 발부하여야 한다. 단, 조종사가 지연 정보를 요구하는 경우를 제외하고 모든 지연 정보가 ATIS로 제공될 때는 생략할 수 있다.

2) 체공 지시

- 관제사는 운항 중인 항공기에게 목적 공항이 아닌 다른 픽스까지 허가가 필요할 때 지연되는 시간, 체공공역의 한계, 항행안전시설, 고도, 기상 조건 등 운영상의 요소를 고려하여야 하며, 허가한계점, 체공지시, 허가예상시간을 포함하여 발부하여야 한다.

관제용어

"Expect further clearance via (routing)."
"Cleared to (픽스), hold (방향), as published."
"Expect further clearance (시간)."

- 체공지시 발부가 필요할 때는 다음 사항을 명시하여야 한다.
  - 체공 픽스/'Waypoint'로부터의 체공 방향
  - 체공 픽스 또는 'Waypoint'

- 체공 레디얼, 진로, 방위, 항공로 또는 비행로

관제용어

"Hold (방향) of (픽스/waypoint) on (레디얼, 진로, 방위, 항공로 또는 비행로)."

제9절 정밀 레이다 및 감시 레이다 접근

1. 정밀 레이다 접근

가. 최종관제사로의 관제권 인계

최종 접근 안내를 받도록 하기 위하여 항공기에게 주파수 변경을 지시할 때는 그 시설의 명칭을 포함하여 발부해야 한다.

관제용어

"Contact (시설 명칭) final controller on (주파수)."

나. 통신 점검

1) 최종관제사는 항공기와 첫 교신할 때 그 항공기에게 통신 점검을 요구하여야 한다.

관제용어

"(항공기 호출부호), (시설 명칭) Final controller how do you hear me?"

2) 접근 항공기에게 최종관제사와 무선 교신이 이루어진 이후 최종 접근 진로 상에서 비행하고 있는 동안에는 관제사의 송신 내용에 대해 응답하지 말 것을 지시하여야 한다.

관제용어

"Do not acknowledge further transmissions."

다. 진로 정보

1) 항공기에게 진로 안내 정보를 발부하고, 접근 항공기가 진로 상에 정확하게 위치할 때 그 사실을 알려야 하며, 접근 진로로부터 이탈할 때는 수시로 통보한다. 정밀 접근 최종

접근 단계에 있는 항공기에게 대략 매 5초마다 송신하다.

관제용어

"On course" 또는 "Slightly/Well left/right of course."

2) 항적의 이동 경향 정보를 제공하여야 하며, 항적 이동 경향 정보는 방위 커서를 기준으로 한 항적의 위치와 적절한 수정 지시에 의한 항적의 움직임을 알리는 내용이어야 한다. 항적 경향 정보는 '빠르게(Rapidly)', '천천히(Slowly)' 라는 용어를 이용하여 적절히 발부한다.

관제용어

"Going left/right of course."
"Left/Right of course and holding or correcting rapidly/slowly."

라. 활공로 정보

1) 항공기에게 최종 강하 지시 이후 활공로 정보를 제공하고, 접근 항공기가 활공로 상에 정확하게 위치할 때 그 사실을 알려야 하며, 접근 활공로로부터 이탈할 때는 수시로 통보한다.

관제용어

"On glidepath."
"Slightly/Well above/below glidepath."

2) 항적의 이동 경향 정보를 제공하여야 하며, 이 항적 이동 경향 정보는 고도 커서를 기준으로 한 항적의 위치와 적절한 수정 지시에 의한 항적의 움직임을 알리는 내용이어야 한다. 항적 경향 정보는 '빠르게(Rapidly)', '천천히(Slowly)' 라는 용어를 이용하여 적절히 발부한다.

관제용어

"Going above/below glidepath."
"Above/Below glidepath and holding."
"Above/Below glidepath and coming down/up."

마. 최종 접근 시 실패접근

1) 관제사는 최종 접근 시 항공기의 안전한 접근의 종료가 의심스럽고 조종사가 활주로 주변을 육안으로 식별하지 못한 경우에는 사전에 제공된 실패접근을 따르거나 지정된 고도까지 상승 또는 유지시키거나 지정된 진로로 비행을 지시하여야 한다.

- 항공기가 안전 구역 한계선을 벗어나거나 과도하게 이탈하는 것을 레이다 스코프 상에서 관측하였을 경우
- 항공기의 위치나 식별이 의문시 되는 경우
- 레이다 포착을 상실하였거나 레이다 장비가 고장인 것으로 판단될 때
- 공항상태 또는 교통 상황이 접근의 계속 및 완료를 허용하지 않을 경우

관제용어

"(이유) If runway/approach lights/runway lights not in sight, execute missed approach/(대체 지시)."

2) 즉각적인 실패접근 조치가 필요하다고 판단될 경우에는 실패접근 지시를 먼저 발부할 수 있다.

관제용어

"Execute missed approach (이유) (대체 지시)."

바. 일반 정보

1) 거리 정보

최종 접근 단계에서는 접지점(Touchdown)으로부터의 거리를 매 마일당 1회 항공기에게 통보하여야 한다.

관제용어

"(마일 수) Mile(s) from touchdown."

2) 활공로 접근 통보

접근 항공기가 활공로에 근접하고 있을 때는 대략 최종 강하 10초 내지 30초 전에 그 사실을 통보하여야 하며, 바퀴내림 점검 지시도 하여야 한다.

관제용어

"Approaching glidepath, wheels should be down."

3) 관제탑 허가

- 접근 항공기가 관제탑이 운용되고 있는 공항으로 최종 접근 비행을 할 때는 관제탑으로부터 착륙, 'Touch and go' 또는 'Low approach' 허가를 얻어야 하며, 해당 항공기에게 관제탑 허가 및 지상풍 정보를 발부한다.

관제용어

"Wind (풍향) at (풍속) cleared to land/low approach/touch and go."

- 관제탑 허가를 받지 못하였거나 허가를 취소한 경우에는 항공기에게 통보하고, 적절한 대체 지시를 발부하여야 한다.

관제용어

"Tower clearance canceled/not received (대체 지시)."

4) 최종 강하 지시

항공기가 최종 강하를 시작하여야 할 지점에 도착할 때 강하 시작을 지시한다.

관제용어

"Begin descent."

5) 결심고도 통보

- 결심고도(DH)를 문의하는 조종사에게 결심고도를 알려 주어야 한다.

관제용어

"Decision height (피트 단위 해면 고도)."

- 접근 항공기가 결심고도에 도달할 때 그 사실을 통보한다.

관제용어

"At decision height."

6) 무선 통신의 이양

최종 접근 중인 항공기에게 착륙 이후, 다음 관제 시설로의 무선 통신 이양에 관한 지시를 하여야 한다.

관제용어

"Contact (관제 시설) (주파수) after landing."

사. 접근 안내 종료

1) 다음의 경우, 정밀 접근 안내를 중단한다.

- 조종사 요구 시
- 관제사 판단에 결심고도까지 계속적으로 안전한 접근이 의심스러울 때

- 항공기가 결심고도 상공 통과 시
- 조종사가 활주로 또는 진입등을 육안으로 목격하였다고 보고하였고, 시각적으로 비행할 것이라는 것을 관제사에게 조언하거나 요구할 때

관제용어

"(거리) Mile(s) from touchdown, proceed visually (추가 지시/필요한 허가)."

2) 조종사가 활주로 또는 진입등의 육안 확인 보고 및 시각적으로 비행할 것을 요구 또는 조언하였으며, 관제사에 의해 시각적으로 접근할 것이 지시된 후에 모든 PAR 접근 절차는 중지되어야 한다. 그러나 관제사는 계속적으로 최종 접근 및 주파수를 감시하고 조종사는 접지점 도달 시 또는 다른 지시가 발부될 때까지 최종관제사의 주파수를 유지하여야 한다.

아. 고도 부분 고장

1) 정밀 접근 중에 정밀 접근 레이다 장비의 고도 부분이 고장일 때는 PAR 관제 지시를 중단하고 당해 항공기는 시각적으로 비행할 것을 지시하거나 시각적으로 접근할 수 없는 경우에는 실패접근을 지시한다.

관제용어

"No glidepath information available."
"If runway/approach lights/runway lights not in sight, execute missed approach (대체 지시)."

2) 이 경우 감시 접근은 공항감시레이다(ASR : Airport Surveillance Radar) 또는 정밀진입레이다(PAR : Perimeter acquisition Radar)의 방위각 부분을 이용하여야 하며, PAR 방위각 부분을 이용할 때는 거리는 접지점으로부터의 거리 정보임을 조종사에게 통보하고, 활공각 부분이 없는 PAR 접근을 위한 최저치가 설정되어 있는 활주로인 경우에는 PAR의 방위각 부분이 접근에 이용된다는 것을 조종사에게 통보하여야 한다.

관제용어

"This will be a surveillance approach to runway (방향), using PAR azimuth mileages will be from touchdown."

2. 감시 레이다 접근

가. 고도 정보

조종사가 요구한다면 최종 접근 단계에서의 권고 고도를 통보하여야 한다. 권고 고도 제공을 요청받은 경우에는 발간된 최저 강하고도 또는 최저 강하고도 이상의 권고 고도를 최종 접근 단계 매 마일마다 조종사에게 통보하여야 한다.

관제용어

"Recommended altitude will be provided for each mile on final to minimum descent altitude/circling minimum descent altitude."

나. 최종 접근 안내

1) 강하 준비 및 바퀴내림 점검

- 최종 강하가 시작될 지점을 사전에 통보하여야 하며, 직진입 시에는 최종 강하 지시를 발부하기 전에 최저 강하고도를 발부하여야 한다.

관제용어

"Prepare to descend in (마일 수) mile(s)."
"Minimum descent altitude (고도)."
"Wheels should be down."

- 감시레이다 접근이 착륙 기동을 위해 선회를 시작하여야 하는 곳에서 끝나는 것으로 결정되었을 경우에는 그 항공기 조종사에게 항공기 접근범주를 요구하여야 한다.

관제용어

"Request your aircraft approach category."

- 그리고 항공기 접근범주를 통보받은 후 그 항공기에게 접근을 위한 최종 강하 지시를 발부하기 전에 그 항공기에게 해당되는 선회접근 최저 강하고도를 알려 주어야 한다.

관제용어

"Published circling minimum descent altitude (고도)."

2) 강하 지시

- 항공기가 강하 지점에 도착하면 강하 제한 사항이 설정되어 있는 경우에는 설정되어 있는 제한 고도까지 강하할 것을 지시한다.

관제용어

"(마일 수) Miles from runway/airport, descend and maintain (제한 고도)."

- 해당 항공기가 고도 제한점을 통과할 때 최저 강하고도까지 계속 강하할 것을 지시한다.

관제용어

"Descend to your minimum descent altitude."

3) 진로 및 진로 경향 정보

- 항공기에게 진로 안내 정보를 발부한다. 접근 항공기가 최종 접근 진로에 정대 시, 그 사실을 통보하여야 하며, 최종 접근 진로로부터 이탈하는 경우에는 수시로 통보하여야 한다. 감시 접근 최종 진로 상에 있는 항공기에게 대략 매 15초마다 송신하여야 한다.

관제용어

"On course." 또는 "Slightly/Well left/right of course."

- 필요에 따라 접근 항적의 이동 경향 정보를 알려 주어야 한다. 이 항적 이동 경향 정보는 활주로 중앙선의 연장선을 기준으로 한 항적의 위치와 적절한 교정 지시가 발부된 이후 항적의 변화를 알려 주는 내용어어야 한다. 이 항적의 경향 정보는 '빠르게(Rapidly)', '천천히(Slowly)'와 같은 용어를 적절하게 사용하여 발부할 수 있다.

관제용어

"Going left/right of course."
"Left/Right of course and holding/correcting and rapidly/slowly."

4) 거리 정보

최종 접근을 하는 항공기에게 매 마일마다 해당 활주로와 공항으로부터 해당 항공기까지의 거리에 관한 정보를 통보하여야 한다.

관제용어

"(마일 수) Mile(s) from runway/airport."

다. 접근 안내의 종료

1) 다음의 경우 감시 접근 안내를 종료한다.

- 조종사 요구 시
- 관제사 판단에 실패접근 지점까지 안전한 접근이 의심스러울 때

- 항공기가 실패접근 지점 상공에 도달했을 때

2) 접근안내가 종료되고 해당 항공기가 활주로 또는 활주로등이나 진입등의 육안 확인을 보고하는 경우에 해당 항공기의 위치를 통보하고 시각적으로 비행하도록 조언하여야 한다.

관제용어

"(마일 수) Mile(s) from runway over missed approach point, proceed visually (필요한 추가 지시/허가)."

3) 접근안내가 종료되고 해당 항공기가 활주로 또는 진입등이나 활주로등에 대한 육안 확인 보고를 하지 않을 때, 해당 항공기에게 위치를 통보하고 활주로 또는 진입등이나 활주로등이 육안 확인되지 않았다면 실패접근을 하도록 조언하여야 한다.

관제용어

"(마일 수) Mile(s) from runway, if runway/approach lights/runway lights not in sight, execute missed approach."

라. 레이다 감시 업무 통보

1) 관제사는 레이다 감시가 실시되지 않을 경우에는 해당 접근 항공기에게 레이다 감시가 실시되지 않음을 알려야 한다.

관제용어

"Radar monitoring not available."

2) 접근 항공기가 최종 접근 진로로 진입한 후 레이다 감시를 계속하지 못할 상황이 발생할 때, 그 사실 및 이유를 해당 항공기 조종사에게 알려 주어야 하고, 적절한 대체 지시를 하여야 한다.

관제용어

"(이유), Radar monitoring not available (대체 지시)."

PART

III

항공교통관제 실습

제11장 항공교통관제 실습 일반

제1절 무선통신 용어

1. 국제음표문자(Phonetic Alphabet)

[표 11-1] 국제음표문자(Phonetic Alphabet)

국제민간항공기구 국제음표문자(ICAO Phonetic Alphabet)			
표 기	발 음	표 기	발 음
A(Alfa)	(AL-FAH)	S(Sierra)	(SEE-AIR-RAH)
B(Bravo)	(BRAH-VOH)	T(Tango)	(TANG-GO)
C(Charlie)	(CHAR-LEE)	U(Uniform)	(YOU-NEE-FORM)
D(Delta)	(DELL-TAH)	V(Victor)	(VIK-TAH)
E(Echo)	(ECK-OH)	W(Whiskey)	(WISS-KEY)
F(Foxtrot)	(FOKS-TROT)	X(Xray)	(ECKS-RAY)
G(Golf)	(GOLF)	Y(Yankee)	(YANG-KEY)
H(Hotel)	(HOH-TELL)	Z(Zulu)	(ZOO-LOO)
I(India)	(IN-DEE-AH)	0	ZE-RO
J(Juliett)	(JEW-LEE-ETT)	1	WUN
K(Kilo)	(KEY-LOH)	2	TOO
L(Lima)	(LEE-MAH)	3	TREE
M(Mike)	(MIKE)	4	FOW-ER
N(November)	(NO-VEM-BER)	5	FIFE

국제민간항공기구 국제음표문자(ICAO Phonetic Alphabet)			
표 기	발 음	표 기	발 음
O(Oscar)	(OSS-CAH)	6	SIX
P(Papa)	(PAH-PAH)	7	SE-VEN
Q(Quebec)	(KEH-BECK)	8	AIT
R(Romeo)	(ROW-ME-OH)	9	NIN-ER

2. 무선용어

[표 11-2] 무선용어

용 어	의 미
Acknowledge	Let me know that you have received and understand this message
Affirmative	Yes or permission granted
Confirm	Check and tell me whether this information is correct or not
Correction	I made a mistake in this transmission. The correct information is ……
Disregard	Neglect my transmission
Go ahead	Proceed with your message
How do you hear me?	How well are my transmitter and your receiver working?
I say again	I will repeat what I said
Negative	No or permission not granted
Out	My transmission is ended and no response is expected
Over	My transmission is ended and I expect a response from you
Readable	I hear your transmission clearly
Read back	Read all of this message back to me as you have received it after I say over
Roger	I have received the transmission
Say again	Repeat what you said
Speak slower	Say your words more slowly
Stand by	Wait
That is correct	What you say is correct
Verify	Re-check instruction
Wilco	Your transmission was received and understood and I will comply

가. 고도

[표 11-3] 고도 읽기

명 칭	읽 기
10,000	"One zero thousand"
12,900	"One two thousand niner hundred"
FL270	"Flight level two seven zero"

나. 기상발부

[표 11-4] 기상발부 읽기

예 보	RKSI 36005 7 2-030 07/01 3001 33L
읽 기	"Incheon weather, wind three six zero at five, visibility seven miles, sky condition two octa three thousand, temperature seven, dew point one, altimeter three zero zero one, active runway three three left."

예 보	RKSI 29010 3FG 2FG/// 2-030 12/05 2998 33L
읽 기	"Incheon weather, wind two niner zero at one zero, visibility three miles with fog, sky condition two eighty of the sky is obscured by fog two octa three thousand, temperature one two, dew point five, altimeter two niner niner eight, active runway three three left."

예 보	RKSI 29010 ½FG 9FG 002 12/05 2992 33L
읽 기	"Incheon weather, wind two niner zero at one zero, visibility half mile with fog, sky condition total obscured by fog, vertical visibility two hundred feet, temperature one two, dew point five, altimeter two niner niner two, active runway three three left."

다. 항로

[표 11-5] 항로 읽기

명 칭	읽 기
A582	"Alfa five eighty two"
Y711	"Yankee seven one one"
V11	"Victor eleven"

라. 활주로

[표 11-6] 활주로 읽기

명 칭	읽 기
3	"Runway three"
27R	"Runway two seven right"
6C	"Runway six center"

마. 비행속도

[표 11-7] 비행속도 읽기

명 칭	읽 기
250	"Two five zero knots"
마하 0.5	"Mach point five"
마하 1.7	"Mach one point seven"

바. 주파수(민간 항공기는 "point" 및 "decimal" 사용 가능)

[표 11-8] 주파수 읽기

주 파 수	읽 기
133.7㎒	"One three three point seven"
123.550㎒	"One two three point five five"
304㎑	"Three zero four Kilohertz"

사. 무전기 감도 점검 시 사용되는 용어

[표 11-9] 무전기 감도 점검 읽기

명 칭	읽 기
5 by 5	"Loud and clear" : 크고 잘 들린다.
4 by 4	"Readable" : 잘 들린다.
3 by 3	"Weak but readable" : 약하지만 들을 수 있다.
2 by 2	"Very weak" : 아주 약하다.
1 by 1	"Unreadable" : 알아들을 수 없다.

아. 항공기 기종

[표 11-10] 항공기 기종 읽기

명 칭	읽 기	명 칭	읽 기
B747	"Boeing seven forty seven"	HH47	"HH forty seven"
DC10	"DC ten"	F15	"F fifteen"
A300	"Airbus three hundred"	L1011	"Lockheed ten eleven"
C130	"C one thirty"	MD11	"MD eleven"
A380	"Airbus three eighty"	A10	"A ten"

자. 호출부호

[표 11-11] 호출부호 읽기

명 칭	읽 기
KAL1573	"Korean air one five seven three"
AAR406	"Asiana four zero six"
AAR473T	"Asiana four seven three tango"
ACA7022	"Air canada seven zero two two"

차. 고도계 수정치

[표 11-12] 고도계 수정치 읽기

수 정 치	읽 기
29.92	"Altimeter two niner niner two"
1013	"QNH, one zero one three"

카. 시간

[표 11-13] 시간 읽기

시 간	읽 기
1415(Z)	"One four one five zulu"
0530(I)	"Zero five three zero india"

타. MDA/DA/공항표고

[표 11-14] MDA/DA/공항표고 읽기

수 치	읽 기
MDA 1,320	"Minimum descent altitude, one three two zero"
DH 486	"Decision height, four eight six"
표고 150	"Field elevation, one five zero"

참 고

MDA(Minimum Decision Altitude, 최저강하고도) : 활공각이 제공되지 않는 곳에서 표준 계기접근 절차 수행 시나 최종 접근로상 또는 착륙을 위한 선회접근 시에 강하할 수 있는 최저고도를 의미하며, 해면 고도의 ft(피트) 단위로 표시된다.
DH(Decision Height, 결심고도) : 항공기의 운항과 관련하여 ILS, MLS, PAR 계기 접근 중 접근의 계속 진행 또는 실패접근의 수행에 관한 판단이 이루어져야만 하는 높이를 의미한다.

파. 항공기 기수(Heading) : 반드시 세 자리수로 읽는다.

[표 11-16] 항공기 기수 읽기

방 향	읽 기
5 degrees	"Heading zero zero five"
30 degrees	"Heading zero three zero"
150 degrees	"Heading one five zero"

하. 시계방위 통보

[표 11-17] 시계방위 읽기

방 향	읽 기
12시	"Twelve o'clock"
06시	"Six o'clock"

거. 진행방향 통보(8방위 통보)

[표 11-18] 진행방향 읽기

방 향	읽 기
남서쪽	"Southwest bound"
북동쪽	"Northeast bound"

너. RVR 통보

[표 11-19] RVR 읽기

RVR 수치	읽 기
RVR 2,400 (RWY 36)	"Runway three six, R-V-R two thousand four hundred"
	"Runway three six, R-V-R seven hundred sixty meters"

제2절 항공교통관제 기본용어

1. Active runway : (현재) 사용중인 활주로.
2. Advise(Report) when ready to copy : 기록할 준비가 되었으면 말해주시오.
3. Med Evac, Lifeguard : 민간 항공의무후송.
   ※ Air Evac : 군 항공의무후송.
4. Air taxi : 헬기가 통상 100피트 AGL 이하에서 20노트 이상의 속도로 한 지점에서 다른 지점으로 신속한 이동이 요구될 때 사용한다.
   ※ Hover taxi : 헬기가 100피트 미만에서 20노트 이하로 이동할 때.
5. Approved as requested : 요청대로 승인합니다.
6. Area not visible from the tower : 관제탑에서 보이지 않는 지역입니다.
7. As filed... : 접수시킨 것과 같이.
   ※ Cleared as filed : 접수시킨 대로 허가합니다.
8. At pilot's discretion : 조종사의 재량으로.

9. ATC advises : ATC 조언.
10. ATC clears : ATC 인가.
11. Attention all aircraft : 모든 항공기는 주의를 집중해 주시오.
12. Breaking action good/fair/poor/nil : 활주로 제동상태가 good/fair/poor/nil입니다.
13. Callsign : 호출부호.
14. Cancel approach clearance : 접근허가를 취소합니다.
15. Cancel IFR : 계기비행(IFR)을 취소합니다.
16. Cancel take off clearance : 이륙 비행허가를 취소합니다.
17. Caution wake turbulence : 비행후류에 주의하시오.
18. Change to advisory frequency approved : 조언 주파수로 변경을 승인합니다.
19. Change to departure : 출발관제소로 (주파수를) 변경하시오.
20. Change to my frequency one one two decimal three : 주파수를 112.3으로 변경하시오.
21. Check your altitude : 당신의 고도를 확인하시오.
22. Circle the airport : 공항을 한 바퀴 선회하시오.
23. Cleared for take off : 이륙을 허가합니다.
24. Cleared straight in approach : 직진입 접근을 허가합니다.
25. Cleared to land : 착륙을 허가합니다.
26. Cleared touch and go : 접지 후 이륙을 허가합니다.
27. Cleared low approach : 저고도 통과비행을 허가합니다.
28. Climb and maintain : 상승한 후 고도를 유지하시오.
29. Climb to and report reaching VFR-ON-TOP : 운상 고도까지 상승하고 도달하여 보고하시오.
30. Climb VFR : 시계비행(VFR)으로 상승하시오.
31. Closed runway : 폐쇄된 활주로(사용불능 활주로).
32. Confirm : 확실합니까?, 정확합니까?. cf, verify.
33. Contact Seoul approach : 서울 접근관제소와 교신하시오.
34. Contact departure/ground : 출발관제소/지상관제소와 교신하시오.
35. Contact tower : 관제탑과 교신하시오.
36. Continue approach : 계속해서 접근하시오.
37. Cross the runway : 활주로를 횡단하시오.

38. Decision height : 결심고도.
39. Departing point(airport) / Point of Departure : 출발 지점(공항).
40. Departure control : 출발관제소.
41. Departure frequency : 출발관제소 주파수.
42. Descend and maintain : 강하한 후 고도를 유지하시오.
43. Descend VFR : 시계비행으로 강하하시오.
44. Established : (원하는 코스나 항로의 중심에) 들어서다.
45. Expedite take off : 신속히 이륙하시오.
46. Execute missed approach : 실패접근을 실행하시오.
47. Flameout : (가스터빈) 엔진 정지.
48. Flight check : 비행 점검.
49. Flight plan : 비행계획서.
50. Fly heading : 비행 기수방향.
51. Fly present heading : 현재의 기수방향으로 비행하시오.
52. Fly runway heading : 활주로 기수방향으로 비행하시오.
53. Follow the Cessna : 세스나를 따라서.
54. Frequency change approved : 주파수 변경을 승인합니다.
55. Full stop : 착륙.
56. Give way : 양보하시오.
57. Go ahead : (메시지, 요청 등)을 송신하시오.
58. Ground control : 지상관제사.
59. Hand off : 인계하다.
60. Hold : 대기하시오.
61. Hold for landing traffic : 착륙하는 항공기가 있으니 대기하시오.
62. Hold for wake turbulence : 비행후류가 있으니 대기하시오.
63. Hold position : (유도로) 현 위치에서 대기하시오.
64. Hold short of runway three four : 활주로 34에서 잠시 대기하시오.
65. Hold your position : (이륙대기 지점에서) 현 위치에서 대기하시오.
66. How do you hear me? : (무전기 감도 점검 시) 무전기의 수신 감도는 어떻습니까?
67. I say again : 다시 말하겠습니다.
68. I have in sight : (활주로 또는 활주로 접근 시설 등) 육안으로 확인했습니다.

69. I'll call you back : 다시 전화하겠습니다.
70. Ident : (트랜스폰더) 식별 버튼을 누르시오.
71. Immediately take off : 즉시 이륙하시오.
72. Increase speed : 증속하시오.
73. Intersection departure : 중간 이륙(수송기, 민항기).
74. Low altitude alert, check your altitude immediately : 저고도 경고, 즉시 당신의 고도를 점검하시오.
75. Maintain : (고도, 속도 등)을 유지하다.
76. Maintain maximum forward speed : 최대 속도를 유지하시오.
77. Maintain present speed : 현재 속도를 유지하시오.
78. Maintain VFR conditions : VFR 조건을 유지하시오.
79. Minimum fuel : 최저 연료.
80. Negative contact : 교신이 되지 않습니다(레이다에 포착되지 않습니다).
81. Not in sight, cleared to land : 보이지 않습니다. 착륙을 허가합니다.
82. Passing eight thousand : 8,000피트를 통과중입니다.
83. Parallel runway : 평행 활주로.
84. Primary radar out of service : 1차 레이다가 고장입니다.
85. Proceed to : 방향으로 진행하다.
86. Proceed as requested : 요청한 대로 진행하시오.
87. Radar contact : 레이다에 포착되었습니다.
88. Rate of climb/descent : 상승률/강하율.
89. Readback : 복창하시오.
90. Readback is correct : 복창한 내용이 맞습니다.
91. Ready for departure : 이륙 준비가 되었습니다.
92. Remain this frequency : 현 주파수에 있으시오.
93. Report ready for departure : 이륙 준비되면 보고하시오.
94. Request altitude change : 고도 변경을 요청합니다.
95. Request flight conditions : 비행 중 기상상태를 요청합니다.
96. Request frequency change : 주파수 변경을 요청합니다.
97. Request landing instructions : 착륙 지시를 요청합니다.
98. Request present weather : 현재의 기상을 요청합니다.

99. Request to cross runway three four : 활주로 34의 횡단을 요청합니다.
100. Resume normal speed : 정상 속도로 복귀하시오.
101. Resume own navigation : 자체 항행으로 복귀하겠습니다.
102. Roger : 알았습니다.
103. Runway three four, cleared for take off : 활주로 34에서 이륙을 허가합니다.
104. Runway three four, cleared to land : 활주로 34에 착륙을 허가합니다.
105. Runway three four, closed/unsafe : 활주로 34 폐쇄(불안전).
106. Runway three four right, position and hold : 활주로 34R로 진입하여 대기하시오.
    ※ position and hold : 활주로로 진입하여 대기하시오.
    ※ 복수활주로일 경우 사용활주로를 통보한 후에 지시한다.
107. Say again callsign : 호출부호를 다시 말해주시오.
108. Say altitude/heading/intention/airspeed/type of aircraft : 고도/기수방향/의도/속도/항공기 기종을 말하시오.
109. Short final : 활주로로부터 1마일 이내입니다.
110. Speak slowly : 천천히 말하시오.
111. Squawk altitude : 트랜스폰더 모드-C에 작동시키시오.
112. Squawk low/normal/mayday : 트랜스폰더 스위치를 low/norma/비상에 놓으시오.
113. Squawk one two three four : 트랜스폰더 코드를 1234로 맞추시오.
114. Squawk one two three four and ident : 트랜스폰더 코드를 1234로 맞추고 식별 버튼을 누르시오.
115. Squawk standby : 트랜스폰더 스위치를 대기 위치에 놓으시오.
116. Standby : 잠시 대기하시오.
117. Stop altitude squawk : 모드-C의 작동을 끄시오.
118. Stop and go : 정지 후 이륙.
119. Stop turn : 선회를 중지하시오.
120. Taxi across runway three four : 활주로 34를 건너서 지상활주 하시오.
121. Taxi to runway three four : 활주로 34까지 지상활주 하시오.
122. Taxi via - : -를 경유하여 지상활주 하시오.
123. Taxi without delay : 지금보다 빨리 지상활주 하시오.
124. That's correct : (당신이 송신한 내용이) 맞습니다.
125. Touch and go : 접지 후 이륙.

126. Traffic alert : 교통 경고.
127. Traffic in sight : (교통 정보 제공 시) 다른 항공기를 보았습니다.
128. Traffic no factor : 다른 항공기가 영향을 미치지 않습니다.
129. Traffic no longer observed : 더 이상 관측된 항공기가 없습니다.
130. Turn left/right heading two four zero : 좌측/우측 기수방향 240도 선회하시오.
131. Unable your request : 당신의 요구를 불허합니다.
132. Unable due to traffic : 교통으로 인하여 불허합니다.
133. Until established : (코드, 항로, 기수방향)에 접어들 때까지.
134. Vector for visual approach : 시계 접근을 유도하겠습니다.
135. Vector for spacing/sequencing : 간격 조절을 위해 유도하겠습니다.
136. Verify : 확인하다(확인하시오).
137. Verify altitude and altimeter setting : 고도와 고도계 수정치를 확인하시오.
138. Verify assigned altitude : 할당된 고도를 확인하시오.
139. Verify squawking seven five zero zero : 트랜스폰더 코드가 7500인지 확인하시오.
140. Visual identification : 시각 식별.
141. VOR out of service : VOR이 기능고장입니다.
142. When ready to copy : 기록 준비가 되었을 때.
143. Wilco : (지시대로) 따르겠습니다.
144. Wind shear alert : 윈드쉬어 경고.
145. Your transponder appears inoperative/malfunctioning : 트랜스폰더가 기능 고장인 것 같습니다.

제12장 공항교통관제 용어

제1절 공항교통관제 기본 정보

1. 공항 기본 정보

> **참 고**
> 본 실습 교재에서 사용하는 공항은 실제 존재하지 않는 가상의 공항이다. 따라서 항공교통관제시설인 관제탑, 접근관제소 등은 모두 가상의 공항 명칭을 사용하는 시설임을 밝혀둔다.

가. 공항명칭 : 세종공항

나. 항공교통관제 시설명칭 : Sejong TWR

다. 활주로 방향 및 갯수 : RWY 34L/16R, RWY 34R/16L (2본)

라. 활주로 길이
1) RWY 34L/16R : 9,000ft × 150ft
2) RWY 34R/16L : 9,000ft × 150ft

마. 유도로 : 평행유도로 2본

바. 주기장
1) 민항기용 : 여객용 3개소, 화물용 1개소
2) 군용기용 : 전투기용 1개소, 수송기용 1개소

2. 공항 기타 정보

가. 사용 주파수
1) 지상관제(Sejong Ground) 주파수 : 131.6㎒
2) 국지관제(Sejong Tower) 주파수 : 112.3㎒
3) 접근관제(Sejong Approach) 주파수 : 113.1㎒
4) 출발관제(Sejong Departure) 주파수 : 112.7㎒
5) 최종관제(Sejong Final Controller) 주파수 : 122.5㎒
6) 지역관제(Daegu Control) 주파수 : 122.25㎒

나. 기상 : Wind 360/4 Visibility 5FG Sky condition 5-030 8-070 Temperature 20 / Dew point 18 Altimeter 2992

제2절 공항교통관제 용어

1. 일반 용어

가. 바람이 350 방향에서 4노트 불고 있다. 활주로 34L로 이륙을 허가한다.

관제용어

"Wind three five zero at four, runway three four left, cleared for take off."

나. 바람이 350 방향에서 4노트 불고 있다. 활주로 34L로 착륙을 허가한다.

관제용어

"Wind three five zero at four, runway three four left, cleared to land."

다. 바람이 350 방향에서 4노트 불고 있다. 활주로 34L로 접지 후 이륙을 허가한다.

관제용어

"Wind three five zero at four, runway three four left, cleared touch and go."

라. 바람이 350 방향에서 4노트 불고 있다. 활주로 34L로 저고도 통과를 허가한다.

관제용어

"Wind three five zero at four, runway three four left, cleared low approach."

마. 바람이 350 방향에서 4노트 불고 있다. 활주로 34L로 정지 후 이륙을 허가한다.

관제용어

"Wind three five zero at four, runway three four left, cleared stop and go."

바. 바람이 350 방향에서 4노트 불고 있다. 조종사 임의대로의 접근을 허가한다.

관제용어

"Wind three five zero at four, cleared for the option."

사. 바람이 350 방향에서 4노트 불고 있다. 신속히 활주로 34L로 이륙하라.

관제용어

"Wind three five zero at four, runway three four left, cleared for take off immediately."

아. 저고도 통과를 요구/허가한다.

관제용어

"Request low pass. / Cleared low pass."

자. 바람이 350 방향에서 4노트 불고 있다. 활주로 34L로 500피트 이상의 저고도 통과를 허가한다.

관제용어

"Wind three five zero at four, runway three four left, cleared low approach, at or above five hundred."

차. 바람이 350 방향에서 4노트 불고 있다. 활주로 34L로 중간 이륙을 허가한다. 잔여거리는 6,000피트이다.

관제용어

"Runway three four left, intersection departure, wind three five zero at four, cleared for take off, six thousand feet available."

카 활주로 34L의 Final 5마일 지점에서 보고하라.

관제용어

"Report five miles on final runway three four left."

타. 활주로 35L 상에서 대기하라.

관제용어

"Line up and wait runway three four left."

파. 활주로 34L을 횡단하여 활주로 34R에서 대기하라.

관제용어

"Cross runway three four left, hold short of runway three four right."

하. 이륙 허가를 취소한다. 활주로 상에서 대기하라.

관제용어

"Cancel take off clearance, position and hold."

거. 활주로에서 벗어나라.

관제용어

"Taxi off runway." 또는 "Vacate runway."

너. 지상관제 주파수로 교신하라.

관제용어

"Contact ground."

더. 교통상황이 복잡한 관계로 계속해서 대기하라.

관제용어

"Continue holding, due to heavy traffic on the pattern."

러. 후류요란으로 인해 대기하라.

관제용어

"Hold for wake turbulence."

머. 활주로 34L로 착륙하려는 보잉737 항공기의 후류요란을 주의하라.

관제용어

"Caution wake turbulence. traffic Boeing seven thirty seven full stop runway three four left."

버. 활주로 상에서 이륙을 중지한 항공기에게 활주로를 이용하여 주기장으로 돌아오는 것을 허가한다.

관제용어

"Taxi down approved on the runway."

서. 출발관제 주파수로 변경하라.

관제용어

"Change to departure." 또는 "Contact departure."

어. 교통상황으로 인해 접근경로를 짧게 접근하라(예 : 외곽/내곽 장주 축소).

관제용어

"Make short approach due to traffic."

저. 활주로 끝에서 오른쪽/왼쪽으로 개방하라.

관제용어

"Turn right/left at the end of runway."

처. 첫 번째/두 번째 교차로에서 오른쪽/왼쪽으로 활주로를 개방하라.

관제용어

"Turn right/left at first/second intersection."

커. 육안으로 확인되지는 않았으나 활주로 34L로 착륙하라.

관제용어

"Not in sight, runway three four left cleared to land."

터. 바퀴다리를 점검하라(관제탑 관제시 사용 용어).

관제용어

"Check wheels down."

퍼. 활주로 상에 항공기가 있으므로 접근을 포기하고 복행하라.

관제용어

"Make go around, due to traffic on the runway."

허. 기상상태를 요청한다.

관제용어

"Request flight conditions."

고. 계속해서 접근하라.

관제용어

"Continue approach (reason)."

노. 비상상황 시 "G"(Guard) 방송

관제용어

"This is Sejong Tower on Guard. Attention all aircraft in Sejong area, emergency landing in progress. Maintain radio silence. Sejong Tower Guard out."

도. 비상상황이 종료되었을 시 "G" 방송

관제용어

"This is Sejong Tower on Guard. Attention all aircraft in Sejong area, emergency landing terminated. Resume normal traffic. Sejong Tower Guard out."

로. 활주로 변경시 "G" 방송

관제용어

"This is Sejong Tower on Guard. Sejong active runway changing in progress to three four. Sejong Tower Guard out."

모. 활주로 변경 완료시 "G" 방송

관제용어

"This is Sejong Tower on Guard. Sejong active runway changing terminated (completed) to three four. Now Sejong runway three four left. Sejong Tower Guard out."

2. 지상 활주시 관제용어

가. 엔진 시동을 허가하고 지상활주 시기를 통보하라.

관제용어

"Start up approved advise when ready to taxi." 또는 "Start engine approved advise when ready to taxi."

나. 전방 차량으로 인해 현 위치에 정지하라.

관제용어

"Hold position, traffic vehicle ahead of you."

다. 활주로 34L 근처에서 대기하라.

관제용어

"Hold short of runway three four left."

라. 활주로 34L를 횡단하라.

관제용어

"Cross runway three four left."

마. 전방의 보잉737을 따라서 지상활주 하라.

관제용어

"Follow the Boeing seven thirty seven."

바. 이륙을 위해 5번 게이트를 이용하여 활주로 34L까지 지상활주 하라.

관제용어

"Taxi to runway three four left via gate number five."

사. 사용활주로는 34R이고 이륙을 위해 5번 게이트를 이용하여 활주로 34L까지 지상활주 하라.

관제용어

"Runway three four right, taxi via gate number five. Hold short of runway three four left."

아. 신속하게 지상활주 하라.

관제용어

"Taxi without delay."

자. 천천히 지상활주 하라.

관제용어

"Taxi slower." 또는 "Taxi slowly."

차. 원래의 지상활주 속도로 지상활주 하라.

관제용어

"Resume normal taxi." 또는 "Resume normal speed."

카. 신속히 활주로 34L를 횡단하라.

관제용어

"Cross without delay runway three four left."

타. 후진을 허가한다(기계/장비에 의한 항공기 이동).

관제용어

"Push back approved."

파. 계속해서 주기장까지 지상활주 하라.

관제용어

"Continue taxiing to ramp."

하. 게이트 3번을 이용하여 A 유도로까지 지상이동 하라.

관제용어

"Proceed to Alfa taxiway, via gate number three. 또는 Taxi to Alfa taxiway, via gate number three."

거. 출발하기 위해 지상활주 하는 항공기에게 주기장으로 돌아오는 것을 허가한다.

관제용어

"Taxi back approved."

너. ILS 보호구역을 위해 활주로 34L 근처에서 대기하라.

관제용어

"Hold short of runway three four left, ILS critical area."

더. 3번 게이트를 경유하여 항공기 견인을 허가한다.

관제용어

"Towing approved via gate number three."

터. ATC 허가를 받을 준비가 되었습니까?

관제용어

"Ready to copy ATC clearance."

3. 중간 이륙시 관제용어

가. 유도로 2번을 경유하여 활주로 34L로 중간이륙 하라. 잔여거리는 6,000피트이다.

관제용어

"Intersection departure runway three four left via taxiway two, six thousand feet available. 또는 Runway three four left at taxiway two, intersection departure six thousand feet available."

나. 교통상황으로 인해 중간이륙을 불허한다.

관제용어

"Unable intersection departure, due to traffic condition."

4. 헬리콥터 관제시 관제용어

가. HL1621, 엔진 시동을 허가하고 지상활주 시기를 통보하라.

관제용어

"Hotel Lima one six two one, start engine approved advise when ready to taxi."

나. HL1621, 활주로는 34L이고, 5번 게이트를 이용하여 유도로 J까지 지상활주 하라. 고도계 수정치는 2992이다.

관제용어

"Hotel Lima one six two one, runway three four left, taxi to taxiway juliet via gate number five, altimeter two niner niner two."

다. HL1621, 바람이 350 방향에서 4노트 불고 있다. 이륙을 허가한다.

관제용어

"Hotel Lima one six two one, wind three five zero at four, cleared for take off."

라. HL1621, 바람이 350 방향에서 4노트 불고 있다. 현 위치에서의 이륙을 허가한다.

관제용어

"Hotel Lima one six two one, wind three five zero at four, cleared for take off at present position."

마. HL1621, 우(좌) 선회하고, 관제권을 이탈할 때 보고하라.

관제용어

"Hotel Lima one six two one, make right(left) turn, report leaving control zone."

바. HL1621, 통과비행을 허가한다. 고도계 수정치는 2992이다. 관제권을 이탈할 때 보고하라.

관제용어

"Hotel Lima one six two one, transition approved, altimeter two niner niner two, report leaving control zone."

5. 비상항공기 관제시 관제용어

가. 세종 관제탑에서 비상상황을 전파합니다. 비상착륙 항공기로 인하여 세종 관제권 내에 있는 모든 항공기는 무선통신을 중지하시오. 비상 방송을 종료합니다.

관제용어

"This is Sejong Tower on Guard. Attention all aircraft in Sejong area. Emergency landing in progress. Maintain radio silence, Sejong Tower on Guard out."

나. 세종 관제탑에서 상황을 전파합니다. 비상상황이 종료되었습니다. 세종 관제권 내에 있는 모든 항공기는 정상 절차대로 비행하시오.

관제용어

"This is Sejong Tower on Guard. Attention all aircraft in Sejong area. Emergency landing terminated. Resume normal traffic, Sejong Tower on Guard out."

다. 어느 부분이 고장입니까?

관제용어

"Which part of your aircraft something wrong?"

라. 요구사항은 없습니까?

관제용어

"Is there something else you want?"

마. 요구사항을 조치했습니다.

관제용어

"We have taken action your request."

바. 탑승 인원은 몇 명인가?

관제용어

"Say persons on board?"

사. 현재 연료량은?

관제용어

"Say amount of fuel?"

제13장 공항교통관제 절차

제1절 이륙항공기 관제절차

> **참 고**
>
> 제13장 공항교통관제 절차에서 P는 Pilot(조종사)을 의미하며, C는 Controller(관제사)를 의미한다.

1. 지상 관제절차

P : Sejong Ground, Korean Air(이하 'KAL' 이라고 함) one five one. Request start engines.

C : KAL one five one, Sejong Ground. Start engines approved, advise when ready to taxi.

P : KAL one five one, Wilco.

P : Sejong Ground, KAL one five one. Request push back.

C : KAL one five one, Sejong Ground. Push back approved.

P : Sejong Ground, KAL one five one. Request taxi and IFR clearance to Daegu.

C : KAL one five one. Taxi to runway three four left via gate five altimeter two niner niner two and stand by clearance.

P : Altimeter two niner niner two. KAL one five one.

C : KAL one five one. Ready to copy clearance?

P : Go ahead. KAL one five one.

C : KAL one five one. Cleared to Seoul airport climb Sejong one departure, via ENTEL Bravo five seventy six, maintain flight level two two zero, departure frequency one one two decimal seven, squawk five zero one one. Readback.

P : KAL one five one. Cleared to Seoul airport climb Sejong one departure, via ENTEL Bravo five seventy six, maintain flight level two two zero, departure frequency one one two decimal seven, squawk five zero one one.

C : KAL one five one. Readback is correct.

C : KAL one five one. Hold short of gate five. Traffic Boeing seven thirty seven approaching gate five.

P : Wilco. KAL one five one.

C : KAL one five one. Traffic no factor, continue taxiing.

P : Continue taxiing. KAL one five one.

C : KAL one five one. Taxi without delay due to traffic separation.

P : Roger. KAL one five one.

C : KAL one five one, Sejong Ground. Contact Sejong Tower one one two decimal three.

P : Roger. KAL one five one. One one two decimal three.

2. 국지 관제절차

P : Sejong Tower, KAL one five one. Radio check.

C : KAL one five one Sejong Tower. Loud and clear.

P : Sejong Tower, KAL one five one. Ready for departure.

C : KAL one five one. Line up and wait runway three four left.

P : Line up and wait runway three four left. KAL one five one.

C : KAL one five one. Wind three six zero at four, cleared for take off runway three four left.

P : Cleared for take off. KAL one five one.

P : Sejong Tower, KAL one five one. Now airborne.

C : KAL one five one. Contact departure one one two decimal seven. Good day.

P : Roger. Contact departure one one two decimal seven. KAL one five one. Good day.

제2절 착륙항공기 관제절차

1. 국지 관제절차

P : Sejong Tower, KAL one five one. Now final approach fix.

C : KAL one five one, Sejong Tower. Check wheels down. Wind three six zero at four, cleared to land runway three four left.

P : Cleared to land runway three four left. KAL one five one.

C : KAL one five one. Turn right at the end of runway and contact Sejong Ground one three one decimal six.

P : KAL one five one. Wilco.

2. 지상 관제절차

P : Sejong Ground, KAL one five one. Runway vacated, request taxi instruction.

C : KAL one five one. Taxi to ramp via gate five and follow Boeing seven thirty seven.

P : Roger. Via gate five and follow Boeing seven thirty seven, KAL one five one.

제14장 레이다관제 용어

제1절 레이다관제 기본정보

1. 공항 기본정보

가. 공항명칭 : 세종공항

나. 항공교통관제 시설명칭 : Sejong App′ / Sejong Dep′

다. 사용 활주로
1) ASR 관제 : RWY 34L
2) PAR 관제 : RWY 34L

라. 레이다 장주(좌·우측 장주 모두 사용 가능)
1) Downwind leg : 5,000ft 이상
2) Base leg : 4,000ft 이상
3) Dog leg : 3,000ft 이상
4) Final : 2,000ft 이상

마. 계기절차 첫 접근 픽스 명칭 / 고도 : DEHAK / 4,000ft

2. 공항 기타 정보

가. 사용 주파수
1) 지상관제(Sejong Ground) 주파수 : 131.6㎒
2) 국지관제(Sejong Tower) 주파수 : 112.3㎒
3) 접근관제(Sejong Approach) 주파수 : 113.1㎒
4) 출발관제(Sejong Departure) 주파수 : 112.7㎒
5) 최종관제(Sejong Final Controller) 주파수 : 122.5㎒
6) 지역관제(Daegu Control) 주파수 : 122.25㎒

나. 기상 : Wind 360/4 Visibility 5FG Sky condition 5-030 8-070 Temperature 20 / Dew point 18 Altimeter 2992

3. 활주로 사용

세종공항은 평행 활주로를 갖춘 공항으로 계기접근 활주로는 34이며, 34L, 34R 모두 사용할 수 있고, ILS 등급은 CAT Ⅰ이다.

제2절 레이다관제 용어

1. 기본 용어

가. 레이다 식별

관제용어

"Radar contact."

나. 항공기 레이다 식별 상실

관제용어

"Radar contact lost(필요시 대체 관제 지시)."

다. 레이다 업무 종료

관제용어

"Radar service terminated."

라. 위치 보고

1) 공항으로부터 북동쪽으로 24마일에 있음.

관제용어

"Two four miles north east of airport."

2) 공항으로부터 145° 레디알 27마일에 있음.

관제용어

"One four five radial two seven miles from airport."

마. 주파수 변경

1) 주파수 변경을 허가합니다.

관제용어

"Frequency change approved."

2) 현재 주파수를 유지하시오(조종사는 주파수 변경을 요청했으나, 관제사가 현재 주파수를 유지할 것을 지시하는 경우).

관제용어

"Remain this frequency."

바. 속도 조절

1) 당신의 계기지시속도(IAS : Indicate Air Speed)를 말하시오.

관제용어

"Say airspeed."

2) 현재 속도를 유지하시오.

관제용어

"Maintain present speed."

3) 250노트를 유지하시오.

관제용어

"Maintain two five zero knots."

4) 현재 속도에서 20노트 증속(감속) 하시오.

관제용어

"Increase(Reduce) speed twenty knots."

5) 280노트로 증속(감속)하여 비행하시오.

관제용어

"Increase(Reduce) speed to two eight zero knots."

6) 300노트 이상으로 비행하지 마시오.

관제용어

"Do not exceed three zero zero knots."

7) 최대(최저) 속도로 비행하시오.

관제용어

"Maintain maximum forward(slowest practical) speed."

8) 더 이상 속도 조절이 필요치 않으니 정상 속도로 비행하시오.

관제용어

"Resume normal speed."

사. 교통 조언

1) 3시 방향, 10마일에서 북동쪽으로 접근하는 B-737 항공기가 고도 8,500피트로 접근중이다.

관제용어

"Traffic, three o'clock, one zero miles north east bound, Boeing seven thirty seven, eight thousand five hundred."

2) 항적을 육안으로 식별하였는가?

관제용어

"Do you have insight?"

3) 육안 식별한 항적을 회피하시오.

관제용어

"Maintain visual separation from that traffic."

4) 더 이상 항적의 영향은 없다.

관제용어

"Traffic no factor."

5) 더 이상 레이다 상에 항적이 관찰되지 않을 때

관제용어

"Traffic no longer observed."

아. 레이다 유도

1) 우측 30° 방향(좌측 270° 방향)으로 선회하시오.

관제용어

| "Turn right(left) heading zero three zero(two seven zero)."

2) 당신의 고도를 말하시오.

관제용어

| "Say altitude."

3) 3,000피트로 강하하시오.

관제용어

| "Descend and maintain three thousand."

4) 10,000피트(18,000피트)로 상승하시오.

관제용어

| "Climb and maintain one zero thousand(flight level one eight zero)."

5) 4,000피트에 도달하면 보고하시오.

관제용어

| "Report reaching four thousand."

6) 계속해서 5,000피트까지 강하하시오.

관제용어

| "Continue descend and maintain five thousand."

7) 계속해서 FL200까지 상승하시오.

관제용어

| "Continue climb and maintain flight level two zero zero."

자. 체공 지시

1) WOLF fix까지 접근을 허가합니다. 그리고 남서쪽으로 발간된 체공절차를 수행하시오.

관제용어

| "Cleared to WOLF, hold south west as published."

2) WOLF fix까지의 접근을 허가합니다. 어떠한 지연도 예상되지 않습니다.

관제용어

| "Cleared to WOLF, no delay expected."

3) 지시가 있을 때까지 WOLF fix에서 체공하시오.

관제용어

| "Hold at WOLF, until further advice."

4) WOLF fix 남서쪽에서 10분간 수립된 체공장주를 수행하시오.

관제용어

| "Hold south east of WOLF, until one zero minutes as published."

2. ILS 접근시 관제용어

가. 세종공항으로부터 12마일 떨어져 있다. 로컬라이저 상에 항공기가 위치할 때가지 330° 로 우선회하고 고도 3,500피트로 강하하라. 활주로 34L에 ILS 착륙을 허가한다.

관제용어

"One two miles from Sejong airport. Turn right heading three three zero, descend and maintain three thousand five hundred until established on the localizer, cleared ILS runway three four left approach."

나. 접근 허가가 취소되었습니다. 우선회하여 복행하시오.

관제용어

"Approach clearance canceled, break to the right."

다. 접근 진로에서 너무 높아서(낮아서) 착륙할 수가 없습니다. 만약 활주로가 보이지 않는다면 실패접근 절차를 실행하시오.

관제용어

"Too high(low) for safe approach. If runway not insight, execute missed approach."

3. 감시접근(Surveillance App′)시 관제용어

가. 조종사가 요구한다면 최종접근 단계에서 발간된 최저강하 고도와 권고고도를 매 마일마다 제공할 수 있다.

관제용어

"Recommend altitude will be provided for each mile on final, to minimum descent altitude."

나. 2마일 후 강하를 시작하니 준비하시오.

관제용어

"Prepare to descend in two miles."

다. 최저강하고도는 980피트입니다.

관제용어

"Minimum descent altitude niner eight zero."

라. 당신 항공기의 접근범주를 알려주시오.

관제용어

"Say your approach category."

마. 발간된 선회접근 최저강하 고도는 1,220피트입니다.

관제용어

"Published circling minimum descent altitude one two two zero."

바. 현재 위치는 활주로로부터 6마일입니다. 최저강하 고도로 강하하시오.

관제용어

"Six miles from runway, descend to your minimum descent altitude."

사. 활주로로부터 4마일입니다. 권고고도는 680피트입니다(조종사 요구시).

관제용어

"Four miles from runway, altitude should be six eight zero."

아. 실패접근 지점 상공입니다. 시계비행을 하시오.

관제용어

"Over missed approach point. Proceed visually."

자. 실패접근 지점 상공입니다. 활주로가 보이지 않는다면, 실패접근 절차를 수행하시오.

관제용어

"Over missed approach point. If runway not insight execute missed approach."

제15장 레이다관제 절차

제1절 이륙항공기 관제절차

참 고

제15장 레이다관제 절차에서 P는 Pilot(조종사)을 의미하며, C는 Controller(관제사)를 의미한다.

1. SID(표준계기출발) 항공기 관제절차

P : Sejong Departure, Korean Air(이하 'KAL' 이라고 함) one five one airborne. Climbing Sejong one departure one zero thousand.

C : KAL one five one, Sejong Departure. Loud and clear, radar contact on departure, climb Sejong one departure, climb and maintain one zero thousand.

P : Sejong Departure, KAL one five one. Now reaching one zero thousand.

C : KAL one five one. Join airway resume own navigation contact Daegu Control one two two decimal two five.

2. VFR 이륙항공기 관제절차

P : Sejong Departure, Hotel Lima one zero one one. Now airborne.

C : Hotel Lima one zero one one. Radar contact on departure, report reaching VFR On TOP.

P : Roger. Report reaching VFR On TOP, Hotel Lima one zero one one.

P : Sejong Departure, Hotel Lima one zero one one. Now VFR On TOP.

C : Hotel Lima one zero one one. Maintain VFR On TOP, frequency change approved.

P : Roger. Hotel Lima one zero one one.

3. IFR 이륙항공기 관제절차

P : Sejong Departure, KAL one five one. Now airborne.

C : KAL one five one, Sejong Departure. Roger. Radar contact on departure. Fly runway heading, climb and maintain flight level two zero zero.

P : Sejong Departure. Roger. Fly runway heading, climb and maintain flight level two zero zero.

C : KAL one five one. Left turn climb on course Alfa five eighty two.

P : Roger. Left turn climb on course Alfa five eighty two. KAL one five one.

P : Sejong Departure, KAL one five one. Now reaching flight level two zero zero.

C : KAL one five one Roger. Contact Daegu Control one two two decimal two five.

P : Roger. Contact Daegu Control one two two decimal two five. KAL one five one.

제2절 착륙항공기 관제절차

1. ILS 접근 관제절차

P : Sejong Approach, KAL one five one.

C : KAL one five one, Sejong Approach. Go ahead.

P : Sejong Approach. Now position over PATRO, one three thousand, request ILS full stop. KAL one five one.

C : KAL one five one. Roger. Squawk one one zero one and ident.

P : Squawk one one zero one and ident. KAL one five one.

C : KAL one five one. Radar contact three zero miles south east of airport. Fly heading two one zero, descend and maintain five thousand for vector to ILS runway three four left approach.

P : KAL one five one. Roger. Fly heading two one zero, leaving one three thousand to five thousand.

C : KAL one five one. Sejong weather wind three six zero at four, visibility five miles with fog, sky condition three thousand broken, seven thousand overcast altimeter two niner niner two runway three four left.

P : Altimeter two niner niner two, runway three four left. KAL one five one.

C : KAL one five one. Turn right heading two six zero, descend and maintain four thousand.

P : Two six zero, four thousand. KAL one five one.

C : KAL one five one. Turn right heading three two zero, descend and maintain three thousand, until established on the localizer, cleared ILS runway three four left approach.

P : Roger. Heading three two zero, descend and maintain three thousand, cleared ILS runway three four left approach. KAL one five one.

P : Sejong Approach, KAL one five one. Now established on the localizer.

C : KAL one five one. Roger. Contact Sejong Tower one one two decimal three.

P : Roger. Contact Sejong Tower one one two decimal three. KAL one five one.

2. 정밀접근 관제절차(PAR : 군 전용 절차)

P : Sejong Approach, Air Force zero zero one.

C : Air Force zero zero one, Sejong Approach. Go ahead.

P : Air Force zero zero one. Now zero niner zero radial one six miles, niner thousand five hundred, request PAR full stop.

C : Air Force zero zero one. Roger. Squawk one one zero one and ident.

P : Squawk one one zero one and ident. Air Force zero zero one.

C : Air Force zero zero one. Field is VFR, altimeter two niner niner two, runway three four left.

P : Roger. Altimeter two niner niner two, runway three four left. Air Force zero zero one.

C : Air Force zero zero one. Radar contact one four miles south east of airport, fly heading two one zero, descend and maintain four thousand for vector to PAR runway three four left approach.

P : Two one zero, four thousand. Air Force zero zero one.

C : Air Force zero zero one. Turn right heading three five zero, descend and maintain two thousand.

P : Three five zero, two thousand. Air Force zero zero one.

C : Air Force zero zero one. One one miles on final, contact final controller one two two decimal five.

P : Roger. Contact final controller one two two decimal five. Air Force zero zero one.

[정밀접근 최종관제 시작]

C : Air Force zero zero one, Sejong final controller. How do you hear me?

P : Loud and clear. Air Force zero zero one.

C : Also loud and clear. This will be a PAR approach to runway three four left. Do not acknowledge further transmissions.

P : Air Force zero zero one. Roger.
C : Niner miles from touchdown.
C : Slightly left of course. Turn right heading three five three.
C : Maintain two thousand.
C : Left of course and correcting slowly.
C : Eight miles from touchdown. Approaching glidepath, wheels should be down.
C : Turn left heading three four zero. Left of course and correcting slowly.
C : On course.
C : Seven miles from touchdown. Begin descend.
C : On course.
C : Going slightly above glidepath.
C : Wind three six zero at four, cleared to land.
C : Six miles from touchdown.
C : Slightly above glidepath and coming down slowly.
C : Going right of course, turn left heading three four eight.
C : Slightly right of course and correcting slowly.
C : On glidepath.
C : Five miles from touchdown.
C : Going slightly below glidepath.
C : Turn right heading three four zero.
C : Slightly below glidepath and holding.
C : On course.
C : On glidepath.
C : Three miles from touchdown.
C : On course.
C : On glidepath.
C : Two miles from touchdown.
C : On course.
C : On glidepath.
C : At decision height.
P : Air Force zero zero one. Proceed visually.

C : Air Force zero zero one. Roger. Proceed visually, contact Tower one one two decimal three after landing.

P : Air Force zero zero one. Roger. Contact tower one one two decimal three after landing.

3. 감시접근 관제절차(Surveillance App')

P : Sejong Approach. KAL one five one.

C : KAL one five one, Sejong Approach. Go ahead.

P : KAL one five one. Now one five zero radial one six miles, niner thousand five hundred, request surveillance full stop.

C : KAL one five one. Roger. Squawk one one zero one and ident.

P : Squawk one one zero one and ident. KAL one five one.

C : KAL one five one. Field is VFR, altimeter two niner niner two, runway three four left.

P : Roger. Altimeter two niner niner two, runway three four left. KAL one five one.

C : KAL one five one. Radar contact one four miles south east of airport, fly heading two one zero, descend and maintain four thousand for vector to surveillance runway three four left approach.

P : Two one zero, four thousand. KAL one five one.

C : KAL one five one. Turn right heading three four zero, descend and maintain two thousand.

P : Three four zero, two thousand. KAL one five one.

C : KAL one five one. One one miles on final, contact final controller one two two decimal five.

P : Roger. Contact final controller one two two decimal five. KAL one five one.

[감시접근 최종관제 시작]

C : KAL one five one, Sejong final controller. How do you hear me?

P : Loud and clear. KAL one five one.

C : Also loud and clear. This will be a surveillance approach to runway three four left, minimum descent altitude one two four zero.

P : Minimum descent altitude one two four zero. KAL one five one.

C : KAL one five one. Roger. Do not acknowledge further transmissions.

P : KAL one five one. Roger.

C : Niner miles from runway.

C : Slightly left of course, turn right heading three five three.

C : Maintain two thousand.

C : Left of course and correcting slowly.

C : Eight miles from runway.

C : Turn left heading three four zero, left of course and correcting slowly.

C : On course.

C : Seven miles from runway, prepare to descend in one mile, wheels should be down.

C : On course.

C : Wind three six zero at four, cleared to land.

C : Six miles from runway, descend and maintain one thousand three hundred until three miles.

C : Going right of course, turn left heading three three eight.

C : Slightly right of course and correcting slowly.

C : Five miles from runway, altitude should be one seven zero zero.

C : Turn right heading three four zero.

C : Report field in sight.

C : On course.

C : Four miles from runway, altitude should be one five zero zero, on course.

C : On course.

C : Three miles from runway, descend to your minimum descent altitude.

C : On course.

C : Two miles from runway.

C : On course.

C : One mile from runway, on course.

C : Over missed approach point, if runway not in sight, execute missed approach.

P : KAL one five one, field in sight.

C : KAL one five one. Roger. Proceed visually, contact tower one one two decimal three after landing.

P : KAL one five one. Roger. Contact tower one one two decimal three after landing.

제3절 기타 관제절차

1. NO-GYRO 접근 관제절차

P : Sejong Approach, KAL one five one.

C : KAL one five one, Sejong Approach. Loud and clear, go ahead.

P : KAL one five one. Now position one niner miles south east of Sejong airport, altitude niner thousand, request PAR approach to Sejong.

C : KAL one five one. Roger. Squawk one two two zero and ident.

P : Squawk one two two zero and ident. KAL one five one.

C : KAL one five one. Sejong weather wind three six zero at four, visibility five miles with fog, sky condition three thousand broken, seven thousand overcast altimeter two niner niner two runway three four left.

P : KAL one five one. Runway three four left, altimeter two niner niner two.

C : KAL one five one. Radar contact one seven miles south east of Sejong airport, fly heading three three zero, descend and maintain six thousand for PAR approach to runway three four left.

P : Roger. KAL one five one. Heading three three zero, six thousand.

C : KAL one five one. Turn right heading three four zero, descend and maintain five thousand.

P : Heading three four zero, five thousand. KAL one five one.

C : KAL one five one. Say heading?

P : Now heading three four zero. KAL one five one.

C : KAL one five one. Your gyro appears inoperative, this will be a No-Gyro approach to runway three four left.

> **참 고**
>
> 관제사가 지시한 방향과 항공기 계기에 나타나는 진행방향은 동일하나, 레이다상에 지시한 방향으로 항공기 비행하지 않는다고 관제사가 판단한 경우에 NO-Gyro Approach를 수행하도록 지시한다.

P : Roger. KAL one five one.

C : KAL one five one. Turn right.

P : Turn right. KAL one five one.

C : KAL one five one. Stop turn.

P : Stop turn. KAL one five one.

C : KAL one five one. Descend and maintain three thousand.

P : Descend and maintain three thousand. KAL one five one.

C : KAL one five one. Say type of landing?

P : No-Gyro PAR full stop. KAL one five one.

C : KAL one five one. Roger. No-Gyro PAR full stop.

C : KAL one five one. Turn right.

P : Turn right. KAL one five one.

C : KAL one five one. Stop turn.

P : Stop turn. KAL one five one.

C : KAL one five one. Descend and maintain two thousand five hundred.

P : Descend and maintain two thousand five hundred. KAL one five one.

C : KAL one five one. Contact Sejong final controller on one two two decimal five.

P : Roger. Contact Sejong final controller on one two two decimal five. KAL one five one.

참 고 문 헌

※ 본 저작물은 국토교통부에서 2018년에 작성하여 공공누리 제3유형으로 개방한 「관제사 표준교재 항공교통 · 통신 · 정보업무」, 「관제사 표준교재 항공기상」, 「관제사 표준교재 항행안전시설」, 「관제사 표준교재 관제일반」, 「조종사 표준교재 공중항법」, 「조종사 표준교재 비행이론」을 이용하였으며, 해당 저작물은 "한국교통안전공단 항공교육훈련포털(https://www.atims.kr)"에서 무료로 다운로드 받을 수 있다.

○ 공군 항공과학고등학교(2018.2.), 고등학교 항공관제Ⅰ, 경상남도교육청
○ 국방부, 국방부령 제901호(2016.7.20.), 「군용항공기 운용 등에 관한 법률 시행규칙」
○ 국방부, 국방부령 제1010호(2020.2.3.), 「군사기지 및 군사시설 보호법」 시행규칙
○ 국방부, 국방부 훈령 제2104호(2018.1.1.), 「군용항공기 운용 등에 관한 훈령」
○ 국방부, 대통령령 제27971호(2017.7.30.), 「군용항공기 운용 등에 관한 법률」 시행령
○ 국방부, 대통령령 제30977호(2020.8.28.), 「군사기지 및 군사시설 보호법」 시행령
○ 국방부, 법률 제16568호(2020.8.28.), 「군사기지 및 군사시설 보호법」
○ 국방부, 법률 제16583호(2020.5.27.), 「군용항공기 운용 등에 관한 법률」
○ 국제민간항공조약 제1조, 미 연방항공법 49USC 40103조
○ 국토교통부 고시 제2017-669호(2017.10.10.), 「항공약어 및 부호 사용에 관한 기준」
○ 국토교통부 고시 제2018-344호(2018.6.15.), 「항공교통관제절차」
○ 국토교통부 고시 제2019-177호(2019.4.12.), 「공역관리규정」
○ 국토교통부 고시 제2019-402호(2019.7.30.), 「항공교통업무기준」
○ 국토교통부 고시 제2019-110호(2019.3.5.), 「무인비행장치 특별비행을 위한 안전기준 및 승인절차에 관한 기준」
○ 국토교통부 고시 제2019-1018호(2019.12.31.), 「항공정보 및 항공지도 등에 관한 업무기준」
○ 국토교통부, 국토교통부령 제575호(2019.1.2.), 「항공정보간행물발간규정」
○ 국토교통부, 국토교통부령 제618호(2019.4.4.), 「공항시설법」 시행규칙
○ 국토교통부, 국토교통부령 제775호(2020.11.2.), 「항공안전법」 시행규칙
○ 국토교통부, 국토교통부예규 제257호(2018.11.12.), 「항공정보업무지침」
○ 국토교통부, 대통령령 제31012호(2020.9.10.), 「항공안전법」 시행령
○ 국토교통부, 법률 제16902호(2020.7.30.), 「공항시설법」
○ 국토교통부, 법률 제17463호(2020.6.9.), 「항공안전법」

○ 양한모, 김도현(2018.2.), 항공교통개론, 한국항공대학교 출판부
○ 국토교통부 서울지방항공청 홈페이지(http://www.molit.go.kr/sroa)
○ 국토교통부 항공교통본부 홈페이지(http://www.molit.go.kr/atmo)
○ 국토교통부 항공정보서비스 홈페이지(https://ais.casa.go.kr)
○ 드론 원스탑 민원서비스 홈페이지(https://drone.onestop.go.kr)
○ 항공고시보 검색 홈페이지(http://aim.koca.go.kr/xNotam)
○ AIP 인터넷 홈페이지(http://ais.casa.go.kr)
○ ICAO 홈페이지(http://www.icao.int)

저자 약력

권익현(금오공대 ICT융합특성화연구센터 교수)

○ 학력

1988. 2.	공군사관학교 졸업(항공공학)
1995. 2.	고려대학교 대학원 졸업(산업공학 석사)
2003. 2.	고려대학교 대학원 졸업(산업공학 박사)

○ 경력

2007. 1. ~ 2009. 12.	공군작전사령부 공역담당(공역계획/관리)
2010. 1. ~ 2013. 3.	공군본부 공역담당(항공교통/공역계획)
2013. 4. ~ 2014. 12.	공군작전사령부 공역관리과장
2015. 1. ~ 2016. 12.	공공작전사령부 항공관제과장
2017. 1. ~ 2018. 12.	공군본부 항공정책과장
2019. 4. ~ 2019. 12.	㈜렛츠정보통신 기술연구소장
2020. 1. ~ 2020. 12.	㈜LIG시스템 전문위원(항공/드론)
2021. 1. ~ 현재	금오공과대학교 ICT융합특성화연구센터 교수

○ 자격증

1989. 9. 6.	항공교통관제사
2013. 12. 26.	행정사
2018. 9. 7.	초경량비행장치조종자

문동기(한국영상대학교 드론영상정보과 교수/학과장)

○ 학력

1982. 9.	육군3사관학교 행정학과졸업(3사19기)
1990. 2.	성균관대학교(행정학)
1998. 2.	강원대학교 대학원(행정학 석사)
2011. 2.	대구카톨릭대학교 대학원(정책학 박사/수료)

○ 경력

2005. 12. ~ 2006. 12.	육군본부 정책실 홍보기획장교
2006. 12. ~ 2007. 12.	육군본부 정훈공보실 총괄기획장교
2011. 1. ~ 2013. 10.	육군본부 정훈공보실 연구평가장교
2014. 11. ~ 현재	한국영상대학교 드론영상정보과 교수/학과장

○ 자격증

2017. 7. 21.	드론촬영전문가
2017. 8. 17.	초경량비행장치 조종자(91-004763)
2019. 5. 24.	초경량비행장치 지도조종자
2020. 5. 10.	드론관제사

김태복(한국영상대학교 드론영상정보과 교수)

○ 학력

2011.2.18	한국교통대학교(충주대) 환경공학 학사

○ 경력

2011.2 ~ 2015.4	성우엔지니어링 주임(무인헬리콥터 제작, 정비, 교육)
2015.6 ~ 2017.8	주식회사 카스컴 정비팀장(무인멀티콥터 생산, 정비)
2017.9 ~ 2019.8	한국영상대학교 산학협력단 무인비행교육원(비행교관)
2019.9 ~ 현재	한국영상대학교 산학협력중점교수
2014.12 ~ 2015.2	초당대학교 무인헬기 조종자 양성사업 비행교관
2018.3 ~ 현재	교통안전공단 초경량비행장치 조종자과정 실기시험위원
2019.12	제1회 공공분야 드론조종경진대회 심판위원
2020.12 ~ 현재	교통안전공단 초경량비행장치 평가조종자과정 실기시험위원
2021.4	21년도 경북 기능경기대회 산업용 드론제어 심사장
2021.10	제56회 전국 기능경기대회 산업용 드론제어 심사위원

○ 자격증

2014.07.07	초경량비행장치 무인회전익 비행장치 조종자
2014.12.01	초경량비행장치 무인회전익 비행장치 지도조종자
2017.11.17	초경량비행장치 무인멀티콥터 평가조종자